全国BIM技术应用
校企合作系列规划教材

BIM机电工程
模型创建与设计

总主编　金永超

机电工程相关专业适用

主　　编　韩风毅　薛　菁

副 主 编　安宗礼　吴福城　吴铁成　莫永红　杨　靖

主　　审　王林春

U0275955

西安交通大学出版社
XI' AN JIAOTONG UNIVERSITY PRESS

内容提要

本书的编写定位于在满足普通高等学校教学的要求上,力求综合运用有关学科的基本理论和知识,以解决工程施工的实践问题。本书共11章,分为基础入门篇、专业实践篇、综合实训篇三个部分。基础入门篇(第1~4章):前4章为BIM概论及Revit软件操作基础。专业实践篇(第5~10章):第5章介绍如何了应用Revit MEP进行建筑给排水设计;第6章介绍了如何应用Revit MEP进行暖通空调设计;第7章介绍了如何应用Revit MEP进行配电系统设计、照明设计、弱电设计以及电缆桥架和线管的布置;第8章是讲解在水暖电模型搭建好以后,进行的模型综合应用。综合实训篇(第9章):第9章利用一个综合案例,帮助读者完整地了解机电工程BIM模型创建与设计的过程。

本书可作为本科院校及高职院校建筑环境与能源应用工程、建筑电气与智能化工程、给排水科学、工程造价和工程管理等专业BIM机电工程模型创建与设计方面的课程教材,也可作为建筑行业的管理人员和技术人员学习参考用书,以及BIM相关培训用书。

图书在版编目(CIP)数据

BIM机电工程模型创建与设计/韩风毅,薛菁主编.
—西安:西安交通大学出版社,2017.4(2019.2重印)
(全国BIM技术应用校企合作系列规划教材)
ISBN 978-7-5605-9677-8

Ⅰ.①B… Ⅱ.①韩… ②薛… Ⅲ.①机械设计-计算机辅助设计-应用软件 Ⅳ.①TH122

中国版本图书馆CIP数据核字(2017)第094460号

书　　名	**BIM机电工程模型创建与设计**
主　　编	韩风毅　薛　菁
责任编辑	王建洪　祝翠华
出版发行	西安交通大学出版社
	(西安市兴庆南路10号　邮政编码710049)
网　　址	http://www.xjtupress.com
电　　话	(029)82668357　82667874(发行中心)
	(029)82668315(总编办)
传　　真	(029)82668280
印　　刷	陕西金德佳印务有限公司
开　　本	787mm×1092mm　1/16　**印张** 20.5　**字数** 488千字
版次印次	2017年5月第1版　2019年2月第2次印刷
书　　号	ISBN 978-7-5605-9677-8
定　　价	49.50元

读者购书、书店添货,如发现印装质量问题,请与本社发行中心联系、调换。
订购热线:(029)82665248　(029)82665249
投稿热线:(029)82668526　(029)82668133
读者信箱:BIM_xj@163.com

"全国 BIM 技术应用校企合作系列规划教材"
编写委员会

顾问专家 许溶烈

审定专家（按姓氏笔画排序）

尹贻林 王其明 王林春 刘铮 向书兰 张建平 张建荣 时思 李云贵 李慧民
陈宇军 倪伟桥 梁华 蔡嘉明 薛永武

编委会主任 金永超

编委会副主任（按姓氏笔画排序）

王茹 王婷 冯弥 冯志江 刘占省 许蓁 张江波 武乾 韩风毅 薛菁

执行副主任 姜珊 童科大 王剑锋 王毅（王翊骅）

编委会成员（按姓氏笔画排序）

丁江 丁恒军 于江利 马爽 毛霞 王一飞 王文杰 王生 王欢欢 王齐兴
王社奇 王伶俐 王志浩 王杰 王建乔 王健 王娟 王益 王雅兰 王楚濛
王霞 邓大鹏 田卫 付立彬 史建隆 申屠海滨 白雪海 农小毅 刘中明 刘文俊
刘长飞 刘东 刘立明 刘扬 刘岩 刘明佳 刘涛 刘谦 刘磐 匡兴
向敏 孙恩剑 安先强 安宗礼 师伟凯 曲惠华 曲翠萃 汤荣发 许利峰 许峻
过俊 邢忠桂 邬劲松 何亚萍 何杰 吴永强 吴铁成 吴福城 张士彩 张方
张芸 张勇 张婷 张强强 张斌 张然然 张静 张德海 李刚 李娜
李春月 李美华 李隽萱 李硕 杨立峰 杨宝昆 杨靖 肖莉萍 邹斌 陈大伟
陈文斌 孟柯 林永清 欧宝平 金尚臻 侯冰洋 姜子国 姜立 柏文杰 段海宁
贡腾 赵永斌 赵丽红 赵昂 赵钦 赵艳文 赵雪锋 赵瑞 赵麒 钟文武
饶志强 倪青 徐志宏 徐强 桂垣 桑海 耿成波 聂磊 莫永红 郭宇杰
郭青 郭淑婷 高路 崔喜莹 崔瑞宏 曹闵 梁少宁 黄立新 黄杨彬 黄宗黔
黄秉英 彭飞 彭铸 曾开发 董皓 蒋俊 谢云飞 韩春华 路小娟 翟超
蔡梦娜 暴仁杰 樊技飞

指导单位 住房和城乡建设部科技发展中心

支持单位（排名不分先后）

中国建设教育协会
全国高等学校建筑学学科建筑数字技术教学工作委员会
中国建筑学会建筑施工分会 BIM 应用专业委员会
北京绿色建筑产业联盟
陕西省土木建筑学会
陕西省建筑业协会
陕西省绿色建筑产业技术创新战略联盟
陕西省 BIM 发展联盟
云南省勘察设计质量协会
云南省图学学会
天津建筑学会

"全国 BIM 技术应用校企合作系列规划教材"
编审单位

当前,中国建筑业正处于转型升级和创新发展的重要历史时期,以数字信息技术为基本特征的全球新一轮科技革命和产业变革开启了中国建筑业数字化、网络化、精益化、智慧化发展的新阶段。BIM 则是划时代的一项重大新技术,它引导人们由二维思维向三维思维甚至是虚拟的多维思维的转变,并以此广泛应用于建设开发、规划设计、工程施工、建筑运维各阶段,最终走向建筑全寿命周期状态和性能的实时显示与把控。第四次工业革命已经悄然来临,BIM 技术在推动和发展建筑工业化、模块化、数字化、智能化产品设计和服务模式方面起到了独特的作用,特别是它可以实时反映和管控规划、设计和建造甚至运行使用中建筑物产品的节能、减排效应的状况。因此,BIM 在建筑产业中的推广应用,已经成为当今时代的必然选择。

随着国家和地方相关行业政策和技术标准的相继出台,更是助推了 BIM 深入发展和广泛应用。

在迎接日益广泛推广应用 BIM 和进一步研发 BIM 的当下,以及在今后相当长的一段时间里,都必须积极采取措施,强化培养从事 BIM 实操应用和研究开发的专业人才。相关高等和专科学校,应当根据不同学科和专业的需要,开设适当层级的 BIM 课程(选修课和必修课)。同时,有效地开展不同形式的 BIM 培训班和专门学校,也是必要的可行的,以应现实之所需。

有鉴于此,以金永超教授为首的几位教授、专家和西安交通大学出版社,于去年夏天,联合邀约从事 BIM 教学工作的教授老师和在企业负责担任 BIM 实操领导工作的专家里手一起,经过多次会商研讨后,共推金永超教授为总主编,在他统筹策划和主持下,"全国 BIM 技术应用校企合作系列规划教材"应运而生,内容分别为适用于建筑学相关专业、土木工程相关专业、机电工程相关专业、项目管理相关专业、工程造价相关专业、工程管理相关专业、风景园林相关专业和建筑装饰相关专业的教材一套共八本,其浩繁而艰巨的编写、编辑、出版工作就积极紧张地开始了。在不到一年的时间里,本人有幸在近日收到了其中的四本样书。如此高效顺利付梓出版,令我分外高兴和不胜钦佩之至,对此人们不能不看到作者们和编辑出版同仁们所付出的艰辛功劳,当然它也是校企与出版社密切合作的结果成果。我从所见到的这四本样书来看,这套教材总体编辑思路是清楚的,内容选取和次序安排符合人们的一般思维逻辑和认知规律。而本套教材的每一本书均针对一种特定的相关专业,各本书均按照基础入门篇、专业实践篇和综合实训篇三部分内容和顺序开展叙述和讲解。这是一项具有一定新意的尝试,以尽力符合本套教材针对落地实操的基本需求。

至于 BIM 多维度概念、全寿命周期理念,以及其具体实操的程序和方法,则是尚需我们努力开发的目标和任务,同时在产业体制、机制上,也需要作相应的改革和变化,为适应和满足真正开通实施全寿命周期管理创造基本条件和铺平道路。我们期望人们在学习这套教材的同时，或是学习这套教材之后，对 BIM 的认知思维必定有所升华，即能从二维度思维、立体思维扩大至多维度思维，经过大家的不懈努力，则我们追求的"全生命周期管理"目标定当有望矣！其实本人后面这些话语，乃是我本人对中国 BIM 技术发展的遐想和对学习 BIM 课程学子们的殷切期望。

这套系列教材实是校企双方在 BIM 技术教学和实操应用过程中交流合作，联合取得的重要成果，是提供给广大院校培养 BIM 人才富含新意内容的教材。同时，它也是广大工程专业人员学习 BIM 技术的良师益友。参与编著出版者对这套规划系列教材所付出的不懈努力和他们的敬业精神，令人印象十分深刻，为此本人谨表敬意，同时本人衷心期望，这套规划系列教材能一如既往地抓紧抓好，不忘初心方得始终地圆满完成任务。这套作为普及性的 BIM 教材，内容简练并具有一定的特色，但全书内容浩繁，估计全书不足之处在所难免，本人鼓励各方人士积极提出批评意见，以期再版时，得到进一步改进和充实。

特欣然为之序！

住建部原总工程师、
瑞典皇家工程科学院院士
2017 年 4 月 1 日于北京

建筑业信息化是建筑业发展的一大趋势,建筑信息模型(Building Information Modeling,BIM)作为其中的新兴理念和技术支撑,正引领建筑业产生着革命性的变化。时至今日,BIM 已经成为工程建设行业的一个热词,BIM 应用落地是当前业界讨论的主要话题。人才匮乏是新技术进步与发展的重大瓶颈,当前 BIM 人才缺乏制约了 BIM 的应用与普及,学校是人才培养的重要基地,只有源源不断的具备 BIM 能力的毕业生进入工程行业就业,方能破解当前企业想做 BIM 而无可用之人的困境,BIM 的普及应用才有可能。然而,现在学校的 BIM 教育并没有真正地动起来,做得早的学校先期进行了一些探索,总结了一些经验,但在面上还没能形成气候。究其原因有很多,其中教师队伍和教材建设是主要原因。从当前 BIM 应用的实际,我们的企业走在前头,有了很多 BIM 应用的经验和案例,起步早的企业已有了自己的 BIM 应用体系,故此在住建部、教育部相关领导的关心指导下,在西安交通大学出版社和筑龙网的大力支持下,我们联合了目前学校研究 BIM 和开展 BIM 教学的资深老师和实践 BIM 的知名企业于 2016 年 8 月 13 日启动了这套丛书的编制,以期推动学校 BIM 教育落地,培养企业可用的 BIM 人才,力争为国家层面 2020 年 BIM 应用落地作点贡献!

本套教材定位为应用型本科院校和高等职业院校使用教材,按学科专业和行业应用规划了 8 个分册,其中《BIM 建筑模型创建与设计》《BIM 结构模型创建与设计》《BIM 水、暖、电模型创建与设计》注重 BIM 模型建立,《BIM 模型集成应用》《BIM 模型算量应用》《BIM 模型施工应用》则注重 BIM 技术应用。结合当前 BIM 应用落地的要求,培养实用性技术人才是当前的迫切任务,因此本套教材在目前理论研究成果下重视实践技能培养。基于当前学校教学资源实际,制定了统一的教育教学标准,因材施教。系列教材第一版分基础入门篇、专业实践篇、综合实训篇三个部分开展教授和学习,内容基本涵盖当前 BIM 应用实际。课程建议每专业安排 3 学分 48 学时,分两学期或一学期使用,各学校根据自身实际情况和软硬件条件开展教学活动。

教法:基础入门篇为通识部分,是所有专业都应该正确理解掌握的部分,通过探究 BIM 起缘,AEC 行业的发展和社会文明的进步,教学生认识到 BIM 的本质和内涵;通过对 BIM 工具的认识形成正确的工具观;对政策标准的学习可以把脉行业趋势使技术路线不偏离大的方向。学习 Revit 基础建模是为了使学生更好地理解 BIM 理念,形成 BIM 态度,通过实操练习得到成就感以激发兴趣、促进专业应用教学。BIM 应用离不开专业支撑,专业实践部分力求体现现阶段成熟应用,不求全但求能开展教学并使学生学有所获。综合实训是对课时不足的有益补充,案例多数取材实际应用项目,可布置学生在课外时间完成或作为课程设计使用,以提高学生实战能力。

学法:学生须勤动手、多用脑,跟上教学节奏,学会举一反三,不断探究研习并积极参与工程实践方能得到 BIM 真谛。把书中知识变成自己的能力,从老师要我学,变成我要学,用 BIM 思维武装自己的头脑,成长为对社会有益的建设人才。

BIM 是一个新生的事物,本身还在不断发展,寄希望一套教材解决当前 BIM 应用和教育的所有问题显然不合适。教育不能一蹴而就,BIM 教育也不例外,需要遵循教育教学规律循序而进。本系列教材为积极推进校企合作以及应用型人才培养工程而生,充分发挥高校、企业在人才培养中的各自优势,推动 BIM 技术在高校的落地推广,培养企业需要的专业应用人才,为企业和高校搭建优质、广阔的合作平台,促进校企合作深度融合,是组织编写这套教材的初衷。考虑到目前大多数高校没有开展 BIM 课程的实际,本套教材尽量浅显易教易学,并附有教学参考大纲,体现 BIM 教育 1.0 特征,随着 BIM 教育逐渐落地,我们还会组织编写 BIM 教育 2.0、3.0 教材。我们全体编写人员和主审专家希望能为 BIM 教育尽绵薄之力,期待更多更好的作品问世。感谢我们全体策划人员和支持单位的全力配合,也感谢出版社领导的重视和编辑们的执着努力,教材才能在短时间内出版并向全国发行。特别感谢住建部前总工程师许溶烈先生对教材的殷殷期望。

本套教材为开展 BIM 课程的相关院校服务,既可满足 BIM 专业应用学习的需要又可为学校开展 BIM 认证培训提供支持,一举两得;同时也可作为建设企业内训和社会培训的参考用书。

最后需要强调:BIM,是技术工具,是管理方法,更是思维模式。中国的 BIM 必须本土化,必须与生产实践相结合,必须与政府政策相适应,必须与民生需要相统一。我们应站在这样的角度去看待 BIM,才能真正做到传道授业解惑。

金永超

2017 年 4 月于昆明

2011 年,住建部印发《2011—2015 年建筑业信息化发展纲要》中,将 BIM 技术作为建筑行业"十二五"信息化发展的重点之一;2015 年 6 月,住建部印发《关于推进建筑信息模型应用的指导意见》中,明确发展目标:2020 年末,建筑行业甲级勘察、设计单位以及特级、一级房屋建筑工程施工企业应掌握并实现 BIM 与企业管理系统和其他信息技术的一体化集成应用。

机电工程模型创建与设计是建筑环境与能源应用工程、建筑电气与智能化工程、给排水科学、工程造价以及工程管理专业的一门必修的专业课程。该课程的教学任务是按照 Autodesk Revit MEP 基本建模操作,结合各专业的技术特点,分别熟悉各专业的管道系统 BIM 设计,掌握各专业的设备族的制作,了解各专业的计算、分析及和其他专业协同。通过对各专业的管道系统设计建模讲解,使学生系统地掌握建筑设备各专业管道系统建模的基本操作和基本设备族的制作,通过和建筑专业协同设计,以适应未来实际工作的需要。

本书的编写定位在满足普通高等学校建筑环境与能源应用工程、建筑电气与智能化工程、给排水科学、工程造价和工程管理专业应用型本科教学的要求上,力求综合运用有关学科的基本理论和知识,以解决工程施工的实践问题。同时,为了顺应教育部关于校企合作共同开发课程的精神,特别邀请西安青立方建筑数据技术服务有限公司薛菁、上海悉云信息科技有限公司过俊、中机国际工程设计研究院有限责任公司安宗礼、广州万玺交通科技有限公司吴福城和沈阳亿丰新抚商业管理有限公司吴铁成五位专家参与本教材的编写工作。国内各大院校已经加大力度建设 BIM 实验室和实训基地,皆满足了新形势下企业 BIM 技术应用以及对 BIM 人才的需求。早日培养出大批更加适应社会经济发展的 BIM 专业人才,全面提升学校人才培养的核心竞争力,这才是高校育人的初衷。

全书共 11 章,分为基础入门篇、专业实践篇、综合实训篇三个部分。基础入门篇(第 1～4 章):前 4 章为 BIM 概论及 Revit 软件操作基础。专业实践篇(第 5～10 章):第 5 章介绍如何了应用 Revit MEP 进行建筑给排水设计;第 6 章介绍了如何应用 Revit MEP 进行暖通空调设计;第 7 章介绍了如何应用 Revit MEP 进行配电系统设计、照明设计、弱电设计以及电缆桥架和线管的布置;第 8 章是讲解在水暖电模型搭建好以后,进行的模型综合应用。综合实训篇(第 9 章):第 9 章利用一个综合案例,帮助读者完整地了解机电工程 BIM 模型创建与设计的过程。

本书由韩风毅和薛菁担任主编;安宗礼、吴福城、吴铁成、莫永红、杨靖担任副主编。编写工作由基础内容编写团队(负责第 1～4 章编写)和专业内容编写团队(负责第 5～11 章编写)完成。基础内容的编写前期由上海悉云建筑科技有限公司过俊主持编写,具体参与的还有上海悉云建筑科技有限公司王健、李硕、金尚臻,河南科技大学何杰,上海城建职业学院倪青,清华大学建筑设计研究院有限公司蔡梦娜、刘涛;后期的统稿和修改完善由南昌航空大学王婷主持,南昌航空大学肖莉萍配合做了大量工作;最后编写团队提供初稿,各分册主编结合教学需要进行了修改和调整并最终确定了前四章内容。参加专业内容编写的人员及具体分工如下:第1章由沈阳亿丰新抚商业管理有限公司吴铁成负责结合专业进行了改编;第5、6章由长春工程学院韩风毅编写;第7章由中机国际工程设计研究院有限责任公司安宗礼编写;第8章由西安青立方建筑数据技术服务有限公司薛菁编写;第9章由长春工程学院马爽、赵麒,广州万玺交通科技有限公司吴福城,广东省工业设备安装有限公司莫永红、赵艳文,上海赛扬建筑工程技术有限公司杨靖编写。全书由广东省工业设备安装有限公司、上海赛扬建筑工程技术有限公司提供了案例素材。

全书由长春工程学院韩风毅最后负责统稿,中机国际工程设计研究院有限责任公司王林春对书稿进行了审阅,并提出了宝贵意见。长春工程学院硕士研究生施维和郭振宇两位同学在编写过程中进行了工程案例图绘制工作。

本书在编写过程中参考了大量的相关文献,在此谨向这些文献的作者表示衷心的感谢。由于作者水平有限,加之时间仓促,不足、疏漏之处在所难免,衷心希望广大读者批评指正。

编　者
2017 年 3 月于长春

C目录
Contents

专业实践篇

综合实训篇

"BIM 技术机电工程应用"①教学大纲
Teaching Syllabus for BIM Technology Application on MEP

课程性质：学科基础课/专业必修课/专业选修课（具体参看相关专业人才培养方案确定）

适用专业：土木工程、建筑环境与能源应用工程、建筑电气与自动化、给排水科学与工程

先行与后续课程情况：

先行课：房屋建筑学、计算机辅助设计 CAD、暖通空调、给排水工程、建筑电气（具体课程名称以相关专业人才培养方案为准）

后续课：多专业联合毕业设计及综合训练

学时学分：48 课时 3 分

一、课程性质和任务

BIM 是建筑信息模型（Building Information Modeling）的简称。当前，B1M 技术正在推动着建筑程设计、建造、运维管理等多方面的变革，BIM 技术作为一种新的技术，有着越来越大的社会需求。为应对行业趋势和社会需求，将 BIM 技术引入教学计划十分必要和迫切，有助于提高人才素质，为建筑业新技术储备人才并引领行业进步。

"BIM 技术机电工程应用"是 BIM 技术课程重要组成部分，其最大特点是涉及专业多、需要和土建专业协同，具有较强的专业性和综合性。

本课程是土木工程、建筑电气、给排水、供热通风与空调、工程管理、工程造价专业中的一门主要专业课程。它与房屋建筑学、建筑电气配电、照明设计、给排水工程设计、供热通风与空调设计等课程有广泛而密切的联系。上述课程许多内容被应用于本课程中。

本课程的教学任务是按照 Autodesk Revit MEP 基本建模操作，结合各专业的技术特点，分别熟悉各专业的管道系统 BIM 设计，掌握各专业的设备族的制作，了解各专业的计算、分析及和其他专业协同。通过对各专业的管道系统设计建模讲解，使学生系统地掌握建筑设备各专业管道系统建模的基本操作和基本设备族的制作，通过和建筑专业协同设计，以适应未来实际工作的需要。

---

① 参考课程名。教学大纲具体内容根据各学校情况调整。

二、教学基本要求

通过学习该课程主要使学生掌握建筑设备专业管道系统 BIM 设计,了解建筑设备各专业管道系统建模的基本操作、简单设备族的制作、明细表、各专业出图等知识点;并培养协同工作的操作技能,通过相关工程案例设计,掌握建筑设备专业三维建模、计算、分析的技能,以适应未来实际工作的需要。

1.基本要求

(1)了解建筑设备各专业的项目样板、明细表、协同工作、出图,建筑设备工程 BIM 实施指南、简单的 Revit 二次开发知识。

(2)掌握建筑设备专业简单的计算、分析。

(3)熟练掌握建筑设备各专业管道系统 BIM 设计、简单设备族的制作。

2.重点、难点

(1)重点:建筑设备各专业管道系统 BIM 设计。

(2)难点:设备族的制作。

三、课程教学内容

第 1 章　BIM 概论

掌握 BIM 技术相关标准;熟悉 BIM 基本概念;了解 BIM 的发展与应用。

第 2 章　BIM 工具与相关技术

熟悉 BIM 相关技术:GIS、FM、3D 打印、装配式建筑;了解 BIM 相关工具软件。

第 3 章　Revit 应用基础

掌握 Revit 基本操作;了解 Revit 基本术语。

第 4 章　Revit 模型的创建

掌握土建模型创建过程,熟悉土建模型各种菜单设置。

第 5 章　建筑给水排水设计

掌握建筑给排水和消防模型设计;熟悉管道各种功能。

第 6 章　暖通空调的设计

掌握空调风、水系统模型设计;熟悉空调负荷计算过程;了解采暖系统模型构建。

第 7 章　建筑电气设计

掌握电缆桥架模型构建设计;熟悉照明设计过程;了解配电系统和弱点系统设计。

第 8 章　模型综合应用

掌握碰撞检查和明细表设计;熟悉渲染漫游制作过程,了解打印输出过程。

第 9 章　综合案例实训

掌握综合案例设计方法;了解案例制作工程。

四、教学方法和手段

课程教学、上机实习、工程案例设计实践性环节相结合。

五、考核方式

1. 考核方式

笔试(开卷)100分钟

2. 成绩评定

各教学环节占总分的比例:平时工程案例作业(30%)+期末考试(70%)

六、教学安排及方式

课程学时分配表

教学时数 课程内容	讲课	练习	小计	课外或 综合实训	备　注
第1章　BIM概论	1		1(2)		基础通识
第2章　BIM工具与相关技术	1		1(2)		
第3章　Revit应用基础	1	1	2(2)		
第4章　土建模型创建	6	6	12(18)		
第5章　建筑给水排水设计	4	4	8(6)		专业应用
第6章　暖通空调的设计	4	4	8(6)		
第7章　建筑电气设计	4	4	8(6)		
第8章　模型综合应用	3	5	8(6)		
第9章　案例实训				16	综合实训
总计	24	24	48	16	

注:应用本科院校第1~4章16学时,第5~8章32学时;高职院校第1~4章24学时,第5~8章24学时(仅供参考)。

七、教材及参考资料

1. 韩风毅,薛菁.BIM机电工程模型创建与设计[M].西安:西安交通大学出版社,2017.

2. Autodesk公司.AutodeskRevit2015机电设计应用宝典[M].上海:同济大学出版社,2015.

3. Autodesk公司.Autodesk Revit MEP 2012[M].上海:同济大学出版社,2012.

4. 金永超,张宇凡,等.BIM与建模[M].成都:西南交通大学出版社,2016.

5. 叶雄进,金永超,等.BIM建模应用技术[M].北京:中国建筑工业出版社,2016.

基础入门篇

第1章 BIM 概论

教学导入

建筑信息模型(Building Information Modeling)是以建筑工程项目的各项相关信息数据作为模型的基础,进行建筑模型的建立,通过数字信息仿真模拟建筑物所具有的真实信息。本章在介绍 BIM 起源、定义的基础上,介绍了 BIM 的特点及主要应用价值,并展望了 BIM 良好的应用前景。

学习要点

- BIM 的基本概念
- BIM 的发展与应用
- BIM 技术相关标准

1.1 BIM 的基本概念

1.1.1 BIM 的来源与定义

图 1-1 Chunk Eastman 教授

1975 年,"BIM 之父"——乔治亚理工大学的 Chunk Eastman(查理·伊斯特曼)教授(见图 1-1)创建了 BIM 理念。至今,BIM 技术的研究经历了三大阶段:萌芽阶段、产生阶段和发展阶段。BIM 理念的启蒙,受到了 1973 年全球石油危机的影响,美国全行业需要考虑提高行业效益的问题,1975 年"BIM 之父"伊斯特曼教授在其研究的课题"Building Description System"中提出"a computer-based description of-a building",以便于实现建筑工程的可视化和量化分析,提高工程建设效率。

当前社会发展正朝集约经济转变,建设行业需要精益建造的时代已经来临。当前,BIM 已成为工程建设行业的一个热点,在政府部门相关政策指引和行业的大力推广下迅速普及。

BIM 是英文"Building Information Modeling"的缩写,国内比较统一的翻译是:建筑信息模型。BIM 是以建筑工程项目的各项相关信息数据作为模型的基础,进行建筑模型的建立,通过数字信息仿真模拟建筑物所具有的真实信息。BIM 在建筑的全生命周期内(见图 1-2),通过参数化建模来进行建筑模型的数字化和信息化管理,从而实现各个专业在设计、建造、运营维护阶段的协同工作。

国际智慧建造组织(building SMART International,简称 bSI)对 BIM 的定义包括以下三个层次:

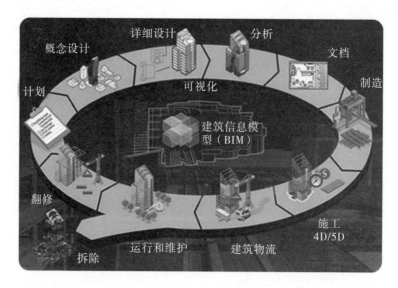

图 1-2　建筑全生命周期

（1）第一个层次是"Building Information Model"，中文可称之为"建筑信息模型"，bSI 对这一层次的解释为：建筑信息模型是一个工程项目物理特征和功能特性的数字化表达，可以作为该项目相关信息的共享知识资源，为项目全生命周期内的所有决策提供可靠的信息支持。

（2）第二个层次是"Building Information Modeling"，中文可称之为"建筑信息模型应用"，bSI 对这一层次的解释为：建筑信息模型应用是创建和利用项目数据在其全生命周期内进行设计、施工和运营的业务过程，允许所有项目相关方通过不同技术平台之间的数据互用在同一时间利用相同的信息。

（3）第三个层次是"Building Information Management"，中文可称之为"建筑信息管理"，bSI 对这一层次的解释为：建筑信息管理是指通过使用建筑信息模型内的信息支持项目全生命周期信息共享的业务流程组织和控制过程，建筑信息管理的效益包括集中和可视化沟通、更早进行多方案比较、可持续分析、高效设计、多专业集成、施工现场控制、竣工资料记录等。

不难理解，上述三个层次的含义互相之间是有递进关系的，也就是说，首先要有建筑信息模型，然后才能把模型应用到工程项目建设和运维过程中去，有了前面的模型和模型应用，建筑信息管理才会成为有源之水、有本之木。

1.1.2　BIM 的特点

BIM 具有可视化、协调性、模拟性、优化性和可出图性五大特点。

（1）可视化。可视化即"所见所得"的形式，对于建筑行业来说，可视化的真正运用在建筑业的作用是非常大的，例如经常拿到的施工图纸，只是各个构件的信息在图纸上采用线条的绘制表达，但是其真正的构造形式就需要建筑业参与人员去自行想象了。对于一般简单的东西来说，这种想象也未尝不可，但是近几年建筑业的建筑形式各异，复杂造型在不断推出，那么这种光靠人脑去想象的东西就未免有点不太现实了。所以 BIM 提供了可视化的思路，让人们将以往的线条式的构件形成一种三维的立体实物图形展示在人们的面前。建筑业也有设计方出效果图的事情,但是这种效果图是分包给专业的效果图制作团队进行识读设计制作出的线条式信息,并不是通过构件的信息自动生成的,缺少了同构件之间的互动性和反馈性,然而 BIM 提到的可视化是一种能够同构件之间形成互动性和反馈性的可视,在 BIM 建筑信息模型中,由于整个过程都是可视化的,所以可视化的结果不仅可以用于效果图的展示及报表的生成,更重要的是,项目设计、建造、运营过程中的沟通、讨论、决策都在可视化的状态下进行。

(2)协调性。协调性是建筑业中的重点内容,不管是施工单位还是业主及设计单位,无不在做着协调及相配合的工作。一旦项目在实施过程中遇到了问题,就要将各有关人士组织起来开协调会,找出问题发生的原因及解决办法,然后作出变更,或采取相应补救措施等,从而使问题得到解决。那么这个问题的协调真的就只能在问题出现后再进行协调吗?在设计时,往往由于各专业设计师之间的沟通不到位,而出现各种专业之间的碰撞问题,例如暖通等专业中的管道在进行布置时,由于施工图纸是各自绘制在各自的施工图纸上的,真正施工过程中,可能在布置管线时正好在此处有结构设计的梁等构件在此妨碍着管线的布置,这种问题就是施工中常遇到的。像这样的碰撞问题的协调解决就只能在问题出现之后再进行解决吗?BIM 的协调性服务就可以帮助处理这种问题,也就是说 BIM 可在建筑物建造前期对各专业的碰撞问题进行协调,生成协调数据,提供出来。当然 BIM 的协调作用也并不是只能解决各专业间的碰撞问题,它还可以解决如电梯井布置与其他设计布置及净空要求的协调、防火分区与其他设计布置的协调、地下排水布置与其他设计布置的协调等。

(3)模拟性。模拟性并不是只能模拟设计出建筑物模型,还可以模拟不能够在真实世界中进行操作的事物。在设计阶段,BIM 可以对设计上需要进行模拟的一些东西进行模拟实验,例如:节能模拟、紧急疏散模拟、日照模拟、热能传导模拟等;在招投标和施工阶段可以进行 4D 模拟(三维模型加项目的发展时间),也就是根据施工的组织设计模拟实际施工,从而来确定合理的施工方案来指导施工。同时还可以进行 5D 模拟(基于 3D 模型的造价控制),从而来实现成本控制;后期运营阶段可以模拟日常紧急情况的处理方式,例如地震发生时人员逃生模拟及火警时消防人员疏散模拟等。

(4)优化性。事实上整个设计、施工、运营的过程就是一个不断优化的过程,当然优化和 BIM 也不存在实质性的必然联系,但在 BIM 的基础上可以做更好的优化、更好地做优化。优化受三样东西的制约:信息、复杂程度和时间。没有准确的信息做不出合理的优化结果,BIM 模型提供了建筑物的实际存在的信息,包括几何信息、物理信息、规则信息,还提供了建筑物变化以后的实际状况。复杂程度高到一定程度,参与人员本身的能力无法掌握所有的信息,必须借助一定的科学技术和设备的帮助。现代建筑物的复杂程度大多超过参与人员本身的能力极限,BIM 及与其配套的各种优化工具提供了对复杂项目进行优化的可能。基于 BIM 的优化可以做下面的工作:

①项目方案优化:把项目设计和投资回报分析结合起来,设计变化对投资回报的影响可以实时计算出来;这样业主对设计方案的选择就不会主要停留在对形状的评价上,而更多的可以使得业主知道哪种项目设计方案更有利于自身的需求。

②特殊项目的设计优化:例如裙楼、幕墙、屋顶、大空间到处可以看到异型设计,这些内容看起来占整个建筑的比例不大,但是占投资和工作量的比例和前者相比却往往要大得多,而且通常也是施工难度比较大和施工问题比较多的地方,对这些内容的设计施工方案进行

优化,可以带来显著的工期和造价改进。

(5)可出图性。运用 BIM 技术,可以进行建筑各专业平、立、剖、详图及一些构件加工的图纸输出。但 BIM 并不是为了出大家日常多见的设计院所出的这些设计图纸,而是通过对建筑物进行可视化展示、协调、模拟、优化以后,可以帮助建设方出如下图纸:综合管线图(经过碰撞检查和设计修改,消除了相应错误以后);综合结构留洞图(预埋套管图);碰撞检查侦错报告和建议改进方案。

1.1.3 BIM 技术的优势

BIM 所追求的是根据业主的需求,在建筑全生命周期之内,以最少的成本、最有效的方式得到性能最好的建筑。因此,在成本管理、进度控制及建筑质量优化方面,相比于传统建筑工程方式,BIM 技术有着非常明显的优势。

1. 成本

美国麦格劳—希尔建筑信息公司(McGraw-Hill Construction)指出,2013 年最有代表性的国家中,约有 75% 的承建商表示他们对 BIM 项目投资有正面回报率。可以说 BIM 对建筑行业带来的最直接的利益就是成本的减少。

不同于传统工程项目,BIM 项目需要项目各参与方从设计阶段开始紧密合作,并通过多方位的检查及性能模拟不断改善并优化建筑设计。同时,由于 BIM 本身具有的信息互联特性,可以在改善设计过程中确保数据的完整性与准确性。因此,可以大大减少施工阶段因图纸错误而需要设计变更的问题。47% 的 BIM 团队认为施工阶段图纸错误与遗漏的减少是最直接影响高投资回报的原因。

此外,BIM 技术对造价管理方面有着先天性优势。众所周知,价格是随经济市场的变动而变化的,价格的真实性取决于对市场信息的掌握。而 BIM 可以通过与互联网的连接,再根据模型所具有的几何特性,实时计算出工程造价。同时,由于所有计算都是由计算机自动完成,可以避免手动计算时所带来的失误。因此,项目参与方所获得的预算量非常贴近实际工程,控制成本更为方便。

对于全生命周期费用,因为 BIM 项目大部分决策是在项目前期由各方共同进行的,前期所需费用会比传统建筑工程有所增加。但是,在项目经过某一临界点之后,前期所做的努力会给整个项目带来巨大的利益,并且将持续到最后。

2. 进度

传统进度管理主要依靠人工操作来完成,项目参与方向进度管理人员提供、索取相关数据,并由进度管理员负责更新并发布后续信息。这种管理方式缺乏及时性与准确性,对于工期影响较大。

对于 BIM 项目,由于各参与方是在同一平台,利用同一模型完成项目,因此可以非常迅速地查询到项目进度,并制定后续工作。特别是在施工阶段,施工方可以通过 BIM 对施工进度进行模拟,以此优化施工组织方案,从而减少施工误差和返工,缩短施工工期。

3. 质量

建筑物的质量可以说是一切目标的前提,不能因为赶进度而忽视。建筑质量的保障不仅可以给业主及使用者带来舒适环境,还可以大幅降低运营费用、提高建筑使用效率,最终贡献于可持续发展。BIM 的信息化与协调化都是以最终建筑的高质量为首要目标,即通过最优化的设计、施工及运营方案展现出与设计理念相同的实际建筑。

设计阶段,设计师与工程师可通过 BIM 进行建筑仿真模拟,并根据结果提高建筑物性能。施工阶段的施工组织模拟,可以为施工方在实际施工前提出注意点,以防止出现缺陷。

当然,建得再好的建筑物,如果没有后期维护将很难保持其初期质量。运维阶段,通过 BIM 与物联网的合作,可以实时监控建筑物运行状态,以此为依据在最短时间内定位故障位置并进行维修。

4. 安全

BIM 与安全的结合使得项目安全管控上升一个新高度。在重大项目方案编制阶段已经运用 BIM 技术进行模拟施工,可以直观地了解到重大危险源的具体施工时间、进度、施工方式以及存在的安全隐患,有针对性地制定安全预防控制措施,确保重大危险源施工安全。同时在日常安全管理中,应用 BIM 模型可以全面地排查现场四口五临边的位置及大小,对照模型检查现场防止缺漏保障防护安全。同时依据 BIM 中的施工时间可以及时安排防护设备的进场和搭设等,确保防护及时到位。

5. 环保

BIM 在实现绿色设计、可持续设计方面有着天然的技术优势,BIM 可用于分析包括影响绿色条件的采光、能源效率和可持续性材料等建筑性能的方方面面;可分析、实现最低的能耗,并借助通风、采光、气流组织以及视觉对人心理感受的控制等,实现节能环保;采用BIM 理念,还可在项目方案完成的同时计算日照、模拟风环境,为建筑设计的"绿色探索"注入高科技力量。

1.2 BIM 的发展与应用

1.2.1 AEC 行业的发展历程

AEC 为"Architecture Engineering and Construction"的缩略词,即建筑、工程与施工。从人类开始建造房屋起到现在,随着技术发展与管理需求,AEC 行业迎来了多次翻天覆地的变化。与根据时代背景而频繁出现不同建筑思想与建筑技术相反,建筑流程只有过三种不同形式。

在古代社会,建筑设计与施工的分化并不像现在如此明确,两项均由一名建筑师或工匠所负责。建筑师会根据自己所在地区自然条件与生活习惯等进行设计与施工。即便项目非常复杂,建筑相关所有信息均出自建筑师一人的头脑。因科技水平的限制,建筑师或工匠较少采用设计图纸,大多数情况下设计与施工是在现场同步实施的。

第一次重要变化出现在文艺复兴时期。这期间设计与施工逐渐分离,建筑师脱离现场手工制作,专门从事建筑艺术创作,而后期施工则由专门工匠负责。在这个分离过程中,建筑过程及建筑工具都发生了根本性改变。建筑师需要把自己的设计概念完整地灌输到工匠脑中,因此设计图纸变得尤为重要,并且成为了最重要的施工依据。同时随着造纸技术的发展,图纸在整个建筑业运用的非常频繁。而这也衍生出了除设计与施工以外的交付过程。之后随着科技的发展,建筑运用了大量的机电设备,同时也分化出多个专业,如暖通、给排水、电气等。可是对于建筑过程的变化则少之又少。这时还是以手绘图纸为基础,设计师进行设计并交到施工方手中进行施工。

直到 1980 年以后,个人计算机的普及对 AEC 行业带来了又一波巨大的冲击,其主要以

CAD(Computer Aided Design,计算机辅助设计)为主。第一台电子计算机早在1946年就被制造成功,而CAD也诞生于20世纪60年代。可是由于当时硬件设施昂贵,只有一些从事汽车、航空等领域的公司自行开发使用。之后随着计算机价格的降低,CAD得以迅速发展,AEC行业也开始经历信息化浪潮。计算机代替手工作业带来的不仅是设计工具的升级,细节与效率上的提升同样非常显著。比如利用CAD修改设计不再容易出现错误,对图作业也不需要传统对图方式,传递设计文件更加方便。虽然此次改变对建筑工具带来根本性改变,可是对于整个建筑过程,与之前形式相差无几。建筑师设计方案敲定之后由多专业工程师依次进行后续设计,最后交付到施工团队。由于各团队间协调配合工作不够完善,在后期施工期间,依然有大量问题出现。

在这种背景下,随着项目复杂度的提升,对于整个工程项目全程协调与管理的重要性也同样逐渐提高。1975年,查理·伊斯特曼博士在《AIA杂志》上发表一个叫建筑描述系统(Building Description System)的工作原型,被认为是最早提及BIM概念的一份文献。在随后的30年时间中,BIM概念一再被提起并由许多专家进行研究,但由于技术所限还是只停留于概念与方法论研究层面上。直到21世纪初,在计算机与IT技术长足发展的前提下,应AEC市场需求,欧特克(Autodesk)在2002年将"Building Information Modeling"这个术语展现到世人面前并推广。而BIM的出现,也正逐渐带来第三次建筑流程改变。

1.2.2　BIM在国外的发展路径与相关政策

1. 美国

美国作为最早启动BIM研究的国家之一,其技术与应用都走在世界前列。与世界其他国家相比,美国从政府到公立大学,不同级别的国营机关都在积极推动BIM的应用并制定了各自目标及计划。

早在2003年,美国总务管理局(General Services Administration,GSA)通过其下属的公共建筑服务部(Public Building Service,PBS)设计管理处(Office of Chief Architect,OCA)创立并推进3D-4D-BIM计划,致力于将此计划提升为美国BIM应用政策。从创立到现在,GSA在美国各地已经协助200个以上项目实施BIM,项目总费用高达120亿美元。以下为3D-4D-BIM计划具体细节:

①制订3D-4D-BIM计划;

②向实施3D-4D-BIM计划的项目提供专家支持与评价;

③制定对使用3D-4D-BIM计划的项目补贴政策;

④开发对应3D-4D-BIM计划的招标语言(供GSA内部使用);

⑤与BIM公司、BIM协会、开放性标准团体及学术/研究机关合作;

⑥制定美国总务管理局BIM工具包;

⑦制作BIM门户网站与BIM论坛。

2006年,美国陆军工程师兵团(United States Army Corps of Engineers,USACE)发布为期15年的BIM发展规划(A Road Map for Implementation to Support MILCON Transformation and Civil Works Projects within the United States Army Corps of Engineers),声明在BIM领域成为一个领导者,并制定六项BIM应用的具体目标。之后在2012年,声明对USACE所承担的军用建筑项目强制使用BIM。此外,他们向一所开发CAD与BIM技术的研究中心提供资金帮助,并在美国国防部(United States Department of Defense,DoD)内部

进行 BIM 培训。同时美国退伍军人部也发表声明称,从 2009 年开始,其所承担的所有新建与改造项目全部将采用 BIM。

美国建筑科学研究所(National Institute of Building Sciences,NIBS)建立 NBIMS-USTM 项目委员会,以开发国家 BIM 标准,并研究大学课程添加 BIM 的可行性。2014 年初,NIBS 在新成立的建筑科学在线教育上发布了第一个 BIM 课程,取名为 COBie 简介(The Introduction to COBie)。

除上述国家政府机构以外,各州政府机构与国立大学也相继建立 BIM 应用计划。例如,2009 年 7 月,威斯康星州对设计公司要求 500 万美元以上的项目与 250 万美元以上的新建项目一律使用 BIM。

2. 英国

英国是由政府主导,与英国政府建设局(UK Government Construction Client Group)在 2011 年 3 月共同发布推行 BIM 战略报告书(Building Information Modeling Working Party Strategy Paper),同时在 2011 年 5 月由英国内阁办公室发布的政府建设战略(Government Construction Strategy)中正式包含 BIM 的推行。此政策分为 Push 与 Pull,由建筑业(Industry Push)与政府(Client Pull)为主导发展。

Push 的主要内容为:由建筑业主导建立 BIM 文化、技术与流程;通过实际项目建立 BIM 数据库;加大 BIM 培训机会。

Pull 的主要内容为:政府站在客户的立场,为使用 BIM 的业主及项目提供资金上的补助;当项目使用 BIM 时,鼓励将重点放在收集可以持续沿用的 BIM 情报,以促进 BIM 的推行。

英国政府表明从 2011 年开始,对所有公共建筑项目强制性使用 BIM。同时为了实现上述目标,英国政府专门成立 BIM 任务小组(BIM Task Group)主导一系列 BIM 简介会,并且为了提供 BIM 培训项目初期情报,发布 BIM 学习构架。2013 年末,BIM 任务小组发布一份关于 COBie 要求的报告,以处理基础设施项目信息交换问题。

3. 芬兰

对于 BIM 的采用,全世界没有其他国家可以赶得上芬兰。作为芬兰财务部(The Finnish Ministry of Finance)旗下最大的国有企业,国有地产服务公司(Senate Properties)早在 2007 年就要求在自己的项目中使用 IFC/BIM。

4. 挪威

挪威政府在 2010 年发布声明将致力发展 BIM。随后众多公共机关开始着手实施 BIM。例如,挪威国防产业部(The Norwegian Defense Estates Agency)开始实施三个 BIM 试点项目。作为公共管理公司和挪威政府主要顾问,Statsbygg 要求所有新建建筑使用可以兼容 IFC 标准的 BIM。为了推广 BIM 的采用,Statsbygg 主要对建筑效率、室内导航、基于地理的模拟与能耗计算等 BIM 应用展开研发项目。

5. 丹麦

丹麦政府为了向政府项目提供 BIM 情报通信技术,在 2007 年着手实施数字化建设项目(the Digital Construction Project)。通过此项目开发出的 BIM 要求事项在随后由政府客户,如皇家地产公司(the Palaces & Properties Agency)、国防建设服务公司(the Defense Construction Service),相继使用。

6. 瑞典

虽然 BIM 在瑞典国内建筑业已被采用多年，可是瑞典政府直到 2013 年才由瑞典交通部(Swedish Transportation Administration)发表声明使用 BIM 之后开始推行。瑞典交通部同时声明从 2015 年开始，对所有投资项目强制使用 BIM。

7. 澳大利亚

2012 年澳大利亚政府通过发布国家 BIM 行动方案(National BIM Initiative)报告制定多项 BIM 应用目标。这份报告由澳大利亚 building SMART 协会主导并由建筑环境创新委员会(Built Environment Industry Innovation Council, BEIIC)授权发布。此方案主要提出如下观点：2016 年 7 月 1 日起，所有的政府采购项目强制性使用全三维协同 BIM 技术；鼓励澳大利亚州及地区政府采用全三维协同 Open BIM 技术；实施国家 BIM 行动方案。

澳大利亚本地建筑业协会同样积极参与 BIM 推广。例如，机电承包协会(Air Conditioning & Mechanical Contractors' Association, AMCA)发布 BIM – MEP 行动方案，促进推广澳大利亚建筑设备领域应用 BIM 与整合式项目交付(Integrated Project Delivery, IPD)技术。

8. 新加坡

早在 1995 年，新加坡启动房地产建造网络(Construction Real Estate NETwork, CORENET)以推广及要求 AEC 行业 IT 与 BIM 的应用。之后，建设局(Building and Construction Authority, BCA)等新加坡政府机构开始使用以 BIM 与 IFC 为基础的网络提交系统(e-submission system)。在 2010 年，新加坡建设局发布 BIM 发展策略，要求在 2015 年建筑面积大于五千平方米的新建建筑项目中，BIM 和网络提交系统使用率达到 80%。同时，新加坡政府希望在后 10 年内，利用 BIM 技术为建筑业的生产力带来 25% 的性能提升。2010 年，新加坡建设局建立建设 IT 中心(Center for Construction IT, CCIT)以帮助顾问及建设公司开始使用 BIM，并在 2011 年开发多个试点项目。同时，建设局建立 BIM 基金以鼓励更多的公司将 BIM 应用到实际项目上，并多次在全球或全国范围内举办 BIM 竞赛大会以鼓励 BIM 创新。

9. 日本

2010 年，日本国土交通省声明对政府新建与改造项目的 BIM 试点计划，此为日本政府首次公布采用 BIM 技术。

除开日本政府机构，一些行业协会也开始将注意力放到 BIM 应用。2010 年，日本建设业联合会(Japan Federation of Construction Contractors, JFCC)在其建筑施工委员会(Building Construction Committee)旗下建立了 BIM 专业组，通过标准化 BIM 的规范与使用方法提高施工阶段 BIM 所带来的利益。

10. 韩国

2012 年 1 月，韩国国土海洋部(Korean Ministry of Land, Transport & Maritime Affairs, MLTM)发布 BIM 应用发展策略，表明 2012 年到 2015 年间对重要项目实施四维 BIM 应用并从 2016 年起对所有公共建筑项目使用 BIM。另一个国家机构韩国公共采购服务中心(Public Procurement Service, PPS)在 2011 年发布 BIM 计划，并计划在 2013 年到 2015 年间对总承包费用大于 5000 万美元的项目使用 BIM，并从 2016 年起对所有政府项目强制性应用 BIM 技术。

在韩国,以国土海洋部为首的许多政府机构参与 BIM 研发项目。从 2009 年起,国土海洋部就持续向多个研发项目进行资金补助,包括名为 SEUMTER 的建筑许可系统以及一些基于 Open BIM 的研发项目,如超高层建筑项目的 Open BIM 信息环境技术(Open BIM Information Environment Technology for the Super-tall Buildings Project)、建立可提高设计生产力的基于 Open BIM 的建筑设计环境(Establishment of Open BIM based Building Design Environment for Improving Design Productivity)。同样,韩国公共采购服务中心在 2011 年对造价管理咨询(Cost Management Consulting)研发项目提供资金支持。

1.2.3　BIM 在国内的发展路径与相关政策

2011 年,中华人民共和国住房城乡建设部发布《2011—2015 年建筑业信息化发展纲要》,声明在"十二五"期间,基本实现建筑企业信息系统的普及应用,加快建筑信息模型、基于网络的协同工作等新技术在工程中的应用,推动信息化标准建设,促进具有自主知识产权软件的产业化,形成一批信息技术应用达到国际先进水平的建筑企业。这一年被业界普遍认为是中国的 BIM 元年。

2016 年,中华人民共和国住房城乡建设部发布《2016—2020 年建筑业信息化发展纲要》,声明全面提高建筑业信息化水平,着力增强 BIM、大数据、智能化、移动通信、云计算、物联网等信息技术集成应用能力,建筑业数字化、网络化、智能化取得突破性进展,初步建成一体化行业监管和服务平台,数据资源利用水平和信息服务能力明显提升,形成一批具有较强信息技术创新能力和信息化应用达到国际先进水平的建筑企业及具有关键自主知识产权的建筑业信息技术企业。

此外,中华人民共和国住房城乡建设部在 2013 年到 2016 年期间,先后发布若干 BIM 相关指导意见:

①2016 年以前政府投资的 2 万平方米以上大型公共建筑以及省报绿色建筑项目的设计、施工采用 BIM 技术。

②截至 2020 年,完善 BIM 技术应用标准、实施指南,形成 BIM 技术应用标准和政策体系;在有关奖项,如全国优秀工程勘察设计奖、鲁班奖(国际优质工程奖)及各行业、各地区勘察设计奖和工程质量最高的评审中,设计应用 BIM 技术的条件。

③推进建筑信息模型(BIM)等信息技术在工程设计、施工和运行维护全过程的应用,提高综合效益,推广建筑工程减隔震技术,探索开展白图代替蓝图、数字化审图等工作。

④到 2020 年末,建筑行业甲级勘察、设计单位以及特级、一级房屋建筑工程施工企业应掌握并实现 BIM 与企业管理系统和其他信息技术的一体化集成应用。

⑤到 2020 年末,以下新立项项目勘察设计、施工、运营维护中,集成应用 BIM 的项目比率达到 90%:以国有资金投资为主的大中型建筑;申报绿色建筑的公共建筑和绿色生态示范小区。

同时,随着 BIM 发展进步,各地方政府按照国家规划指导意见也陆续发布地方 BIM 相关政策,鼓励当地工程建设企业全面学习并使用 BIM 技术,促进企业、行业转型升级,以适应社会发展的需要。

1.2.4　BIM 的应用

BIM 发展至今,已经从单点和局部的应用发展到集成应用,同时也从阶段性应用发展到了项目全生命周期应用。

1. 规划阶段 BIM 应用

（1）模拟复杂场地分析。随着城市建筑用地的日益紧张，城市周边山体用地将日益成为今后建筑项目、旅游项目等开发的主要资源，而山体地形的复杂性，又势必给开发商们带来选址难、规划难、设计难、施工难等问题。但如能通过计算机，直观地再现及分析地形的三维数据，则将节省大量时间和费用。借助 BIM 技术，通过原始地形等高线数据，建立起三维地形模型，并加以高程分析、坡度分析、放坡填挖方处理，从而为后续规划设计工作奠定基础。比如，通过软件分析得到地形的坡度数据，以不同跨度分析地形每一处的坡度，并以不同颜色区分，则可直观看出哪些地方比较平坦，哪些地方陡峭。进而为开发选址提供有力依据，也避免过度填挖土方，造成无端浪费。

（2）进行可视化能耗分析。从 BIM 技术层面而言，可进行日照模拟、二氧化碳排放计算、自然通风和混合系统情境仿真、环境流体力学情境模拟等多项测试比对，也可将规划建设的建筑物置于现有建筑环境当中，进行分析论证，讨论在新建筑增加情况下各项环境指标的变化，从而在众多方案中优选出更节能、更绿色、更生态、更适合人居的最佳方案。

（3）进行前期规划方案比选与优化。通过 BIM 三维可视化分析，也可对于运营、交通、消防等其他各方面规划方案，进行比选、论证，从中选择最佳结果。亦即，利用直观的 BIM 三维参数模型，让业主、设计方（甚至施工方）尽早地参与项目讨论与决策，这将大大提高沟通效率，减少不同人因对图纸理解不同而造成的信息损失及沟通成本。

2. 设计阶段 BIM 应用

从 BIM 的发展可以看到，BIM 最开始的应用就是在设计阶段，然后再扩展到建筑工程的其他阶段。BIM 在方案设计、初步设计、施工图设计的各个阶段均有广泛的应用，尤其是在施工图设计阶段的冲突检测及三维管线综合以及施工图出图方面。

（1）可视化功能有效支持设计方案比选。在方案设计和初步分析阶段，利用具有三维可视化功能的 BIM 设计软件，一方面设计师可以快速通过三维几何模型的方式直接表达设计灵感，直接就外观、功能、性能等多方面进行讨论，形成多个设计方案，进行一一比选，最终确定出最优方案。另一方面，在业主进行方案确认时，协助业主针对一些设计构想、设计亮点、复杂节点等通过三维可视化手段予以直观表达或展现，以便了解技术的可行性、建成的效果，以及便于专业之间的沟通协调，及时作出方案的调整。

（2）可分析性功能有效支持设计分析和模拟。确定项目的初步设计方案后，需要进行详细的建筑性能分析和模拟，再根据分析结果进行设计调整。BIM 三维设计软件可以导出多种格式的文件与基于 BIM 技术的分析软件和模拟软件无缝对接，进行建筑性能分析。这类分析与模拟软件包括日照分析、光污染分析、噪声分析、温度分析、安全疏散模拟、垂直交通模拟等，能够对设计方案进行全性能的分析，只要简单地输入 BIM 模型，就可以提供数字化的可视分析图，对提高设计质量有很大的帮助。

（3）集成管理平台有效支持施工图的优化。BIM 技术将传统的二维设计图纸转变为三维模型并整合集成到同一个操作平台中，在该平台通过链接或者复制功能融合所有专业模型，直观地暴露各专业图纸本身问题以及相互之间的碰撞问题。使用局部三维视图、剖面视图等功能进行修改调整，提高了各专业设计师及负责人之间的沟通效率，在深化设计阶段解决大量设计不合理问题、管线碰撞问题，空间得到最优化，最大限度地提高施工图纸的质量，减少后期图纸变更数量。

（4）参数化协同功能有效支持施工图的绘制。在设计出图阶段，方案的反复修改时常发生，某一专业的设计方案发生修改，其他专业也必须考虑协调问题。基于 BIM 的设计平台所有的视图中（剖面图、三维轴测图、平面图、立面图）构件和标注都是相互关联的，设计过程中只要在某一视图进行修改，其他视图构件和标注也会跟着修改，如图 1-3 所示。不仅如此，施工图纸在 BIM 模型中也是自动生成的，这让设计人员对图纸的绘制、修改的时间大大减少。

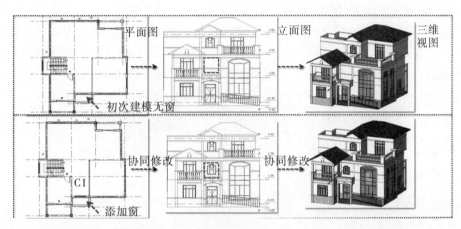

图 1-3　一处修改处处更新（关联修正）

3. 施工阶段 BIM 应用

施工阶段是项目由虚到实的过程，在此阶段施工单位关注的是在满足项目质量的前提下，运用高效的施工管理手段，对项目目标进行精确的把控，确保工程按时保质保量完成。而 BIM 在进度控制与管理、工程量的精确统计等方面均能发挥巨大的作用。

（1）BIM 为进度管理与控制提供可视化解决方法。施工计划的编制是一个动态且复杂的过程，通过将 BIM 模型与施工进度计划相关联，可以形成 BIM 4D 模型，通过在 4D 模型中输入实际进度，则可实现进度实际值与计划值的比较，提前预警可能出现的进度拖延情况，实现真正意义上的施工进度动态管理。不仅如此，在资源管理方面，以工期为媒介，可快速查看施工期间劳动力、材料的供应情况、机械运转负荷情况，提早预防资源用量高峰和资源滞留的情况发生，做到及时把控，及时调整，及时预案，从而防止出现进度拖延。

（2）BIM 为施工质量控制和管理提供技术支持。工程项目施工中对复杂节点和关键工序的控制是保证施工质量的关键，4D 模拟不但可以模拟整个项目的施工进度，还可以对复杂技术方案的施工过程和关键工艺及工序进行模拟，实现施工方案可视化交底，避免由语言文字和二维图纸交底引起的理解分歧和信息错漏等问题，提高建筑信息的交流层次并且使各参与方之间沟通方便，为施工过程各环节的质量控制提供新的技术支持。另外，通过 BIM 与物联网技术可以实现对整个施工现场的动态跟踪和数据采集，在施工过程中对物料进行全过程的跟踪管理，记录构件与设备施工的实时状态与质量检测情况，管理人员及时对质量情况进行分析和处理，BIM 为大型建设项目的质量管理开创新途径和新方法提供了有力的支持。

（3）BIM 为施工成本控制提供有效数据。对施工单位而言，具体工程实量、具体材料用量是工程预算、材料采购、下料控制、计量支付和工程结算的依据,是涉及项目成本控制的重要数据。BIM 模型中构件的信息是可运算的,且每个构件具有独特的编码,通过计算机可自动识别、统计构件数量,再结合实体扣减规则,实现工程实量的计算。在施工过程中结合 BIM 资源管理软件,从不同时间段、不同楼层、不同分部分项工程,对工程实量进行计算和统计,根据这些数据从材料采购、下料控制、计量支付和工程结算等不同的角度对施工项目的成本进行跟踪把控,使建筑施工的成本得到有效控制。

(4)BIM 为协同管理工作提供平台服务。施工过程中,不同参与方、不同专业、不同部门岗位之间需要协同工作,以保证沟通顺畅,信息传达正确,行为协调一致,避免事后扯皮和返工是非常有必要的。利用 BIM 模型可视化、参数化、关联化等特性,将模型信息集成到同一个软件平台,实现信息共享。施工各参与方均在 BIM 基础上搭建协同工作平台,以 BIM 模型为基础进行沟通协调,在图纸会审方面,能在施工前期解决图纸问题;在施工现场管理方面,实时跟踪现场情况;在施工组织协调方面,提高各专业间的配合度,合理组织工作。

4. 运维阶段 BIM 应用

运营阶段是项目投入使用的阶段,在建筑生命周期中持续时间最长。在运营阶段中,设施运营和维护方面耗费的成本不容小觑。BIM 能够提供关于建筑项目协调一致和可计算的信息,该信息可以共享和重复使用。通过建立基于 BIM 的运维管理系统,业主和运营商可大大降低由于缺乏操作性而导致的成本损失。目前 BIM 在设施维护中的应用主要在设备运行管理和建筑空间管理两方面。

(1)建筑设备智能化管理。利用基于 BIM 的运维管理系统,能够实现在模型中快速查找设备相关信息,例如:生产厂商、使用期限、责任人联系方式、使用说明等信息,通过对设备周期的预警管理,可以有效防止事故的发生,利用终端设备、二维码和 RFID 技术,迅速对发生故障设备进行检修,如图 1-4 所示。

图 1-4 设备运维系统

（2）建筑空间智能化管理。对于大型商业地产项目而言，业主可以通过 BIM 模型直观地查看每个建筑空间上的租户信息，如租户的名称、建筑面积、租金情况，还可以实现租户各种信息的提醒功能。同时还可以根据租户信息的变化，随时进行数据的调整和更新。

1.3 BIM 技术相关标准

1.3.1 BIM 标准概述

BIM 作为一个建筑工程领域全新的概念，目前被多数国家采用并推广，而各国政府在 BIM 的采用与推广过程中起到了主导性作用。各国政府先后建立 BIM 研究机构或者与其他公共机构合作，制定符合各国需求的国家 BIM 标准指南，并随着研发进度相继优化更新已出的条款。同时，各国大学与地方政府在政府大力支持下，各自研究推广地区 BIM 标准。

1.3.2 国外 BIM 标准

1. 美国

到 2015 年为止，美国各公共机构前后发布 47 份 BIM 标准与指南，其中 17 份来自政府机构，30 份来自非营利机构。其中大部分标准都包含项目实施计划（Project Execution Plan）、建模方法论（Modeling Methodology）与构件表达方式及数据组织（Component Presentation Style and Data Organization）。而最大的差异来自于细节程度（Level of Details），大约有一半的标准并未提供模型在各阶段所需要的精度指标。

47 份 BIM 标准与指南中有 24 份是由国家级组织机构主导发布。

GSA 为了支持 3D-4D-BIM 计划推广，先后发布 8 本 BIM 指南系列。分别为：

①第一册：3D-4D-BIM 简介（3D-4D-BIM Overview）。介绍 BIM 技术，尤其是 GSA 的 3D-4D-BIM 如何运用在建筑工程项目中，主要对象是 BIM 入门用户。

②第二册：检验空间规划（Spatial Program Validation）。介绍 BIM 如何用于设计并检验复核 GSA 要求的空间规划。

③第三册：三维激光扫描（3D Laser Scanning）。为三维成像与评价标准提供指南。

④第四册：四维工程计划（4D Phasing）。定义四维工程计划范围，并提供技术指南。

⑤第五册：能源效率（Energy Performance）。介绍项目各阶段能耗模拟重要性及模拟流程。

⑥第六册：人流与保安验证（Circulation and Security Validation）。介绍 BIM 如何用于设计决策，以保障满足相应要求。

⑦第七册：建筑因素（Building Element）。介绍不同构架的建筑信息，并为信息的建立、修改与维护提供指导意见。

⑧第八册：设施管理（Facility Management）。为设施管理提供 BIM 应用指南，并规定 BIM 模型需满足的最低技术要求。

美国建筑科学研究院在 2007 年与 2012 年相继发布美国 BIM 标准（National Building Information Modeling Standard）第一版与第二版，而在 2015 年末，发布此标准第三版。第三版包含从规划到设计、施工及运营的建筑全生命周期中的 BIM 标准。

美国建筑师协会（American Institute of Architects，AIA）在 2008 年发布《E202TM—2008 建筑信息模型展示协议》（E202TM-2008 Building Information Modeling Protocol Exhibit),制定五类开发等级(Levels of Development)与相应 BIM 应用要求。

2. 英国

为了实现英国政府 2016 年开始在政府项目中全面使用 BIM 的目标,建设委员会(Construction Industry Council,CIC)与 BIM 任务小组合作推出多项 BIM 标准。在 BIM 任务小组的主导与技术支持下,建设委员会在 2013 年发布两项 BIM 标准:BIM 协议(BIM Protocol V1)与使用 BIM 过程中专业赔偿保险实践指南(Best Practice Guide for Professional Indemnity Insurance When Using BIMs V1)。前者确定项目团队在所有建设合同中所需达到的 BIM 要求,后者对 BIM 项目中所能遇到的专业赔偿保险的主要风险进行了概述。

同时,许多英国本地非营利机构,如英国标准机构(British Standards Institution,BSI)与 AEC - UK 委员会(the AEC - UK Committee),也发布了各自 BIM 标准。英国标准机构 B/555 委员会(BSI B/555 Committee)从 2007 年起,为建筑业全生命周期信息的数字化定义与交换出台多项标准。例如,PAS 1192 - 2:2013 说明信息管理流程以支持交付阶段的二等级 BIM(BIM Level 2);PAS 1192 - 3:2014 则将重点放在运营阶段中的资产。AEC - UK 委员会在 2009 年与 2012 年先后发布首版 BIM 标准(BIM Standard)与第二版 BIM 协议(BIM Protocol Version 2.0)。从 2012 年开始,AEC - UK 委员会将 BIM 协议扩展到各软件平台,包括 Autodesk Revit、Bentley AECOsim Building Designer 与 Grphisoft ArchiCAD。

3. 芬兰

芬兰国有地产服务公司在建设公司、咨询公司等多家企业的协助支持下,在 2012 年发布全新 BIM 指南(The Common BIM Requirements 2012 V1.0)。这本指南包含由多家经验丰富的企业与组织提供的 13 个要求事项,因此其实用性非常高。同年芬兰混凝土协会发表制作混凝土结构物的 BIM 指南。

4. 挪威

到 2013 年为止,挪威政府与非营利机构共发布 6 项 BIM 标准。为了准确说明兼容 IFC 标准的 BIM,Statsbygg 在 2008 年到 2013 年先后发布四个版本的 BIM 标准(Statsbygg Building Information Modeling Manual)。作为政府主导开发的标准,挪威政府项目将强制性应用该标准,同时它还适用于挪威所有建筑工程项目。挪威住建协会(Norwegian Home Builders' Association)也在 2011 年与 2012 年发布第一版与第二版的 BIM 标准,主要对常用软件工具进行了介绍,并对能耗模拟、造价计算、通风与屋架等四个部分进行了详细的说明。

5. 丹麦

2007 年,国家企业建设局(the National Agency for Enterprise and Construction)发布四种 3D CAD/BIM 应用指南,分别为 3D CAD Manual 2006、3D Working Method 2006、3D CAD Project Agreement 2006 与 Layer and Object Structure 2006。

6. 瑞典

瑞典非营利机构瑞典标准协会(Swedish Standards Institute,SSI)在 2009 年发布施工与设施管理的数字化交付(Digital Deliverables for Construction and Facilities Management)。由于此标准仅为管理指南,缺乏具体方法与案例,因此 2009 年 OpenBIM 机构(OpenBIM Organization)在瑞典成立并建立当地 BIM 标准。

7. 澳大利亚

2009年,澳大利亚合作研究中心(Cooperative Research Centre,CRC)建筑创新部发布国家信息模型指南(National Guidelines for Digital Modeling)以推广BIM技术在本国建筑与施工行业的应用。指南对模型的建造、开发、模拟及性能评测进行了详细的讲解。2011年,由澳大利亚政府资助的非营利机构,建筑信息系统公司(Construction Information Systems Limited)发布BIM指南,并取名为NATSPEC国家BIM指南(NATSPEC National BIM Guide),指南包含BIM优势、建模方法论、展现方式与交付要求。一年之后,该机构再次发布一个辅助文档"BIM项目管理计划模板"(Project BIM Management Plan Template)。

8. 新加坡

作为全球发展BIM最前卫的国家之一,新加坡已出台12项BIM标准。大部分标准都对建模方法论与构件表达方式及数据组织进行了详细的解释,可是有一部分标准并未提起项目规划实施计划与细节程度。唯有建设部发布的BIM指南(BIM Guide)含有上述四个因素。

9. 日本

相比于其他发达国家,日本在BIM标准开发进度上相对较慢。直到2012年,日本建筑师协会(Japan Institute of Architects,JIA)发布BIM标准指南,此标准对建筑师提供了BIM的流程化与交付要求。

10. 韩国

到目前为止,韩国国土海洋部、韩国公共采购服务中心、韩国建设交通技术评价机构及韩国建设技术研究院先后发布6个BIM标准。

2009年,韩国建筑BIM标准(National Architectural BIM Guide)项目在国土海洋部出资主导下,由韩国buildingSMART协会与庆熙大学(Kyung Hee University)合作开发。此标准含三个指南:BIM工作指南、技术指南与管理指南。

韩国公共采购服务中心从2010年开始也主持建立BIM指南,由韩国buildingSMART协会、庆熙大学及熙林建筑事务所(Heerim Architecture)共同开发,已推出建筑BIM指南(PPS Guideline V1:Architectural BIM Guide)与基于BIM的造价管理指南(PPS Guideline V2:BIM based Cost Management Guide)。

1.3.3 国内BIM标准

1. 国家级

中华人民共和国住房城乡建设部在2011年声明"十二五"期间大力发展BIM之后不久,在2012年批准了5个关于建筑工程的BIM国家标准编制。5个标准为:《建筑工程信息模型应用统一标准》《建筑工程信息模型储存标准》《建筑工程信息模型分类和编码标准》《建筑工程设计信息模型交付标准》《建筑工程施工信息模型应用标准》。其中《建筑工程模型应用统一标准》(GB/T 51212—2016)正式发布,自2017年7月1日起实施。

2. 行业级

为规范建筑工程设计信息模型的表达方式,协调建筑工程各参与方识别建筑工程设计信息,2014年成立了《建筑工程设计信息模型制图标准》编委会,经历了两年的行业探索与研究,在2016年编委会决定将《制图标准》更名为《表达标准》,贴近模型实际,更适用于建筑工程设计和建造过程中建筑工程设计信息模型的建立、传递和使用,各专业之间的协同,工程设计各参与方的协作等过程。建筑装饰行业工程建设标准已制定并颁布,《建筑装饰装修工程 BIM 实施标准》(T/CBDA－3—2016)自 2016 年 12 月 1 日起实施。

3. 地方级

各直辖市与各省政府陆续推出地方 BIM 标准供建筑工程单位使用。

(1)北京市:2014 年由北京市质量技术监督局与北京市规划委员会共同发布《民用建筑信息模型设计标准》,此标准涉及 BIM 的资源要求、模型深度要求、交付要求等 BIM 应用过程中所需的基本内容。

(2)上海市:2015 年由上海市城乡建设管理委员会发布《上海市建筑信息模型技术应用指南》。此指南在国家 BIM 标准基础上,针对上海地区建筑工程项目的特点,建立了相应技术标准,并界定各项目参与方权利与义务。上海专项行业标准也在积极制定中。

(3)深圳市:2015 年由深圳市建筑工务署发布《BIM 实施管理标准》。此标准对深圳市新建、改建、扩建项目在应用 BIM 时所需满足的职责、交付、协同等提出要求。

(4)香港特区:香港房屋委员会在 2009 年发布了香港首个 BIM 标准并推广到整个建筑工程行业,此标准包含 BIM 标准(BIM Standard)、用户指南(User Guide)、构件设计指南(Library Component Design Guide)和参考文献(Reference)。2013 年,香港建设部(Construction Industry Council,CIC)建立了一个 BIM 工作小组并指定由该组织开发 BIM 标准,最终在 2015 年初出版。

(5)浙江省:2016 年由浙江省住房和城乡建设厅发布《浙江省建筑信息模型(BIM)技术应用导则》,针对 BIM 实施的组织管理与 BIM 技术应用点提出了相应的要求。

第 2 章　BIM 工具与相关技术

教学导入

　　工欲善其事,必先利其器。想要认识 BIM,了解 BIM,掌握 BIM 技术的应用,离不开工具的支持。从设计到施工,从施工到运维管理,都需要建立和使用 BIM 模型,增强项目参与各方之间的沟通。因此以需求为导向,模型为基础,就需要对 BIM 工具及相关技术有一定的认识。

　　本章主要介绍 BIM 软硬件工具,并分析工具软件的应用方向。同时对 BIM 与其他相关技术的结合应用进行阐述与展望。

学习要点

- BIM 工具
- BIM 的相关技术

2.1　BIM 工具概述

　　BIM 应用离不开软硬件的支持,在项目的不同阶段或不同目标单位,需要选择不同软件并予以必要的硬件和设施设备配置。BIM 工具有软件、硬件和系统平台三种类别。硬件工具如计算机、三维扫描仪、3D 打印机、全站仪机器人、手持设备、网络设施等。系统平台是指由 BIM 软硬件支持的模型集成、技术应用和信息管理的平台体系。这里主要介绍软件工具。

　　BIM 软件的数量十分庞大,BIM 系统并不能靠一个软件实现,或靠一类软件实现,而是需要不同类型的软件,而且每类软件也可选择不同的产品。这里通过对目前在全球具有一定市场影响或占有率,并且在国内市场具有一定认识和应用的 BIM 软件(包括能发挥 BIM 价值的软件)进行梳理和分类,希望对 BIM 软件有个总体了解。

　　先对 BIM 软件的各个类型作一个归纳,如图 2-1 所示,BIM 软件分核心建模软件和用模软件。图中央为核心建模软件,围绕其周围的均为用模软件。

2.1.1　BIM 核心建模软件

　　这类软件英文通常叫"BIM Autho-

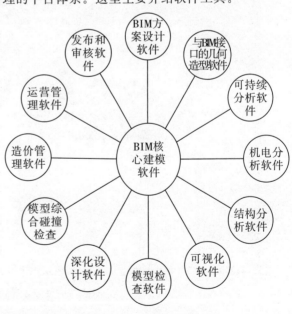

图 2-1　BIM 软件

ring Software",是 BIM 的基础,换句话说,正是因为有了这些软件才有了 BIM,也是从事 BIM 的同行要碰到的第一类 BIM 软件。因此我们称它们为"BIM 核心建模软件",简称 "BIM 建模软件"。BIM 核心建模软件分类详见图 2-2。

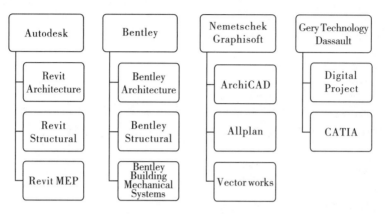

图 2-2　BIM 核心建模软件

从图 2-2 中可以了解到,BIM 核心建模软件主要有以下 4 个方向:

(1)Autodesk 公司的综合性最强,包含 Revit 建筑、结构和机电系列,在民用建筑市场借助 AutoCAD 已有的优势,有相当不错的市场表现。Revit 平台的核心是 Revit 参数化更改引擎,它可以自动协调在任何位置(例如在模型视图或图纸、明细表、剖面、平面图中)所作的更改,针对特定专业的建筑设计和文档系统,支持所有阶段的设计和施工图纸,多视口建模如图 2-3 所示。

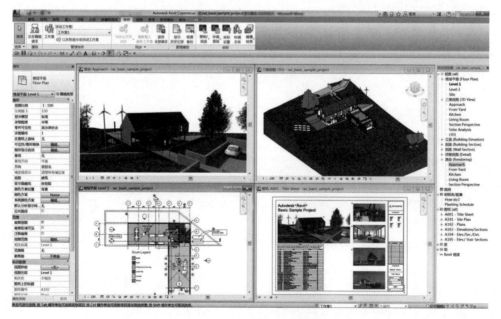

图 2-3　Revit 建模工作界面

（2）Bentley 侧重专业领域的市场耕耘，包括建筑、结构和设备系列，Bentley 产品在工厂设计（石油、化工、电力、医药等）和基础设施（道路、桥梁、市政、水利等）领域有无可争辩的优势。开发出 MicroStation TriForma 这一专业的 3D 建筑模型制作软件（由所建模型可以自动生成平面图、剖面图、立面图、透视图及各式的量化报告，如数量计算、规格与成本估计），如图 2-4 所示。

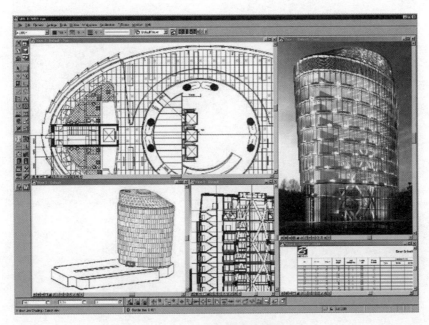

图 2-4　Bentley 建模工作界面

（3）ArchiCAD 最早普及了 BIM 的概念，自从 2007 年 Nemetschek 收购 Graphisoft 以后，ArchiCAD、Allplan、VectorWorks 三个产品就被归到同一个系列里面了，其中国内同行最熟悉的是 ArchiCAD（见图 2-5），属于一个面向全球市场的产品，应该可以说是最早的一个具有市场影响力的 BIM 核心建模软件，但是在中国由于其专业配套的功能（仅限于建筑专业）与多专业一体的设计院体制不匹配，很难实现业务突破。Nemetschek 的另外 2 个产品，Allplan 主要市场在德语区，VectorWorks 则是其在美国市场使用的产品名称。

（4）Dassault 公司的 CATIA 是全球最高端的机械设计制造软件，如图 2-6 所示，在航空、航天、汽车等领域具有接近垄断的市场地位，应用到工程建设行业无论是对复杂形体还是超大规模建筑，其建模能力、表现能力和信息管理能力都比传统的建筑类软件有明显优势，而与工程建设行业的项目特点和人员特点的对接问题则是其不足之处。Digital Project 是 Gery Technology 公司在 CATIA 基础上开发的一个面向工程建设行业的应用软件（二次开发软件），其本质还是 CATIA，就跟天正的本质是 AutoCAD 一样。

BIM 的核心建模软件除了这四大系列外，目前还有四个被广泛应用的后起之秀，它们是 Google 公司的草图大师 SketchUp、Robert McNeel 的犀牛 Rhino、FormZ 及 Tekla，SketchUp 和 Rhino 的市场更大。SketchUp 最简单易用，建模极快，最适合前期的建筑方案推敲，因为建立的为形体模型，难以用于后期的设计和施工图；Rhino 广泛应用于工业造型设计，简单快速，不受约束的自由造形 3D 和高阶曲面建模工具，在建筑曲面建模方面可大展身手；

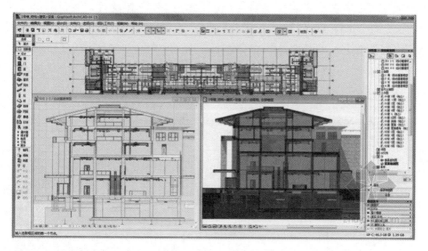

图 2-5　ArchiCAD 建模工作界面

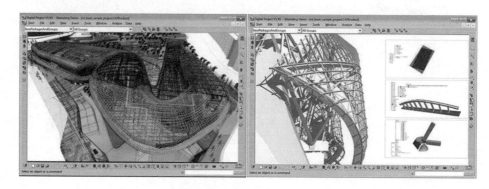

图 2-6　CATIA 建模工作界面

Formz 类似 AutoDesk 的 Max,也是国外 3D 绘图的常用设计工具;来自芬兰 Tekla 公司的 Tekla Structure(Xsteel) 用于不同材料的大型结构设计,在国外占有很大市场份额,目前在国内发展迅速,但比较复杂,不易掌握,对异形结构支持弱。

因此,对于一个项目或企业 BIM 核心建模软件技术路线的确定,可以考虑如下基本原则:民用建筑用 Autodesk Revit;工厂设计和基础设施用 Bentley;单专业建筑事务所选择 ArchiCAD、Revit、Bentley 都有可能成功;项目完全异形、预算比较充裕的可以选择 Digital Project 或 CATIA。

2.1.2　BIM 可持续(绿色)分析软件

可持续或者绿色分析软件如图 2-7 所示,可以使用 BIM 模型的信息对项目进行日照、风环境、热工、景观可视度、噪音等方面的分析,主要软件有国外的 Echotect、Green Building Studio、IES 以及国内的 PKPM 等。

2.1.3　BIM 机电分析软件

水暖电等设备和电气分析软件,如图 2-8 所示。国内产品有鸿业、博超等,国外产品有 Design Master、IES Virtual Environment、Trane Trace 等。

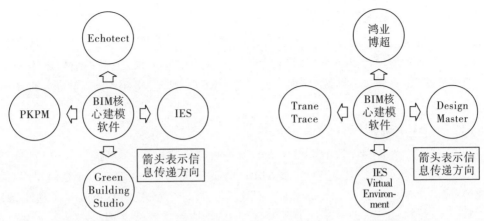

图 2-7　BIM 可持续(绿色)分析软件　　　　图 2-8　BIM 机电分析软件

2.1.4　BIM 结构分析软件

结构分析软件是目前和 BIM 核心建模软件集成度比较高的产品,基本上两者之间可以实现双向信息交换,即结构分析软件可以使用 BIM 核心建模软件的信息进行结构分析,分析结果对结构的调整又可以反馈回到 BIM 核心建模软件中去,自动更新 BIM 模型。

ETABS、STAAD、Robot 等国外软件以及 PKPM 等国内软件都可以跟 BIM 核心建模软件配合使用,如图 2-9 所示。

2.1.5　BIM 可视化软件

有了 BIM 模型以后,对可视化软件的使用至少有如下好处:

(1)可视化建模的工作量减少了;

(2)模型的精度和与设计(实物)的吻合度提高了;

(3)可以在项目的不同阶段以及各种变化情况下快速产生可视化效果。

常用的可视化软件包括 3ds Max、Artlantis、AccuRender 和 Lightscape 等,如图 2-10 所示。

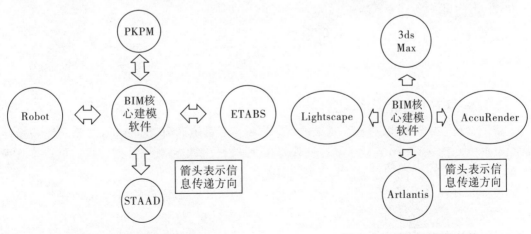

图 2-9　BIM 结构分析软件　　　　　　图 2-10　BIM 可视化软件

2.1.6　BIM深化设计软件

Xsteel是目前最有影响的基于BIM技术的钢结构深化设计软件,该软件可以使用BIM核心建模软件的数据,对钢结构进行面向加工、安装的详细设计,生成钢结构施工图(加工图、深化图、详图)、材料表、数控机床加工代码等。图2-11是Xsteel设计的一个例子(由宝钢钢构提供)。

2.1.7　BIM模型综合碰撞检查软件

有两个根本原因直接导致了模型综合碰撞检查软件的出现:①不同专业人员使用各自的BIM核心建模软件建立自己专业相关的BIM模型,这些模型需要在一个环境里面集成起来才能完成整个项目的设计、分析、模拟,而这些不同的BIM核心建模软件无法实现这一点;②对于大型项目来说,硬件条件的限制使得BIM核心建模软件无法在一个文件里面操作整个项目模型,但是又必须把这些分开创建的局部模型整合在一起研究整个项目的设计、施工及其运营状态。

模型综合碰撞检查软件的基本功能包括集成各种三维软件(包括BIM软件、三维工厂设计软件、三维机械设计软件等)创建的模型,进行3D协调、4D计划、可视化、动态模拟等,属于项目评估、审核软件的一种。常见的模型综合碰撞检查软件有Autodesk Navisworks、Bentley Projectwise Navigator和Solibri Model Checker等,如图2-12所示。

图2-11　Xsteel设计实例

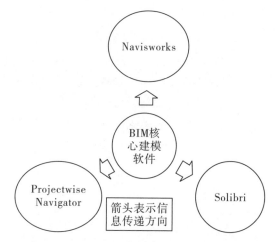

图2-12　常见的BIM模型综合碰撞检查软件

2.1.8　BIM造价管理软件

造价管理软件利用BIM模型提供的信息进行工程量统计和造价分析,由于BIM模型结构化数据的支持,基于BIM技术的造价管理软件可以根据工程施工计划动态提供造价管理需要的数据,这就是所谓BIM技术的5D应用。

国外的BIM造价管理有Innovaya和Solibri、RIB iTWO,鲁班是国内BIM造价管理软件的代表,如图2-13所示。

鲁班对以项目或业主为中心的基于BIM的造价管理解决方案应用给出了如下整体框架,如图2-14所示,这无疑会对BIM信息在造价管理上的应用水平提升起到积极作用,同

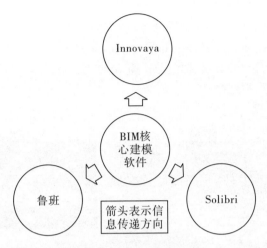

图 2-13   BIM 造价管理软件

时也是全面实现和提升 BIM 对工程建设行业整体价值的有效实践,因此我们知道,能够使用 BIM 模型信息的参与方和工作类型越多,BIM 对项目能够发挥的价值就越大。

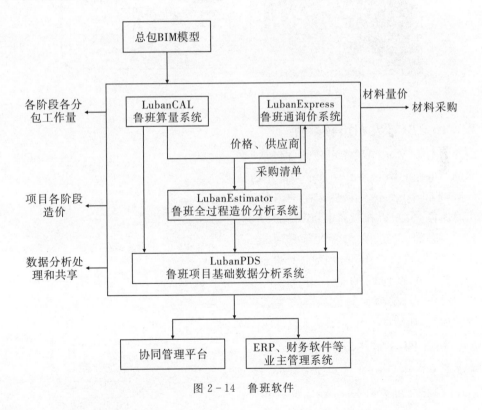

图 2-14   鲁班软件

2.1.9 BIM 运营管理软件

可以把 BIM 形象地比喻为建设项目的 DNA。根据美国国家 BIM 标准委员会的资料,一个建筑物生命周期 75% 的成本发生在运营阶段(使用阶段),而建设阶段(设计、施工)的成本只占项目生命周期成本的 25%。

BIM 模型为建筑物的运营管理阶段服务是 BIM 应用重要的推动力和工作目标,在这方面美国运营管理软件 ArchiBUS 是最有市场影响的软件之一。

图 2-15 是由 FacilityONE 提供的基于 BIM 的运营管理整体框架,对同行认识和了解 BIM 技术的运营管理应用有所帮助。

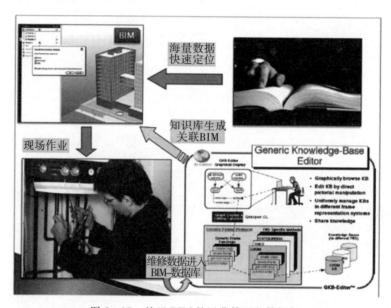

图 2-15 基于 BIM 的运营管理整体框架

2.1.10 BIM 发布审核软件

最常用的 BIM 成果发布审核软件包括 Autodesk Design Review、Adobe PDF 和 Adobe 3D PDF,正如这类软件本身的名称所描述的那样,发布审核软件把 BIM 的成果发布成静态的、轻型的、包含大部分智能信息的、不能编辑修改但可以标注审核意见的、更多人可以访问的格式如 DWF、PDF、3D PDF 等,供项目其他参与方进行审核或者利用,如图 2-16 所示。

2.1.11 BIM 常用软件汇总

基于上文所述的 BIM 核心建模软件与应用软件的阐述,可见有关 BIM 的软件很多,体系很庞大,而且现在每个软件公司都

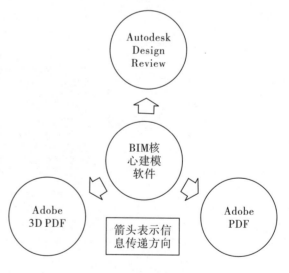

图 2-16 BIM 发布审核软件

在开发更多的功能,一个软件可能以项目周期中一个环节为主兼顾其他几个环节,因而下面我们通过用一张表来帮助理清软件分类,表中软件的排序依据是按照大多数建筑类高校师生使用的频率,并结合 BIM 生命周期从概念、设计、分析、量算和施工的顺序排列,同时又按

地域性差异作出分类,如表2-1所示。

表 2-1 BIM 常用软件一览表

	BIM 软件及所属公司		特　点
1	概念设计软件	Google 草图大师(美国)	SketchUp	简单易用,建模快,适合前期方案推敲
2		Autodesk(美国)	3ds Max	集 3D 建模、效果图和动画展示于一体,适用于方案后期效果展示
3	设计建模软件	Autodesk（美国）	Revit	集 3D 建模展示、方案和施工图于一体,集成建筑、结构和机电专业,市场应用较广,但对中国标准规范的支持不足
4		Graphisoft(匈牙利)	ArchiCAD	世界上最早的 BIM 软件,集 3D 建模展示、方案和施工图于一体,但对中国标准规范的支持不足
5		Bentley(美国)	Architecture 系列	基于 MicroStation 平台,集 3D 建模展示、方案和施工图于一体
6		Robert McNeel(美国)	犀牛 Rhino	不受约束的自由造形 3D 和高阶曲面建模工具,应用于工业造型设计,简单快速,在建筑曲面建模方面可大展身手
7		Dassault(法国)	CATIA	起源于飞机设计,最强大的三维 CAD 软件,独一无二的曲面建模能力,应用于复杂异型的三维建筑设计
8		Tekla Corp(芬兰)	Tekla/Xsteel	应用于不同材料的大型结构设计,但对异形结构支持不足
9		CSI(美国)	SAP2000	集成建筑结构分析与设计,SAP2000 适合多模型计算,拓展性和开放性更强,设置更灵活,趋向于"通用"的有限元分析;ETABS 结合中国规范比较好
10			ETABS	
11		中国建筑科学研究院检验科技股份有限公司(中国)	PKPM 系列	集建筑、结构、设备与节能为一体的建筑工程综合 CAD 系统,符合本地化标准
12		天正公司(中国)	天正系列	基于 AutoCAD 平台,遵循国标和设计师习惯,可完成各个设计阶段的任务,为建筑、结构与电气等专业设计提供了全面的解决方案
13		北京理正(中国)	理正系列	基于 AutoCAD 平台,遵循国标和设计师习惯,可在建筑、结构、水电、勘察与岩土系列进行施工图绘制
14		鸿业科技(中国)	鸿业系列	提供了基于 Revit 平台的建筑与机电专业的协同建模和基于 AutoCAD 平台的施工图设计与出图

		BIM 软件及所属公司		特　点
15	环境能源分析	美国能源部与劳伦斯伯克利国家实验室共同开发（美国）	EnergyPlus	用于对建筑中的热环境、光环境、日照、能量分析等方面的因素进行精确的模拟和分析
16		Autodesk（美国）	Ecotect Analysis	
17	施工造价管理	广联达股份有限公司（中国）	广联达系列	基于自主 3D 图形平台研发的系列算量软件,适合全国各省市计算规则与清单、定额库,可快速进行算量建模。其 BIM 5D 平台通过模型与成本关联,以此对项目商务应用进行管控
18		上海鲁班软件（中国）	鲁班系列	基于 AutoCAD 平台开发的土建、钢筋、安装等专业算量软件,其 Luban PDS 系统以算量模型或 BIM 模型以及造价数据为基础,将数据与 ERP 系统对接,形成数据共享,从而对项目进行施工管理
19		深圳斯维尔（中国）	斯维尔系列	基于 AutoCAD 平台进行开发,有设计、节能设计、算量与造价分析等功能,应用于进行编制工程概预、结算与招标投标报价
20	施工管理	Autodesk（美国）	Navisworks	可导入 Autodesk AutoCAD 与 Revit 等软件创建的设计数据,从而可实现动态 4D 模拟、冲突管理、动态漫游等
21		RIB Software（德国）	iTWO	通过整合 CAD 与企业资源管理系统（ERP）的信息及其应用,依据建筑流程,实时获取施工过程的材料、设备信息
22		Vico Software（美国）	Vico Office Suite	5D 虚拟建造软件,包含多个模块,可进行工序模拟、成本估计、体量计算、详图生成、碰撞检查、施工问题检查等应用

目前,BIM 软件众多,可选择范围广,如何正确选择合适的 BIM 软件,并能学以致用,发挥 BIM 价值是摆在 BIM 应用单位和个人面前必须决策的问题。面对中国巨大的市场需求,期待有更多更好的适合中国应用实际的 BIM 软件问世。

2.1.12　软件互操作性

目前,在我国市场上具有影响力的 BIM 软件有几十种,这些软件主要集中在设计阶段和工程量计算阶段,施工管理和运营维护的软件相对较少。而较有影响力的供应商主要包括 Autodesk（美国）、Bentley（美国）、Progman（芬兰）、Graphisoft（匈牙利）以及中国的鸿业、理正、广联达、鲁班、斯维尔等。

根据实验以及应用可以得出这样一个结论:这些 BIM 软件间的信息交互性是存在的,但是在项目运营阶段 BIM 技术并未得到充分应用,使得运营阶段在建设项目的全寿命周期内处于"孤立"状态。然而,在建设项目全寿命周期管理中是以运营为导向实现建设项目价值最大化。如何使得 BIM 技术最大限度符合全寿命周期管理理念,提升我国建设行业生产力水平,值得深入研究。进一步分析,就某一个阶段 BIM 技术而言,应用价值也未达到充分的实现,比如设计阶段中"绿色设计""规范检查""造价管理"三个环节仍出现了"孤岛现象"。当前,如何统筹管理,实现 BIM 在各阶段、各专业间的协同应用,软件互操作性是研究解决的关键。

这里需要指出:BIM 是 10% 的技术问题加上 90% 的社会文化问题。而目前已有研究中 90% 是技术问题,这一现象说明,BIM 技术的实现问题并非技术问题,而更多的是统筹管理问题。值得欣喜的是,由中国建筑科学研究院主导的 P - BIM 体系对于提升国内外软件互操作能力,实现建筑全生命期的信息交换取得了阶段性成果。

2.2 BIM 相关技术

近些年随着 BIM 应用的发展,相关技术很多,本书在以下方面作简要介绍,如图 2 - 17 所示。

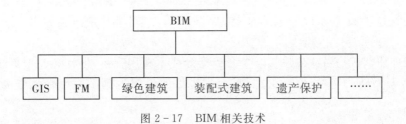

图 2 - 17　BIM 相关技术

2.2.1 BIM 和 GIS

地理信息系统(GIS)是在计算机软、硬件支持下,对地理空间数据进行采集、输入、存储、操作、分析、建模、查询、显示和管理,以提供对资源、环境及各种区域性研究、规范、管理决策所需信息的人机模型,从而能够解决问题:某个地方有什么,符合那些条件的实体在哪里,实体在地理位置上发生了哪些变化,某个地方如果具备某种条件会发生什么问题等。它对于城市规划这样的宏观领域是一项重要的技术。它可以在城市规划的各个阶段发挥重要的作用,包括专题制图(图框、图例、风玫瑰)、空间叠加技术分析(现状容积率统计、城市用地适宜性评价)、三维分析技术(三维场景模拟、地形分析和构建、景观视域分析)、交通网络分析技术(交通网络构建、设施服务区分析、设施优化布局分析、交通可达性分析)、空间研究分析(空间句法、空间格局分析)、规划信息管理技术(规划管理信息系统、规划信息资源库)等,可以方便制作各类专题图和三维模拟,而且软件模块丰富,可以嵌套编程,方便灵活嵌入其他系统中。

其缺点主要是:优点即是缺点,正因为 ESRI 定位大视角巨系统,所以系统比较庞大,前期数据整理比较费精力,所以上手比较慢。而且此软件在规划领域应用广泛,在建筑设计领域的具体视角体现较少,故主要用于环境分析。此外对硬件要求也比较高,价格昂贵。

BIM 与 GIS 的契合性主要体现在技术方面,首先二者的专业基础技术相似,包括数据库管理和图形图像处理等技术,这为 BIM 和 GIS 的可视化功能提供了较好的基础;其次二者的数字化信息处理方式相同,二者的数据可以转换为统一标准下的数字化数据,因此可将BIM中的数据导入GIS中,同时也将GIS中的数据应用于BIM中,互为对方的数据源,用来确定施工场地的合理化布置和物料运输路线的最佳选择。BIM技术可以将施工阶段和设计阶段的物料属性信息(形状、大小、所占空间)进行相互比较,而GIS技术是对与建设项目相关的环境、现有建筑的分布和建设项目外形的客观描述,是一个具备查询和分析功能的平台。

2.2.2 BIM 和 FM

BIM技术的价值并不仅仅局限于建筑的设计与施工阶段,在运营维护阶段,BIM同样能产生极其巨大的价值,在运维阶段重要的一门技术就是FM,又叫设施管理系统,BIM模型中包含的丰富信息可以为FM的决策和实施提供有力的信息支撑。

现代设施管理的业务范围已超越了物业维修和保养的工作范畴,覆盖设施的全生命周期,其职能范围包括维护运营、行政服务、空间管理、建筑工程设计和工程服务、不动产管理、设施规划、财务规划、能源管理、健康安全等。它从建筑物业主、管理者和使用者的利益出发,对业务运营涉及的所有设施与环境进行全生命周期的规划、管理,对可预见性风险进行规避和控制。设施管理注重并坚持与新技术应用同步发展,在降低成本、提高效率的同时,保证了管理与技术数据分析处理的准确,促进科学决策,为核心业务的发展提供服务和支撑。

据某国外研究机构对办公建筑全生命周期的成本费用分析,设计和建造成本只占到了整个建筑生命周期费用的 20% 左右,而运营维护的费用占到了全生命周期费用的 67% 以上。

在运营维护阶段,充分发挥利用 BIM 的价值,不但可以提高运营维护的效率和质量,而且可以降低运营维护费用,基于 BIM 的空间管理、资产管理、设施故障的定位排除、能源管理、安全管理等功能实现,在可视化、智能化、数据精确性和一致性方面都大大优于传统的运维软件。大数据、传感器、定位系统、移动互联、社交媒体、BIM 建筑等新技术的集成应用,也是智慧化运维的必然趋势。

国外 FM 管理系统软件主要有 IBM TRIRIGA + Maximo、Archibus。TRIRIGA 是IBM 公司 2011 年收购的软件,基于 WEB 开发,与 IBM Maximo 资产管理软件结合为用户提供投资项目管理、空间管理、资产组合规划、能源管理等全面的设施和房地产管理解决方案。Archibus 是全球知名的设施管理系统软件,可以管理所有不动产及设施,Archibus 包含"不动产及租赁管理""工作场所管理""设备资产管理""大厦运维管理""可持续管理"等主要模块。它可以集中资产信息、控制支出和执行规范、优化设施使用、有效执行流程。目前国外的设施管理软件也已开始对 BIM 模型提供支持,并尝试向云平台服务模式转化。

虽然在国外 FM 管理体系已经比较成熟,但 FM 在国内还处在发展期,比如上海现代建筑设计集团率先通过申都大厦的运维管理平台实践。整体还缺少与 BIM 及物联网相结合的、适合国内 FM 运维管理需求的系统化管理云平台,这个云平台远期将以 BIM 和网络为基础,共用操作界面环节,将完美融合建筑的后期应用:物业及设施管理(PM+FM)、建筑设备管理(BMS)、综合安全管理(SMS)、信息设施管理(ITSI),从而实现智慧化各应用系统之间信息资源的共享与管理、各应用系统的交互操作和快速响应与联动控制,以达到自动化监视与控制的目的。基于云计算和 BIM 的建筑管理信息平台如图 2-18 所示。

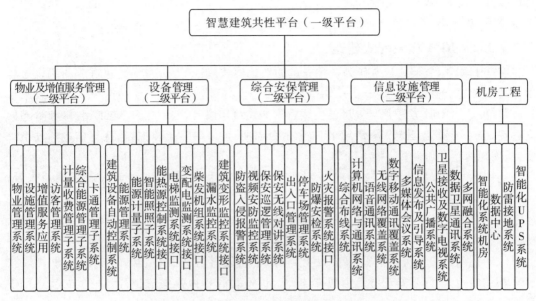

图2-18 基于云计算和BIM的建筑管理信息平台

2.2.3 BIM和绿色建筑

绿色建筑理念吹遍全球,国内近些年因为建筑污染、能源危机进而推行建筑节能设计,就是以绿色建筑为发展目标。绿色建筑的含义在于:高效利用周边的自然环境、气候条件等,减少建筑污染的排放,与生态环境良好共生,做到可持续发展。

随着BIM概念的普及,越来越多的项目开始尝试应用BIM技术融入绿色建筑的各个环节。就建筑生命周期而言,以规划设计阶段分析最重要,以建造施工阶段的整合部分最复杂,否则就会出现大量耗能设计并造成大量后期工序冲突。

1. 在规划设计方面

实现绿色设计、可持续设计方面BIM的优势是很明显的:BIM方法可用于分析采光、热能、电能、噪声、气流、不同建材等绿建建筑性能的方方面面,去分析实现最低能耗的建筑设计,还可在项目大环境规划中完成群体间的日照时间、模拟风环境、热岛检测、景观模拟、排水模拟等,为规划设计的"绿色探索"注入高科技力量。

2. 在施工运维阶段

在施工过程中,借助BIM的冲突检测、施工模拟、工程量计算、人员物资调配,可以进一步达到避免浪费、节约资源的绿色建筑目的。运维阶段:绿建的设备运营管理、废弃物管理、物业管理强调高效管理,以达到回收利用等目标,BIM模型的众多数据可以直接被物业管理的FM系统调用,从而提高管理效率,减少人力和物资的消耗。

我国绿色建筑设计处于起步阶段,缺少系统分析工具,绿色建筑规划设计软件存在以下问题:①国内绿建软件发展滞后,核心功能计算依赖于国外软件,还不能成体系的独立。②各绿建软件相互独立,数据共享性差。③绿建需要多专业多软件配合,软件都无法集成,所以绿色建筑评价标准的准确性和一致性有很大问题。

所以以前不少BIM应用单位都还是浅尝辄止,仅仅是起到辅助设计的作用或者作为项目招投标阶段的"噱头",并没有真正形成生产力,但 2016 年以来,在一些前沿大公司大项目的带动下,基于 BIM 绿色建筑应用趋势正势不可挡地袭来。

2.2.4 BIM 和装配式建筑

在施工领域,装配式建筑作为一种先进的建筑模式,被广为应用到建筑行业的建设过程中。装配式建筑模式是设计→工厂制造→现场安装,相较于设计→现场传统施工模式来说核心是"集成",BIM 方法是"集成"的主线。这条主线串联起设计、生产、施工、装修和管理的全过程,服务于设计、建设、运维、拆除的全生命周期,可以数字化虚拟,信息化描述各种系统要素,实现信息化协同。

这种模式优点是节约了时间,但这种模式推广起来仍有困难,从技术和管理层面来看,一方面是因为设计、工厂制造、现场安装三个阶段相分离,设计成果可能不合理,在安装过程才发现不能用或者不经济,造成变更和浪费,甚至影响质量;另一方面,工厂统一加工的产品比较死板,缺乏多样性,不能满足不同客户的需求。

BIM 技术的引入可以有效解决以上问题,它将设计方案、制造需求、安装需求集成在BIM 模型中,在实际建造前统筹考虑设计、制造、安装的各种要求,把实际制造、安装过程中可能产生的问题提前解决。

在装配式建筑 BIM 应用中,模拟工厂加工的方式,以"预制构件模型"的方式来进行系统集成和表达,这就需要建立装配式建筑的 BIM 构件库。通过装配式建筑 BIM 构件库的建立,可以不断增加 BIM 虚拟构件的数量、种类和规格,逐步构建标准化预制构件库。在深化设计、构件生产、构件吊装等阶段,都将采用 BIM 进行构件的模拟、碰撞检验与三维施工图纸的绘制。BIM 的运用使得预制装配式技术更趋完善合理。

2.2.5 BIM 和历史街区与历史建筑保护

BIM 模型核心是将现实建筑的参数录入到计算机中,建立一个与现实完全相同的虚拟模型,这个模型本质是一个数字化的、信息完备的、与实际情况完全一致的建筑信息库。这个信息库应当包含建筑所有的数据信息,包括建筑构件的几何形体、物理特性、状态属性等。同时还应包括非构件对象的信息,如构件所围合的空间、处于对象内的人的行为、发生火灾时火势的蔓延等。这种高度集成的信息模型不但可以运用到建筑设计阶段,同样对已建成建筑的保护与研究有很大的帮助。因此能够通过 BIM 模型模拟历史街区及建筑在现实世界的状态以及在遇到突发问题时发生的变化,对研究古建筑的现状、变化规律以及发展趋势有很大帮助。

2.2.6 BIM 和 VR

VR(Virtual Reality,即虚拟现实技术)是一种可以创建和体验虚拟世界的计算机仿真系统,它利用计算机生成一种交互式的三维动态视景和实体行为的虚拟环境,从而使用户沉浸到其中。

BIM 是利用计算机与互联网技术将建筑平面图纸转成可视化的多维度数据模型,虽然BIM 模型可以达到模拟的效果,但与 VR 相比在视觉效果上还有很大差距,VR 能弥补视觉表现真实度的短板。目前 VR 的发展主要在硬件设备的研究上,缺乏丰富的内容资源使得VR 难以表现虚拟现实的真正价值,VR 内容的模型建立与内容调整上更需投入大量成本,新技术存在落地难的困境。而 BIM 本身就具有的模型与数据信息,为 VR 提供极好的内容与落地应用的真实场景。

BIM已在建造方式上改变了传统的施工方法,VR的诞生给人们带来了不一样的感知交互体验,因而BIM与VR的结合,可在虚拟建筑表现效果上进行更为深度的优化与应用,从而为项目设计方案的决策制定、施工方案的选择优化、虚拟交底、工程教育质量的提升等方面提供了强有力的技术支撑。

当前样板房、虚拟交底等应用只是VR与BIM相融合的开始,未来利用BIM与VR系统平台打造虚拟城市,为城市创造更多的新空间,推动超大型城市的形成与改变,才是其发展的长远道路。在此过程中,无论是在设备硬件研究上,还是在内容填充上,BIM与VR都还有很长的道路需要走。当BIM与VR真正相互融合,带给我们的将不只是简单的虚拟建筑场景,而是一场全方位感知的盛宴,是一场建筑技术的新革命!

2.2.7 BIM和三维激光扫描技术

BIM具有可视化、协调性、模拟性、优化性和可出图性的特点,而三维激光扫描仪则具有数据真实性、准确特点。通过三维激光扫描施工现场得到真实、准确的数据;通过对比检测得知施工现场是否在施工质量控制范围之内;旧的建筑物因为图纸不齐全或长年累月的位移导致在对其改造时因无法获取准确的数据信息,也就无法正确地实施改造;通过三维激光扫描改造现场,建立BIM体系模型,通过BIM体系模型建立整套的BIM改造方案。目前参与的项目应用点:①三维激光扫描仪结合BIM施工环节;②检测控制施工质量;③根据现有的施工情况进行合理的二次设计;④三维激光扫描仪结合BIM翻新环节;⑤图纸不足造成改造方案不准确问题。图2-19为经三维扫描后拼接而成的Revit模型。

图2-19 经三维扫描后拼接而成的Revit模型

但是三维扫描的物体是大量的点云,一个小房子可能达到数以亿级的点数,对计算机的硬件要求会更高,后期处理的工作量也会增大,随着硬件和软件技术的进步,激光扫描技术将会成为BIM的数据测量利器。

2.2.8 BIM与3D打印技术

3D打印机(3D Printers)是一位名为恩里科·迪尼(Enrico Dini)的发明家设计的一种神奇的打印机。1995年,麻省理工创造了"三维打印"一词,当时的毕业生Jim Bredt和Tim Anderson修改了喷墨打印机方案,把墨水挤压在纸张上的方案变为把约束溶剂挤压到粉末床的解决方案。

　　三维打印机被用来制造样品,节约了设计样品到产品生产时间,打印的原料可以是有机或者无机的材料,通过3D打印机打印出更实用的物品。3D打印机广泛应用于政府、航天和国防、医疗设备、高科技、教育业以及制造业。

　　目前,已经国外有学者使用3D打印机成功地"打印"出一幢完整的建筑,以及所有房间内部立体物品。3D打印技术的前景广阔,3D打印的前提是有三维模型,BIM技术与3D打印机技术相结合,扩展应用范围,如虎添翼,可以想象,在未来的工业4.0精细定制领域,大型的3D打印设备将会极大改变目前的建筑业态面貌。

第3章 Revit 应用基础

教学导入

　　学习 BIM 最好的方法就是动手创建 BIM 模型,通过软件建模的操作学习,不断深入理解 BIM 的理念。Revit 系列软件是 Autodesk 公司针对建筑设计行业开发的三维参数化设计软件平台,自 2004 年进入中国以来,已成为最流行的 BIM 模型创建工具,越来越多的设计企业、工程公司使用它完成三维设计工作和 BIM 模型创建工作。

　　3.1 节主要介绍 Revit 的操作基础,包括 Revit 的启动、界面操作,项目、项目样板及族的基本概念,以及族类型、文件格式等。内容多以概念为主,这些概念是学习掌握 Revit 的基础。

　　3.2 节通过实际操作,详细阐述了如何用鼠标配合键盘控制视图的浏览、缩放、旋转等基本功能以及对图元的复制、移动、对齐、阵列的基本编辑操作;还介绍了通过尺寸标注来约束图元及临时尺寸标注修改图元位置。这些内容都是 Revit 操作的基础,只有掌握基本的操作后,才能更加灵活地操作软件,创建和编辑各种复杂的模型。

学习要点

- Revit 基本概念
- Revit 主要功能
- Revit 基本术语
- Revit 操作命令

3.1　Revit 操作基础

3.1.1　Revit 的启动

　　Revit 是标准的 Windows 应用程序,可以通过双击快捷方式启动 Revit 主程序。启动后,会默认显示"最近使用的文件"界面。如果在启动 Revit 时,不希望显示"最近使用的文件界面",可以按以下步骤来设置。

　　(1)启动 Revit,单击左上角"应用程序菜单"按钮 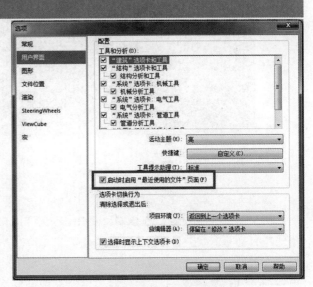,在菜单中选择位于右下角的 选项 按钮,弹出"选项"对话框,如图 3-1 所示。

　　(2)在"选项"对话框中,切换至"常规"选项卡,清除"启动时启用'最近使

图 3-1　"用户界面"选项卡

39

用文件'页面"复选框,设置完成后单击 确定 按钮,退出"选项"对话框。

(3)单击"应用程序菜单" 按钮,单击右下角 退出 Revit 按钮关闭 Revit,重新启动 Revit,此时将不再显示"最近使用的文件"界面,仅显示空白界面。

(4)使用相同的方法,勾选"选项"对话框中"启动时启用'最近使用文件'页面"复选框并单击 确定 按钮,将重新启用"最近使用的文件"界面。

3.1.2 Revit 的界面

Revit 2016 的应用界面如图 3-2 所示。在主界面中,主要包含项目和族两大区域,分别用于打开或创建项目以及打开或创建族。在 Revit 2016 中,已整合了包括建筑、结构、机电各专业的功能,因此,在项目区域中,提供了建筑、结构、机械、构造等项目创建的快捷方式。单击不同类型的项目快捷方式,将采用各项目默认的项目样板进入新项目创建模式。

项目样板是 Revit 工作的基础。在项目样板中预设了新建的项目所有默认设置,包括长度单位、轴网标高样式、墙体类型等。项目样板仅为项目提供默认预设工作环境,在项目创建过程中,Revit 允许用户在项目中自定义和修改这些默认设置。

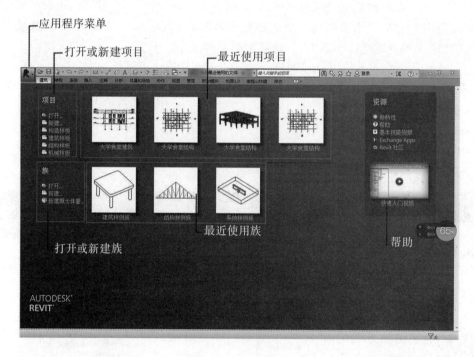

图 3-2 Revit 界面

如图 3-3 所示,在"选项"对话框中,切换至"文件位置"选项卡,可以查看 Revit 中各类项目所采用的样板设置。在该对话框中,还允许用户添加新的样板快捷方式,浏览指定所采用的项目样板。

还可以通过单击"应用程序菜单"按钮,在列表中选择"新建→项目"选项,将弹出"新建项目"对话框,如图 3-4 所示。在该对话框中可以指定新建项目时要采用的样板文件,除可以选择已有的样板快捷方式外,还可以单击 浏览(B)... 按钮指定其他样板文件创建项目。

在该对话框中,选择"新建"的项目为"项目样板"的方式,用于自定义项目样板。

图 3-3 "选项"对话框"文件位置"选项卡

图 3-4 "新建项目"对话框

Revit 提供了完善的帮助文件系统,以方便用户在遇到使用困难时查阅。可以随时单击"帮助与信息中心"栏中的"Help" ⑦ · 按钮或按键盘"F1"键,打开帮助文档进行查阅。目前,Revit 已将帮助文件以在线的方式提供,因此必须连接 Internet 才能正常查看帮助文档。

3.1.3　Revit 基本术语

要掌握 Revit 的操作,必须先理解软件中的几个重要的概念和专用术语。由于 Revit 是针对工程建设行业推出的 BIM 工具,因此 Revit 中大多数术语均来自于工程项目,例如结构墙、门、窗、楼板、楼梯等。但软件中包括几个专用的术语,读者务必掌握。

除前面介绍的参数化、项目样板外,Revit 还包括几个常用的专用术语。这些常用术语包括项目、对象类别、族、族类型、族实例等。必须理解这些术语的概念与含义,才能灵活创建模型和文档。

1. 项目

在 Revit 中,可以简单地将项目理解为 Revit 的默认存档格式文件。该文件中包含了工程中所有的模型信息和其他工程信息,如材质、造价、数量等,还可以包括设计中生成的各种图纸和视图。项目以".rvt"数据格式保存。注意".rvt"格式的项目文件无法在低版本的 Revit 打开,但可以被更高版本的 Revit 打开。例如,使用 Revit 2012 创建的项目文件,无法在 Revit 2011 或更低的版本中打开,但可以使用 Revit 2014 打开或编辑。

🖋 **小提示**

使用高版本的软件打开文件后,当在保存文件时,Revit 将升级项目文件格式为新版本文件格式。升级后的文件也将无法使用低版本软件打开了。

前面提到,项目样板是创建项目的基础。事实上在 Revit 中创建任何项目时,均会采用默认的项目样板文件。项目样板文件以".rte"格式保存。与项目文件类似,无法在低版本的 Revit 软件中使用高版本创建的样板文件。

2. 图元

图元是构成项目的基础。在项目中,各图元主要起三种作用:①基准图元可帮助定义项目的定位信息。例如,轴网、标高和参照平面都是基准图元。②模型图元表示建筑的实际三维几何图形。它们显示在模型的相关视图中。例如,墙、窗、门和屋顶是模型图元。③视图专有图元只显示在放置这些图元的视图中。它们可帮助对模型进行描述或归档。例如,尺寸标注、标记和详图构件都是视图专有图元。

而模型图元又分为两种类型:①主体(或主体图元)通常在构造场地在位构建。例如,墙和楼板是主体。②构件是建筑模型中其他所有类型的图元。例如,窗、门和橱柜是模型构件。

对于视图专有图元,则分为以下两种类型:①标注是对模型信息进行提取并在图纸上以标记文字的方式显示其名称、特性。例如,尺寸标注、标记和注释记号都是注释图元。当模型发生变更时,这些注释图元将随模型的变化而自动更新。②详图是在特定视图中提供有关建筑模型详细信息的二维项。例如包括详图线、填充区域和详图构件。这类图元类似于 AutoCAD 中绘制的图块,不随模型的变化而自动变化。

如图 3-5 所示,列举了 Revit 中各不同性质和作用的图元的使用方式。

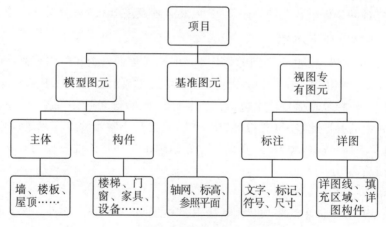

图 3-5　图元关系图

3. 对象类别

与 AutoCAD 不同,Revit 不提供图层的概念。Revit 中的轴网、墙、尺寸标注、文字注释等对象以对象类别的方式进行自动归类和管理。Revit 通过对象类别进行细分管理。例如,模型图元类别包括墙、楼梯、楼板等;注释类别包括门窗标记、尺寸标注、轴网、文字等。

在项目任意视图中通过按键盘默认快捷键 VV,将打开"可见性图形替换"对话框,如图 3-6 所示,在该对话框中可以查看 Revit 包含的详细类别名称。

图 3-6 "可见性图形替换"对话框

注意在 Revit 的各类别对象中,还将包含子类别定义,例如楼梯类别中,还可以包含踢面线、轮廓等子类别。Revit 通过控制对象中各子类别的可见性、线型、线宽等设置,控制三维模型对象在视图中的显示,以满足建筑出图的要求。

在创建各类对象时,Revit 会自动根据对象所使用的族将该图元自动归类到正确的对象类别当中。例如,放置门时,Revit 会自动将该图元归类于"门",而不必像 AutoCAD 那样预先指定图层。

4. 族

Revit 的项目是由墙、门、窗、楼板、楼梯等一系列基本对象"堆积"而成,这些基本的零件就是图元。除三维图元外,包括文字、尺寸标注等单个对象也称之为图元。

族是 Revit 的重要基础。Revit 的任何单一图元都由某一个特定族产生。例如,一扇门、一面墙、一个尺寸标注、一个图框。由一个族产生的各图元均具有相似的属性或参数。例如,对于一个平开门族,由该族产生的图元可以具有高度、宽度等参数,但具体每个门的高度、宽度的值可以不同,这由该族的类型或实例参数定义决定。

在 Revit 中,族分为三种:

(1)可载入族。可载入族是指单独保存为族".rfa"格式的独立族文件,且可以随时载入到项目中的族。Revit 提供了族样板文件,允许用户自定义任意形式的族。在 Revit 中,门、窗、结构柱、卫浴装置等均为可载入族。

(2)系统族。系统族仅能利用系统提供的默认参数进行定义,不能作为单个族文件载入或创建。系统族包括墙、尺寸标注、天花板、屋顶、楼板等。系统族中定义的族类型可以使用"项目传递"功能在不同的项目之间进行传递。

(3)内建族。在项目中,由用户在项目中直接创建的族称为内建族。内建族仅能在本项目中使用,既不能保存为单独的".rfa"格式的族文件,也不能通过"项目传递"功能将其传递给其他项目。

与其他族不同,内建族仅能包含一种类型。Revit不允许用户通过复制内建族类型来创建新的族类型。

5. 类型和实例

除内建族外,每一个族包含一个或多个不同的类型,用于定义不同的对象特性。例如,对于墙来说,可以通过创建不同的族类型,定义不同的墙厚和墙构造。而每个放置在项目中的实际墙图元,则称之为该类型的一个实例。Revit通过类型属性参数和实例属性参数控制图元的类型或实例参数特征。同一类型的所有实例均具备相同的类型属性参数设置,而同一类型的不同实例,可以具备完全不同的实例参数设置。

如图3-7所示,列举了Revit中族类别、族、族类型和族实例之间的相互关系。

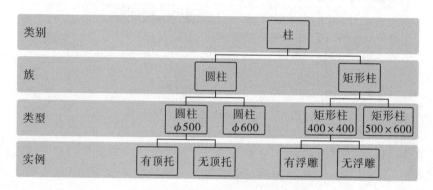

图3-7 族关系

例如,对于同一类型的不同墙实例,它们均具备相同的墙厚度和墙构造定义,但可以具备不同的高度、底部标高、顶部标高等信息。

修改类型属性的值会影响该族类型的所有实例,而修改实例属性时,仅影响所有被选择的实例。要修改某个实例具有不同的类型定义,必须为族创建新的族类型。例如,要将其中一个厚度240mm的墙图元修改为300mm厚的墙图元,必须为墙创建新的类型,以便于在类型属性中定义墙的厚度。

6. 各术语间的关系

在Revit中,各类术语间对象的关系如图3-8所示。

可这样理解Revit的项目,Revit的项目由无数个不同的族实例(图元)组合而成,而Revit通过族和族类别来管理这些实例,用于控制和区分不同的实例。而在项目中,Revit通过对象类别来管理这些族。因此,当某一类别在项目中设置为不可见时,隶属于该类别的所有图元均将不可见。本书在后续的章节中,将通过具体的操作来理解这些晦涩难懂的概念。

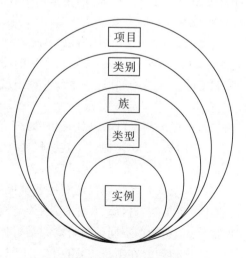

图3-8 对象关系图

读者在此有基本理解即可。

3.1.4 Revit 文件格式

1. 四种基本文件格式

（1）rte 格式。rte 格式是项目样板文件格式，包含项目单位、标注样式、文字样式、线型、线宽、线样式、导入/导出设置等内容。为规范设计和避免重复设置，对 Revit 自带的项目样板文件，根据用户自身需要、内部标准设置，并保存成项目样板文件，便于用户新建项目文件时选用。

（2）rvt 格式。rvt 格式是项目文件格式，包含项目所有的建筑模型、注释、视图、图纸等项目内容。通常基于项目样板文件（.rte）创建项目文件，编辑完成后保存为 rvt 文件，作为设计使用的项目文件。

（3）rft 格式。rft 格式是可载入族的样板文件格式。创建不同类别的族要选择不同族的样板文件。

（4）rfa 格式。rfa 格式是可载入族的文件格式。用户可以根据项目需要创建自己的常用族文件，以便随时在项目中调用。

2. 支持的其他文件格式

在项目设计、管理时，用户经常会使用多种设计、管理工具来实现自己的意图，为了实现多软件环境的协同工作，Revit 提供了"导入""链接""导出"工具，可以支持 CAD、FBX、IFC、gbXML 等多种文件格式。用户可以根据需要进行有选择的导入和导出，如图 3-9 所示。

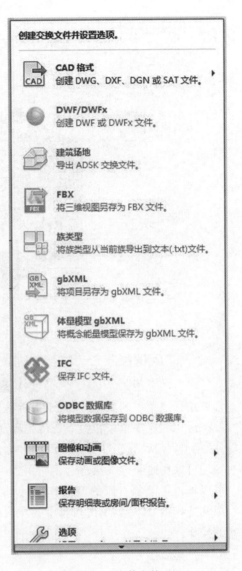

图 3-9 文件交换

3.2 Revit 基本操作

上一节介绍了 Revit 的基础概念。由于读者刚刚接触 Revit 软件，这些概念显得相当难以理解，即使读者不能理解这些概念也没关系，随着对 Revit 操作的熟练和理解的加深，这些概念会自然理解。接下来，将介绍 Revit 的基本操作和编辑工具。

3.2.1 用户界面

Revit 使用了 Ribbon 界面，用户可以根据自己的需要修改界面布局。例如，可以将功能区设置为 4 种显示设置之一。还可以同时显示若干个项目视图，或修改项目浏览器的默认位置。

图 3-10 为在项目编辑模式下 Revit 的界面形式。

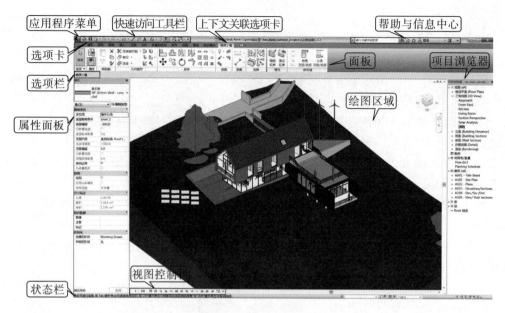

图 3 - 10 Revit 工作界面

1. 应用程序菜单

单击左上角"应用程序菜单"按钮 可以打开应用程序菜单列表,如图 3 - 11 所示。

应用程序菜单按钮类似于传统界面下的"文件"菜单,包括"新建""保存""打印""退出 Revit"等均可以在此菜单下执行。在应用程序菜单中,可以单击各菜单右侧的箭头查看每个菜单项的展开选择项,然后再单击列表中各选项执行相应的操作。

单击应用程序菜单右下角 选项 按钮,可以打开"选项"对话框。如图 3 - 12 所示,在"用户界面"选项卡中,用户可根据自己的工作需要自定义出现在功能区域的选项卡命令,并自定义快捷键。

🖋 小提示

在 Revit 中使用快捷键时直接按键盘对应字母即可,输入完成后无需输入空格或回车(注意与 AutoCAD 等软件的操作区别)。在本书后续章节,将对操作中使用到的每一个工具说明默认快捷键。

图 3 - 11 应用程序菜单

图 3-12　自定义快捷键

2. 功能区

功能区提供了在创建项目或族时所需要的全部工具。在创建项目文件时,功能区显示如图 3-13 所示。功能区主要由选项卡、工具面板和工具组成。

图 3-13　功能区

单击工具可以执行相应的命令,进入绘制或编辑状态。在本书后面章节中,会按选项卡、工具面板和工具的顺序描述操作中该工具所在的位置。例如,要执行"门"工具,将描述为"建筑"→"构件"→"门"。

如果同一个工具图标中存在其他工具或命令,则会在工具图标下方显示下拉箭头,单击该箭头,可以显示附加的相关工具。与之类似,如果在工具面板中存在未显示的工具,会在面板名称位置显示下拉箭头。图 3-14 为墙工具中包含的附加工具。

🖋 小提示

如果工具按钮中存在下拉箭头,直接单击工具将执行最常用的工具,即列表中第一个工具。

图 3-14　附加工具菜单

Revit 根据各工具的性质和用途,分别组织在不同的面板中。如图 3-15 所示,如果存在与面板中工具相关的设置选项,则会在面板名称栏中显示斜向箭头设置按钮。单击该箭头,可以打开对应的设置对话框,对工具进行详细的通用设定。

图 3-15　工具设置选项

　　用鼠标左键按住并拖动工具面板标签位置时,可以将该面板拖曳到功能区上其他任意位置,使之成为浮动面板。要将浮动面板返回到功能区,移动鼠标至面板之上,浮动面板右上角显示控制柄时,如图 3-16 所示,单击"将面板返回到功能区"符号即可将浮动面板重新返回工作区域。注意工具面板仅能返回其原来所在的选项卡中。

　　Revit 提供了三种不同的功能区面板显示状态。单击选项卡右侧的功能区状态切换符号，可以将功能区视图在显示完整的功能区、最小化到面板平铺、最小化至选项卡状态间循环切换。图 3-17 为最小化到面板平铺时功能区的显示状态。

图 3-16　面板返回到功能区按钮

图 3-17　功能区状态切换按钮

3. 快速访问工具栏

　　除可以在功能区域内单击工具或命令外,Revit 还提供了快速访问工具栏,用于执行最常用的命令。默认情况下快速访问工具栏包含的项目见表 3-1。

表 3-1　快速访问工具栏

快速访问工具栏项目	说明
（打开）	打开项目、族、注释、建筑构件或 IFC 文件
（保存）	用于保存当前的项目、族、注释或样板文件
（撤消）	用于在默认情况下取消上次的操作。显示在任务执行期间执行的所有操作的列表
（恢复）	恢复上次取消的操作。另外还可显示在执行任务期间所执行的所有已恢复操作的列表
（切换窗口）	点击下拉箭头,然后单击要显示切换的视图
（三维视图）	打开或创建视图,包括默认三维视图、相机视图和漫游视图
（同步并修改设置）	用于将本地文件与中心服务器上的文件进行同步
（定义快速访问工具栏）	用于自定义快速访问工具栏上显示的项目。要启用或禁用项目,请在"自定义快速访问工具栏"下拉列表上该工具的旁边单击

可以根据需要自定义快速访问栏中的工具内容,根据自己的需要重新排列顺序。例如,要在快速访问栏中创建墙工具,如图 3-18 所示,右键单击功能区"墙"工具,弹出快捷菜单中选择"添加到快速访问工具栏",即可将墙及其附加工具同时添加至快速访问栏中。使用类似的方式,在快速访问栏中右键单击任意工具,选择"从快速访问栏中删除",可以将工具从快速访问栏中移除。

图 3-18　添加到快速访问工具栏

快速访问工具栏可以设置在功能区下方。在快速访问工具栏上单击"自定义快速访问工具栏"下拉菜单"在功能区下方显示",如图 3-19 所示。

单击"自定义快速访问工具栏"下拉菜单,在列表中选择"自定义快速访问栏"选项,将弹出如图 3-20 所示的"自定义快速访问工具栏"对话框。使用该对话框,可以重新排列快速访问栏中的工具显示顺序,并根据需要添加分隔线。勾选该对话框中的"在功能区下方显示快速访问工具栏"选项也可以修改快速访问栏的位置。

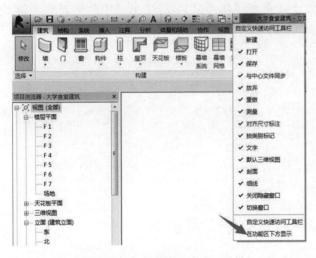

图 3-19　自定义快速访问工具栏　　　　图 3-20　"自定义快速访问工具栏"对话框

4. 选项栏

选项栏默认位于功能区下方,用于当前正在执行操作的细节设置。选项栏的内容比较类似于 AutoCAD 的命令提示行,其内容因当前所执行的工具或所选图元的不同而不同。图 3-21 为使用墙工具时,选项栏的设置内容。

图 3-21　选项栏

可以根据需要将选项栏移动到 Revit 窗口的底部,在选项栏上单击鼠标右键,然后选择"固定在底部"选项即可。

5. 项目浏览器

项目浏览器用于组织和管理当前项目中包括的所有信息,包括项目中所有视图、明细表、图纸、族、组、链接的 Revit 模型等项目资源。Revit 按逻辑层次关系组织这些项目资源,方便用户管理。展开和折叠各分支时,将显示下一层集的内容。图 3-22 为项目浏览器中包含的项目内容。项目浏览器中,项目类别前显示"⊞"表示该类别中还包括其他子类别项目。在 Revit 中进行项目设计时,最常用的操作就是利用项目浏览器在各视图中切换。

在 Revit 中,可以在项目浏览器对话框任意栏目名称上单击鼠标右键,在弹出右键菜单中选择"搜索"选项,打开"在项目浏览器中搜索"对话框,如图 3-23 所示。可以使用该对话框在项目浏览器中对视图、族及族类型名称进行查找定位。

在项目浏览器中,右键单击第一行"视图(全部)",在弹出右键快捷菜单中选择"类型属性"选项,将打开项目浏览器的"类型属性"对话框,如图 3-24 所示。可以自定义项目视图的组织方式,包括排序方法和显示条件过滤器。

图 3-22　项目浏览器

图 3-23　"在项目浏览器中搜索"对话框

图 3-24　"类型属性"对话框

6. 属性面板

"属性"面板可以查看和修改用来定义 Revit 中图元实例属性的参数。属性面板各部分的功能如图 3-25 所示。

在任何情况下,按键盘快捷键"Ctrl+1",均可打开或关闭属性面板。还可以选择任意图元,单击上下文关联选项卡中按钮;或在绘图区域中单击鼠标右键,在弹出的快捷菜单中选择"属性"选项将其打开。可以将属性面板固定到 Revit 窗口的任一侧,也可以将其拖拽到绘图区域的任意位置成为浮动面板。

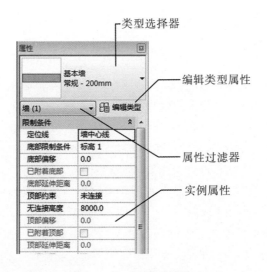

图 3-25　"属性"面板

当选择图元对象时,属性面板将显示当前所选择对象的实例属性;如果未选择任何图元,则选项板上将显示活动视图的属性。

7. 绘图区域

Revit 窗口中的绘图区域显示当前项目的楼层平面视图以及图纸和明细表视图。在 Revit 中每当切换至新视图时,都在绘图区域创建新的视图窗口,且保留所有已打开的其他视图。

默认情况下,绘图区域的背景颜色为白色。在"选项"对话框"图形"选项卡中,可以设置视图中的绘图区域背景反转为黑色。如图 3-26 所示,使用"视图"→"窗口"→"平铺"或"层叠"工具,并可设置所有已打开视图排列方式为平铺、层叠等。

图 3-26　视图排列方式

8. 视图控制栏

在楼层平面视图和三维视图中,绘图区各视图窗口底部均会出现视图控制栏,如图 3-27 所示。

1:100

图 3-27　视图控制栏

通过控制栏,可以快速访问影响当前视图的功能,其中包括下列 12 个功能:比例、详细程度、视觉样式、打开/关闭日光路径、打开/关闭阴影、显示/隐藏渲染对话框、裁剪视图、显示/隐藏裁剪区域、解锁/锁定三维视图、临时隔离/隐藏、显示隐藏的图元、分析模型的可见性。在后面将详细介绍视图控制栏中各项工具的使用。

3.2.2 视图控制

1. 项目视图种类

Revit 视图有很多种形式,每种视图类型都有特定用途,视图不同于 CAD 绘制的图纸,它是 Revit 项目中 BIM 模型根据不同的规则显示的投影。

常用的视图有平面视图、立面视图、剖面视图、详图索引视图、三维视图、图例视图、明细表视图等。同一项目可以有任意多个视图,例如,对于"1F"标高,可以根据需要创建任意数量的楼层平面视图,用于表现不同的功能要求,如"1F"梁布置视图、"1F"柱布置视图、"1F"房间功能视图、"1F"建筑平面图等。所有视图均根据模型剖切投影生成。

如图 3-28 所示,Revit 在"视图"选项卡"创建"面板中提供了创建各种视图的工具,也可以在项目浏览器中根据需要创建不同视图类型。

(1)楼层平面视图及天花板平面。楼层/结构平面视图及天花板视图是沿项目水平方向,按指定的标高偏移位置剖切项目生成的视图。大多数项目至少包含一个楼层/结构平面。楼层/结构平面视图在创建项目标高时默认可以自动创建对应的楼层平面视图(建筑样板创建的是楼层平面,结构样板创建的是结构平面);在立面中,已创建的楼层平面视图的标高标头显示为蓝色,无平面关联的标高标头是黑色。除使用项目浏览器外,在立面中可以通过双击蓝色标高标头进入对应的楼层平面视图;使用"视图"→"创建"→"平面视图"工具可以手动创建楼层平面视图。

在楼层平面视图中,当不选择任何图元时,"属性"面板将显示当前视图的属性。在"属性"面板中单击"视图范围"后的编辑按钮,将打开"视图范围"对话框,如图 3-29 所示。在该对话框中,可以定义视图的剖切位置。

图 3-28 视图工具

图 3-29 "视图范围"对话框

该对话框中,各主要功能介绍如下:

①视图主要范围。每个平面视图都具有"视图范围"视图属性,该属性也称为可见范围。视图范围是用于控制视图中模型对象的可见性和外观的一组水平平面,分别称"顶部平面""剖切面""底部平面"。顶部平面和底部平面用于制定视图范围最顶部和底部位置,剖切面是确定剖切高度的平面,这3个平面用于定义视图范围的"主要范围"。

②视图深度范围。"视图深度"是视图范围外的附加平面,可以设置视图深度的标高,以显示位于底裁剪平面之下的图元,默认情况下该标高与底部重合。"主要范围"的底不能超过"视图深度"设置的范围。

各深度范围图解如图 3 - 30 所示。

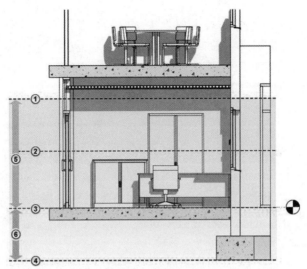

图 3 - 30 视图范围分层图

①—顶部；②—剖切面；③—底部；④—偏移量；⑤—主要范围；⑥—视图深度

③视图范围内图元样式设置(见图 3 - 31)。

图 3 - 31 "可见性/图形替换"对话框

"主要范围"内图元投影样式设置："可见性/图形"→"模型类别"→"投影/表面"选项内的对象样式设置。

"主要范围"内图元截面样式设置：视图→可见性图形设置→模型类别→"截面"选项内的对象样式设置。

"深度范围"内图元线样式设置：视图→可见性图形设置→模型类别→可见性→线

→〈超出〉。

天花板视图与楼层平面视图类似,同样沿水平方向指定标高位置对模型进行剖切生成投影。但天花板视图与楼层平面视图观察的方向相反:天花板视图为从剖切面的位置向上查看模型进行投影显示,而楼层平面视图为从剖切面位置向下查看模型进行投影显示。图3-32为天花板平面的视图范围定义。

图3-32　天花板平面视图范围定义

(2)立面视图。立面视图是项目模型在立面方向上的投影视图。在 Revit 中,默认每个项目将包含东、西、南、北4个立面视图,并在楼层平面视图中显示立面视图符号 ⊙ 。双击平面视图中立面标记中黑色小三角,会直接进入立面视图。Revit 允许用户在楼层平面视图或天花板视图中创建任意立面视图。

(3)剖面视图。剖面视图允许用户在平面、立面或详图视图中通过在指定位置绘制剖面符号线,在该位置对模型进行剖切,并根据剖面视图的剖切和投影方向生成模型投影。剖面视图具有明确的剖切范围,单击剖面标头即将显示剖切深度范围,可以通过鼠标自由拖拽。

(4)详图索引视图。当需要对模型的局部细节进行放大显示时,可以使用详图索引视图。可向平面视图、剖面视图、详图视图或立面视图中添加详图索引,这个创建详图索引的视图,被称之为"父视图"。在详图索引范围内的模型部分,将以详图索引视图中设置的比例显示在独立的视图中。详图索引视图显示父视图中某一部分的放大版本,且所显示的内容与原模型关联。

绘制详图索引的视图是该详图索引视图的父视图。如果删除父视图,则该详图索引视图也将删除。

(5)三维视图。使用三维视图,可以直观查看模型的状态。Revit 中三维视图分两种:正交三维视图和透视图。在正交三维视图中,不管相机距离的远近,所有构件的大小均相同,可以点击快速访问栏"默认三维视图"图标 ⬡ 直接进入默认三维视图,可以配合使用"Shift"键和鼠标中键根据需要灵活调整视图角度,如图3-33所示。

如图3-34所示,使用"视图"→"创建"→"三维视图"→"相机"工具创建相机视图。在透视三维视图中,越远的构件显示得越小,越近的构件显示得越大,这种视图更符合人眼的观察视角。

2. 视图基本操作

可以通过鼠标、ViewCube 和视图导航来实现对 Revit 视图进行平移、缩放等操作。在平面、立面或三维视图中,通过滚动鼠标中键可以对视图进行缩放;按住鼠标中键并拖动,可以实现视图的平移。在默认三维视图中,按住键盘"Shift"键并按住鼠标中键拖动鼠标,可以实现对三维视图的旋转。注意,视图旋转仅对三维视图有效。

在三维视图中,Revit 还提供了 ViewCube,用于实现对三维视图的控制。

ViewCube 默认位于屏幕右上方,如图3-35所示。通过单击 ViewCube 的面、顶点或边,可以在模型的各立面、等轴测视图间进行切换。用鼠标左键按住并拖拽 ViewCube 下方

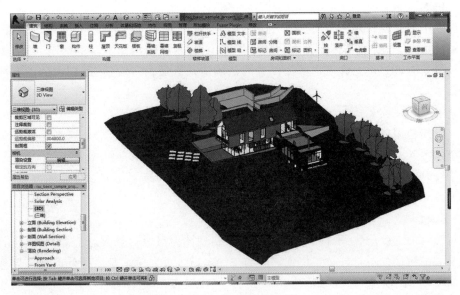

图 3-33　三维视图

的圆环指南针,还可以修改三维视图的方向为任意方向,其作用与按住键盘"Shift"键和鼠标中键并拖拽的效果类似。

　　为更加灵活地进行视图缩放控制,Revit 提供了"导航栏"工具条,如图 3-36 所示。默认情况下,导航栏位于视图右侧 ViewCube 下方,如图 3-37 所示。在任意视图中,都可通过导航栏对视图进行控制。

　　导航栏主要提供两类工具:视图平移查看工具和视图缩放工具。单击导航栏中上方第一个圆盘图标,将进入全导航控制盘控制模式,如图 3-38 所示,导航控制盘将跟随鼠标指针的移动而移动。全导航盘中提供"缩放""平移""动态观察(视图旋转)"等命令,移动鼠标指针至导航盘中命令位置,按住左键不动即可执行相应的操作。

图 3-34　相机视图工具

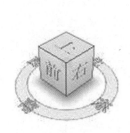   

图 3-35　ViewCube　　图 3-36　"导航栏"工具　　图 3-37　激活导航栏　　图 3-38　全导航控制盘

【快捷键】显示或隐藏导航盘的快捷键为"Shift＋W"。

导航栏中提供的另外一个工具为"缩放"工具，单击缩放工具下拉列表，可以查看Revit提供的缩放选项，如图3-39所示。在实际操作中，最常使用的缩放工具为"区域放大"，使用该缩放命令时，Revit允许用户选择任意的范围窗口区域，将该区域范围内的图元放大至充满视口显示。

【快捷键】区域放大的快捷键为ZR。

任何时候使用视图控制栏缩放列表中"缩放全部以匹配"选项，都可以将缩放显示当前视图中全部图元。在Revit 2016中，双击鼠标中键，也会执行该操作。

用于修改窗口中的可视区域。用鼠标点击下拉箭头，勾选下拉列表中的缩放模式，就能实现缩放。

【快捷键】缩放全部以匹配的默认快捷键为ZF。

除对视口中进行缩放、平移、旋转外，还可以对视图窗口进行控制。前面已经介绍过，在项目浏览器中切换视图时，Revit将创建新的视图窗口。可以对这些已打开的视图窗口进行控制。如图3-40所示，在"视图"选项卡"窗口"面板中提供了"平铺""切换窗口""关闭隐藏对象"等窗口操作命令。

图3-39　缩放工具

图3-40　窗口操作命令

使用"平铺"，可以同时查看所有已打开的视图窗口，各窗口将以合适的大小并列显示。在非常多的视图中进行切换时，Revit将打开非常多的视图。这些视图将占用大量的计算机内存资源，造成系统运行效率下降。可以使用"关闭隐藏对象"命令一次性关闭所有隐藏的视图，节省项目消耗系统资源。注意"关闭隐藏对象"工具不能在平铺、层叠视图模式下使用。切换窗口工具用于在多个已打开的视图窗口间进行切换。

【快捷键】窗口平铺的默认快捷键为WT；窗口层叠的快捷键为WC。

3. 视图显示及样式

通过视图控制栏（见图3-41），可以对视图中的图元进行显示控制。视图控制栏从左至右分别为：视图比例、视图详细程度、视觉样式、打开/关闭日光路径、阴影、渲染（仅三维视图）、视图裁剪控制、视图显示控制选项。注意由于在Revit中各视图均采用独立的窗口显示，因此，在任何视图中进行视图控制栏的设置，均不会影响其他视图的设置。

（1）比例。视图比例用于控制模型尺寸与当前视图显示之前的关系。如图 3-42 所示，单击视图控制栏 **1 ：100** 按钮，在比例列表中选择比例值即可修改当前视图的比例。注意无论视图比例如何调整，均不会修改模型的实际尺寸，仅会影响当前视图中添加的文字、尺寸标注等注释信息的相对大小。Revit 允许为项目中的每个视图指定不同比例，也可以创建自定义视图比例。

图 3-41　视图控制栏　　　　　　　　　　图 3-42　视图比例

（2）详细程度。Revit 提供了三种视图详细程度：粗略、中等、精细。Revit 中的图元可以在族中定义在不同视图详细程度模式下要显示的模型。如图 3-43 所示，在门族中分别定义"粗略""中等""精细"模式下图元的表现。Revit 通过视图详细程度控制同一图元在不同状态下的显示，以满足出图的要求。例如，在平面布置图中，平面视图中的窗可以显示为四条线；但在窗安装大样中，平面视图中的窗将显示为真实的窗截面。

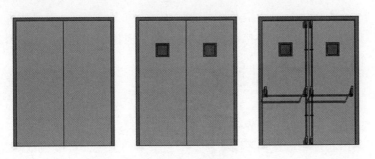

图 3-43　视图详细程度

（3）视觉样式。视觉样式用于控制模型在视图中的显示方式。如图 3-44 所示，Revit 提供了六种显示视觉样式："线框""隐藏线""着色""一致的颜色""真实""光线追踪"。显示效果逐渐增强，但所需要系统资源也越来越大。一般平面或剖面施工图可设置为线框或隐藏线模式，这样系统消耗资源较小，项目运行较快。

图 3-44　视觉样式选项

"线框"模式是显示效果最差但速度最快的一种显示模式。"隐藏线"模式下，图元将做遮挡计算，但并不显示图元的材质颜色；"着色"模式和"一致的颜色"模式都将显示对象材质"着色颜色"中定义的色彩,"着色"模式将根据光线设置显示图元明暗关系,"一致的颜色"模式下,图元将不显示明暗关系。

"真实"模式和材质定义中"外观"选项参数有关,用于显示图元渲染时的材质纹理。光线追踪模式将对视图中的模型进行实时渲染,效果最佳,但将消耗大量的计算机资源。

图 3-45 为在默认三维视图中同一段墙体在 6 种不同模式下的不同表现。

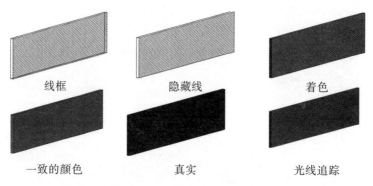

图 3-45 不同模式的视觉样式

在本书后续章节中,将详细介绍如何自定义图元的材质。读者可参考相关章节内容,以便加深对本节所述内容的理解。

(4)打开/关闭日光路径、打开/关闭阴影。在视图中,可以通过打开/关闭阴影开关在视图中显示模型的光照阴影,增强模型的表现力。在日光路径按钮中,还可以对日光进行详细设置。

(5)裁剪视图、显示/隐藏裁剪区域。视图裁剪区域定义了视图中用于显示项目的范围,由两个工具组成:是否启用裁剪及是否显示剪裁区域。可以单击 按钮在视图中显示裁剪区域,再通过启用裁剪按钮将视图剪裁功能启用,通过拖拽裁剪边界,对视图进行裁剪。裁剪后,裁剪框外的图元不显示。

(6)临时隔离/隐藏选项和显示隐藏的图元选项。在视图中可以根据需要临时隐藏任意图元。如图 3-46 所示,选择图元后,单击临时隐藏或隔离图元(或图元类别)命令 ,将弹出隐藏或隔离图元选项,可以分别对所选择图元进行隐藏和隔离。其中隐藏图元选项将隐藏所选图元;隔离图元选项将在视图隐藏所有未被选定的图元。可以根据图元(所有选择的图元对象)或类别(所有与被选择的图元对象属于同一类别的图元)的方式对图元的隐藏或隔离进行控制。

图 3-46 隐藏图元选项

所谓临时隐藏图元是指当关闭项目后,重新打开项目时被隐藏的图元将恢复显示。视图中临时隐藏或隔离图元后,视图周边将显示蓝色边框。此时,再次单击隐藏或隔离图元命令,可以选择"重设临时隐藏/隔离"选项恢复被隐藏的图元。或选择"将隐藏/隔离应用到视图"选项,此时视图周边蓝色边框消失,将永久隐藏不可见图元,即无论任何时候,图元都将不再显示。

要查看项目中隐藏的图元,如图 3-47 所示,可以单击视图控制栏中显示隐藏的图元 命令。Revit 将会显示彩色边框,所有被隐藏的图元均会显示为亮红色。

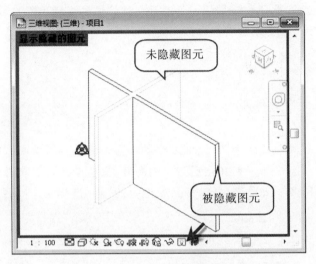

图 3-47 查看项目中隐藏的图元

如图 3-48 所示,单击选择被隐藏的图元,点击"显示隐藏的图元"→"取消隐藏图元"选项可以恢复图元在视图中的显示。注意恢复图元显示后,务必单击"切换显示隐藏图元模式"按钮或再次单击视图控制栏 按钮返回正常显示模式。

图 3-48 恢复显示被
隐藏的图元

小提示

也可以在选择隐藏的图元后单击鼠标右键,在右键菜单中选择"取消在视图中隐藏"→"按图元",取消图元的隐藏。

(7)显示/隐藏渲染对话框(仅三维视图才可使用)。单击该按钮,将打开渲染对话框,以便对渲染质量、光照等进行详细的设置。Revit 采用 Mental Ray 渲染器进行渲染。本书后续章节中,将介绍如何在 Revit 中进行渲染。读者可以参考相关章节的内容。

(8)解锁/锁定三维视图(仅三维视图才可使用)。如果需要在三维视图中进行三维尺寸标注及添加文字注释信息,需要先锁定三维视图。单击该工具将创建新的锁定三维视图。锁定的三维视图不能旋转,但可以平移和缩放。在创建三维详图大样时,将使用该方式。

(9)分析模型的可见性。临时仅显示分析模型类别:结构图元的分析线会显示一个临时视图模式,隐藏项目视图中的物理模型并仅显示分析模型类别,这是一种临时状态,并不会随项目一起保存,清除此选项则退出临时分析模型视图。

3.2.3 图元基本操作

1. 图元选择

在 Revit 中,要对图元进行修改和编辑,必须选择图元。在 Revit 中可以使用 4 种方式进行图元的选择,即点选、框选、特性选择、过滤器选择。

(1)点选。移动鼠标至任意图元上,Revit 将高亮显示该图元并在状态栏中显示有关该图元的信息,单击鼠标左键将选择被高亮显示的图元。在选择时如果多个图元彼此重叠,可以移动鼠标至图元位置,循环按键盘"Tab"键,Revit 将循环高亮预览显示各图元,当要选择的图元高亮显示后单击鼠标左键将选择该图元。

🖋 **小提示**

按"Shift+Tab"键可以按相反的顺序循环切换图元。

如图 3-49 所示,要选择多个图元,可以按住键盘"Ctrl"键后,再次单击要添加到选择集中的图元;如果按住键盘"Shift"键单击已选择的图元,将从选择集中取消该图元的选择。

Revit 中,当选择多个图元时,可以将当前选择的图元选择集进行保存,保存后的选择集可以随时被调用。如图 3-50 所示,选择多个图元后,单击"选择"→ 🔲 **保存** 按钮,即可弹出"保存选择"对话框,输入选择集的名称,即可保存该选择集。要调用已保存的选择集,单击"管理"→"选择"→ 🔲 **载入** 按钮,将弹出"恢复过滤器"对话框,在列表中选择已保存的选择集名称即可。

图 3-49 选择多个图元 　　　　　　图 3-50 保存选择

(2)框选。将光标放在要选择的图元一侧,并对角拖拽光标以形成矩形边界,可以绘制选择范围框。当从左至右拖拽光标绘制范围框时,将生成"实线范围框"。被实线范围框全部位包围的图元才能选中;当从右至左拖拽光标绘制范围框时,将生成"虚线范围框",所有被完全包围或与范围框边界相交的图元均可被选中,如图 3-51 所示。

(3)特性选择。鼠标左键单击图元,选中后高亮显示;再在图元上单击鼠标右键,用"选择全部实例"工具,在项目或视图中选择某一图元或族类型的所有实例。有公共端点的图元,在连接的构件上单击鼠标右键,然后单击"选择连接的图元",能把这些同端点链接的图元一起选中,如图 3-52 所示。

图 3-51 框选

图 3-52 特性选择

(4)过滤器选择。选择多个图元对象后,单击状态栏过滤器 🔻,能查看到图元类型,在"过滤器"对话框中,选择或取消部分图元的选择,如图 3-53 所示。

2. 图元编辑

如图 3-54 所示,在修改面板中,Revit 提供了"修改""移动""复制""镜像""旋转"等命令,利用这些命令可以对图元进行编辑和修改操作。

(1)移动✛:"移动"命令能将一个或多个图元从一个位置移动到另一个位置。移动的时候,可以选择图元上某点或某线来移动,也可以在空白处随意移动。

【快捷键】移动命令的默认快捷键为 MV。

(2)复制 ⬚:"复制"命令可复制一个或多个选定图元,并生成副本。点选图元,复制时,选项栏如图 3-55 所示。可以通过勾选"多个"选项实现连续复制图元。

图 3-53 过滤器选择

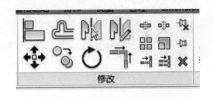
图 3-54 图元编辑面板

图 3-55 关联选项栏

【快捷键】复制命令的默认快捷键为 CO。

(3)阵列复制 ⬚⬚:"阵列"命令用于创建一个或多个相同图元的线性阵列或半径阵列。在族中使用"阵列"命令,可以方便地控制阵列图元的数量和间距,如百叶窗的百叶数量和间距。阵列后的图元会自动成组,如果要修改阵列后的图元,需进入编辑组命令,然后才能对成组图元进行修改。

【快捷键】阵列复制命令的默认快捷键为 AR。

(4)对齐 ⬚:"对齐"命令将一个或多个图元与选定位置对齐。如图 3-56 所示,对齐操作时,要求先单击选择对齐的目标位置,再单击选择要移动的对象图元,选择的对象将自动对齐至目标位置。对齐工具可以以任意的图元或参照平面为目标,在选择墙对象图元时,还可以在选项栏中指定首选的参照墙的位置;要将多个对象对齐至目标位置,在选项栏中勾选"多重对齐"选项即可。

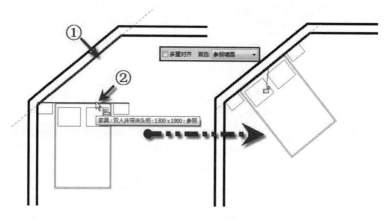

图 3-56　对齐操作

【快捷键】对齐工具的默认快捷键为 AL。

(5)旋转◯:"旋转"命令可使图元绕指定轴旋转。默认旋转中心位于图元中心,如图 3-57 所示,移动鼠标至旋转中心标记位置,按住鼠标左键不放将其拖拽至新的位置松开鼠标左键,可设置旋转中心的位置。然后单击确定起点旋转角边,再确定终点旋转角边,就能确定图元旋转后的位置。在执行旋转命令时,勾选选项栏中"复制"选项可在旋转时创建所选图元的副本,而在原来位置上保留原始对象。

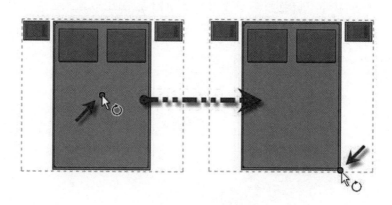

图 3-57　旋转操作

【快捷键】旋转命令的默认快捷键为 RO。

(6)偏移⬝:"偏移"命令可以生成与所选择的模型线、详图线、墙或梁等图元进行复制或在与其长度垂直的方向移动指定的距离。如图 3-58 所示,可以在选项栏中指定拖拽图形方式或输入距离数值方式来偏移图元。不勾选复制时,生成偏移后的图元时将删除原图元(相当于移动图元)。

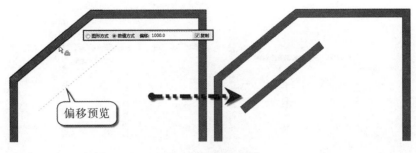

图 3-58　偏移操作

【快捷键】偏移命令的默认快捷键为 OF。

(7) 镜像 ："镜像"命令使用一条线作为镜像轴，对所选模型图元执行镜像(反转其位置)。确定镜像轴时，既可以拾取已有图元作为镜像轴，也可以绘制临时轴。通过选项栏，可以确定镜像操作时是否需要复制原对象。

(8) 修剪和延伸：如图 3-59 所示，修剪和延伸共有 3 个工具，从左至右分别为修剪/延伸为角、单个图元修剪和多个图元修剪工具。

图 3-59　修剪和延伸工具

【快捷键】修剪并延伸为角命令的默认快捷键为 TR。

如图 3-60 所示，使用"修剪"和"延伸"命令时必须先选择修剪或延伸的目标位置，然后选择要修剪或延伸的对象即可。对于多个图元的修剪工具，可以在选择目标后，多次选择要修改的图元，这些图元都将延伸至所选择的目标位置。可以将这些工具用于墙、线、梁或支撑等图元的编辑。对于 MEP 中的管线，也可以使用这些工具进行编辑和修改。

🖋 小提示

在修剪或延伸编辑时，鼠标单击拾取的图元位置将被保留。

(9) 拆分图元 ：拆分工具有两种使用方法，即拆分图元和用间隙拆分。通过"拆分"命令，可将图元分割为两个单独的部分，可删除两个点之间的线段，也可在两面墙之间创建定义的间隙。

(10) 删除图元 ："删除"命令可将选定图元从绘图中删除，和用 Delete 命令直接删除效果一样。

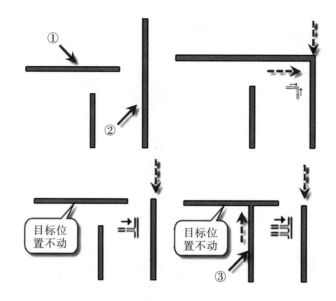

图 3-60 修剪、延伸操作

【快捷键】删除命令的默认快捷键为 DE。

3. 图元限制及临时尺寸

(1)尺寸标注的限制条件。在放置永久性尺寸标注时,可以锁定这些尺寸标注。锁定尺寸标注时,即创建了限制条件。选择限制条件的参照时,会显示该限制条件(蓝色虚线),如图 3-61 所示。

(2)相等限制条件。选择一个多段尺寸标注时,相等限制条件会在尺寸标注线附近显示为一个"EQ"符号。如果选择尺寸标注线的一个参照(如墙),则会出现"EQ"符号,在参照的中间会出现一条蓝色虚线,如图 3-62 所示。

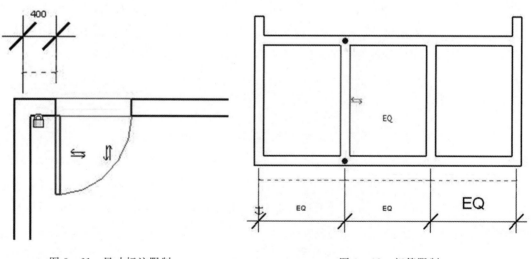

图 3-61 尺寸标注限制   图 3-62 相等限制

"EQ"符号表示应用于尺寸标注参照的相等限制条件图元。当此限制条件处于活动状态时,参照(以图形表示的墙)之间会保持相等的距离。如果选择其中一面墙并移动它,则所有墙都将随之移动一段固定的距离。

(3)临时尺寸。临时尺寸标注是相对最近的垂直构件进行创建的,并按照设置值进行递增。点选项目中的图元,图元周围就会出现蓝色的临时尺寸,修改尺寸上的数值,就可以修改图元位置。可以通过移动尺寸界线来修改临时尺寸标注,以参照所需构件,如图3-63所示。

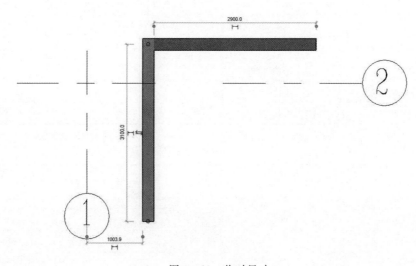

图 3 - 63　临时尺寸

单击在临时尺寸标注附近出现的尺寸标注符号 ⊢┤,然后即可修改新尺寸标注的属性和类型。

3.2.4　快捷操作命令

1. 常用快捷键

为提高工作效率,汇总常用快捷键见表3-2至表3-5,用户在任何时候都可以通过键盘输入快捷键直接访问至指定工具。

表 3 - 2　建模与绘图工具常用快捷键

命令	快捷键	命令	快捷键
墙	WA	对齐标注	DI
门	DR	标高	LL
窗	WN	高程点标注	EL
放置构件	CM	绘制参照平面	RP
房间	RM	模型线	LI
房间标记	RT	按类别标注	TG
轴线	GR	详图线	DL
文字	TX		

表 3-3　编辑修改工具常用快捷键

命令	快捷键	命令	快捷键
删除	DE	对齐	AL
移动	MV	拆分图元	SL
复制	CO	修剪/延伸	TR
旋转	RO	偏移	OF
定义旋转中心	R3	在整个项目中选择全部实例	SA
列阵	AR	重复上一个命令	RC
镜像、拾取轴	MM	匹配对象类型	MA
创建组	GP	线处理	LW
锁定位置	PP	填色	PT
解锁位置	UP	拆分区域	SF

表 3-4　捕捉替代常用快捷键

命令	快捷键	命令	快捷键
捕捉远距离对象	SR	捕捉到远点	PC
像限点	SQ	点	SX
垂足	SP	工作平面网格	SW
最近点	SN	切点	ST
中点	SM	关闭替换	SS
交点	SI	形状闭合	SZ
端点	SE	关闭捕捉	SO
中心	SC		

表 3-5　视图控制常用快捷键

命令	快捷键	命令	快捷键
区域放大	ZR	临时隐藏类别	RC
缩放配置	ZF	临时隔离类别	IC
上一次缩放	ZP	重设临时隐藏	HR
动态视图	F8	隐藏图元	EH
线框显示模式	WF	隐藏类别	VH
隐藏线显示模式	HL	取消隐藏图元	EU
带边框着色显示模式	SD	取消隐藏类别	VU
细线显示模式	TL	切换显示隐藏图元模式	RH
视图图元属性	VP	渲染	RR
可见性图形	VV	快捷键定义窗口	KS
临时隐藏图元	HH	视图窗口平铺	WT
临时隔离图元	HI	视图窗口层叠	WC

2. 自定义快捷键

除了系统自带的快捷键外,Revit 用户亦可以根据自己的习惯修改其中的快捷键命令。
下面以修改"墙"定义快捷键"M"为例,来详细讲解如何在 Revit 中自定义快捷键。

(1)如图 3-64 所示,单击"视图"→"窗口"→"用户界面"→"快捷键"选项,如图 3-65 所示,打开"快捷键"对话框。

图 3-64 自定义快捷键

(2)如图 3-66 所示,在"搜索"文本框中,输入要定义快捷键的命令的名称"门",将列出名称中所显示的"门"的命令或通过"过滤器"下拉框找到要定义的快捷键的命令所在的选项卡,来过滤显示该选项卡中的命令列表内容。

(3)在"指定"列表中,第一步选择所需命令"门",第二步在"按新建"文本框中输入快捷键字符"M",第三步单击 ✚ 指定(A) 按钮。新定义的快捷键将显示在选定命令的"快捷方式"列,如图 3-67 所示。

(4)如果自定义的快捷键已被指定给其他命令,则会弹出"快捷方式重复"对话框,如图 3-68 所示,通知指定的快捷键已指定给其他命令。单击"确定"按钮忽略提示,按"取消"按钮重新指定所选命令的快捷键。

图 3-65 打开自定义
快捷键命令

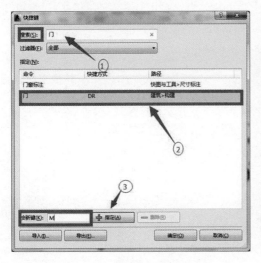

图 3-66 "快捷键"对话框搜索

图 3-67 "快捷键"对话框指定

(5)如图 3-69 所示,单击"快捷键"对话框底部 导出(E)... 按钮,弹出"导出快捷键"对话框,如图 3-70 所示,输入要导出的快捷键文件名称,单击 保存(S) 按钮可以将所有自已定义的快捷键保存为.xml 格式的数据文件。

图3-68 "快捷方式重复"提示   图3-69 "导出快捷键"对话框

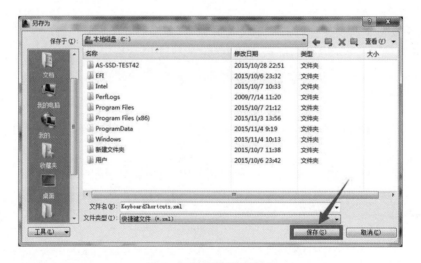

图3-70 保存"快捷键"

（6）当重新安装 Revit 2016 时，可以通过"快捷键"对话框底部的"导入"工具，导入已保存的".xml"格式快捷键文件。同一命令可以指定给多个不同的快捷键。

第 4 章 Revit 模型的创建

从本章开始,将在 Revit 2016 中进行操作,以软件自带项目案例为蓝本,从零开始创建基本建筑模型。对项目案例构件的建模命令、思路、流程进行阐述和实操,使读者建立模型概念、熟悉建模操作,为后续专业应用打下基础。

学习要点

- 构件的创建
- 构件的编辑

4.1 案例概述

4.1.1 项目概况

安装 Autodesk Revit 2016 软件后,打开软件界面,如图 4-1 所示,可直接看到 Revit 软件自带的项目案例与族案例图样,其项目文件储存在"用户选择的 Revit 软件安装目录(如 C:program Files(X86))→Autodesk→Revit Copernicus→Samples"文件夹下。本章节选择"建筑样例项目"(即 rac_basic_sample_project. rvt)为案例进行讲述,如图 4-2 所示。

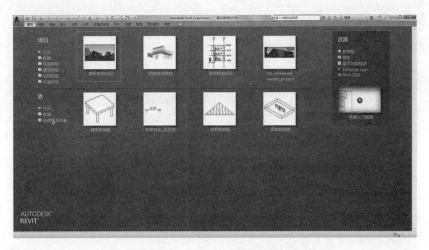

图 4-1 Revit 2016 界面

该建筑样例为一普通二层小别墅项目,总建筑面积约为 283.674m²,其中一层面积为 182.04m²,二层面积为 101.6m²。该建筑样例中已建立了基本的 Revit 模型(包含标高、轴网、视图、柱、墙、板、天花板、屋顶、门窗、栏杆、家具、场地等),方便读者直接查看已建立的模型参数并用于建模参考;除此以外,本案例还包含了对模型的进一步的应用,如房间标记、生

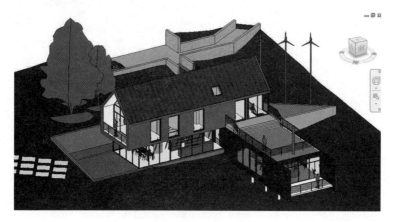

图 4 - 2 小别墅项目

成明细表、渲染、生成图纸等,可基本掌握对该软件常用命令的充分认知,因而本章节选择在该案例的基础上直接进行命令讲解与拓展训练的学习。

4.1.2 项目流程

对于整个建模过程分为新建项目、基本建模内容、基本建模应用三大板块,其中新建项目主要是新建项目样板和项目,包括项目的单位、标注、位置等的基本设置以及样板版本的统一;基本建模内容主要是对项目中的构件依次建模;基本建模应用则是通过对建立的模型进行渲染出效果图,创建房间与明细表从而对材料进行统计,并且可直接出设计图并打印。

4.2 项目准备

任何项目开始前,都需要在前期进行基本设置的准备工作,从而使得各绘图人员做到设计项目单位、对象样式、线型图案、项目位置、项目标注、其他等设置统一,如图 4 - 3 所示,在"管理"选项卡中可对进行各类基本设置。

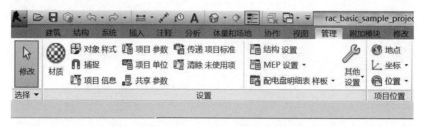

图 4 - 3 "管理"选项卡

4.2.1 项目单位设置

切换到"管理"选项卡→"设置"面板→单击"项目单位 🎨"命令,弹出"项目单位"设置对话框,如图 4 - 4 所示。项目单位可依据不同的规程进行项目单位的设置,当在"视图属性"中修改规程时,对应的会采用所设置的项目单位,如图 4 - 5 所示。

图 4-4 "项目单位"设置对话框   图 4-5 "视图属性"修改

目前软件可设置的单位包括长度、面积、体积、角度、坡度、货币、质量密度,单击要修改单位的格式凸显框,弹出对应单位可修改的格式信息,如长度可修改单位、舍入位数、是否带单位符号等。

4.2.2 对象样式设置

切换到"管理"选项卡→"设置"面板→单击"对象样式 ⬚"命令,弹出"对象样式"设置对话框,如图 4-6 所示。对象样式的设置类似于 CAD 制图的图层设置,图层设置可对各图层的线型、颜色、图层开关等进行设置,但对象样式转化需要根据每个设计院制定的制图标准来设定,包括对 Revit 中的模型、对象的线宽、线型与线颜色的设置。对于 Revit 中各对象类别的可见性的设置将在后文中详述。

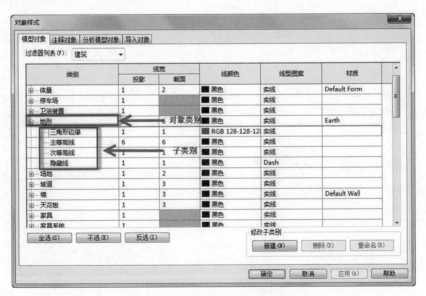

图 4-6 "对象样式"设置对话框

对象样式是针对模型的对象类别进行线宽、颜色与图案的设置，对于每项设置可以从软件自带的库中选择，并且可以根据自身需求新增。通过切换到"管理"选项卡→"设置"面板→单击"其他设置🔧"下拉菜单，如图4-7所示。对应图上"对象样式"中的线样式、线宽及线型图案，单击"线型图案"，弹出的对话框中如图4-8所示，可新建、编辑、删除与重命名线型图案。修改后对应的"对象样式"中也会同步更新。

图4-7 "其他设置"菜单

图4-8 "线型图案"对话框

4.2.3 项目位置设置

项目新建样板时，都需要对项目坐标位置进行统一设置。通过对项目地理位置的定位，得到气象等信息，便于后期的相关分析与模拟。项目位置如图4-9所示，可打开"管理"选项卡→"项目位置"面板进行设置。

图4-9 "项目位置"面板

单击"地点"按钮，切换至"默认城市列表"，选择"北京，中国"。或者如果PC电脑处于连网状态，则软件会通过Bing地图服务显示互动的地图。其他的天气和场地用户可自定义进行设置。

4.2.4 其他基本设置

除了上述的设置外,还可对项目中的材质、尺寸标注、捕捉、项目信息、项目参数、共享参数、传递项目标准及清除未使用项等进行设置。

(1)材质设置⬡:可对项目中所涉及的各构件的材质进行标识、图形、外观、物理与热度的设置。一般在构件属性编辑器中也可对构件的材质进行编辑。

(2)项目标注:如图 4-10 主要是针对标记族的设置,如剖面索引、立面和剖面视图及箭头标记符号的设置,以及使用临时尺寸标注时默认的测量起点与终点,如图 4-11 所示。

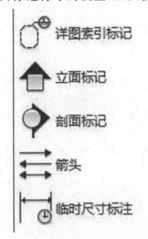

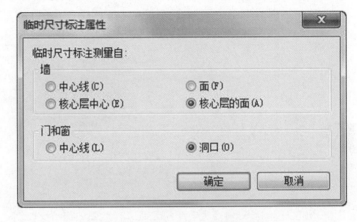

图 4-10　标记族设置　　　　　　　　　图 4-11　临时尺寸标注属性设置

(3)捕捉设置⬚:用于设置捕捉增量,以及启用或禁用捕捉点,其功能类似于 CAD 的捕捉设置。

(4)项目信息⬚:用于指定能量数据、项目状态和客户信息,某些项目信息值可直接显示在图纸的标题栏中。通过对"共享参数"的使用,可将自定义字段添加至项目信息中。

(5)项目参数⬚与共享参数⬚:两者皆为用于项目图元的参数,并在明细表中使用。区别在于项目参数仅限于本项目,不能与其他项目或族共享;而共享参数存储于一个独立于任何族文件或项目的文件中,可为族文件或项目添加尚未定义的特定数据。

(6)传递项目标准⬚:用于传递不同项目间的数据标准,避免由于数据标准的差异影响绘图效果,包括族类型、线宽、材质、视图样板和对象样式等项目标准。

4.2.5 视图设置

通过上面对文字标记等的统一设置后,在绘图过程中,如何控制构件的显示,比如说在不同的楼层平面,如果要看到其他楼层的构件,此时该如何处理呢? 假如在此楼层,只想看到某一类构件,又该如何处理呢? 本节将通过视图样板、范围、隐藏与可见性的设置,来对构件的显示情况进行控制。

1. 视图样板

打开 Revit 2016 自带的建筑样例项目,可见项目浏览器的视图中包括楼层平面、立面、剖面、详图、三维视图、渲染等类型,对于不同的视图,需要根据项目的各专业和功能需求,设置不同的视图样板。一般视图样板的设置在制作项目样板时同步进行,通过"视图"选项卡

→"图形"面板→"视图样板"按钮→选择"管理视图样板"进行不同规程下各视图的属性设置,如图 4-12 所示。

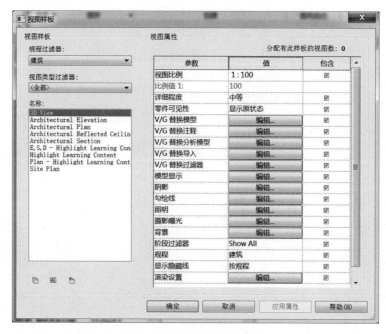

图 4-12 "视图样板"设置

通过视图属性设置,可对视图比例、详细程度、零件可见性、视图的可见性/图形替换(模型类别、注释类别、分析模型类别、导入的类别、过滤器)、模型显示等显示情况进行按视图类别进行预先设定,方便后期项目直接调用。

2. 视图范围

假如要在 Level 2 平面上看到 Level 1 平面上的构件,有两个方法:①在"属性"栏中,设置基线为 Level 1,如图 4-13 所示,则可看到 Level 1 的构件暗显在 Level 2 处;②在"属性"栏中,单击"视图范围"的"编辑..."按钮,如图 4-14 所示。在弹出的"视图范围"对话框中调整主要范围及视图深度,如图 4-15 所示。

视图范围的调整在项目建模过程中是常用命令,经常会出现放置的某个构件在该层看不到的情况,但是在三维中看的到,此时可能的原因是视图范围设置不合理。

图 4-16 为 Level 1 的"视图范围"设置表,顶、底以及剖切面均以 Level 1 为相关标高,并在相关标高上进行偏移。图 4-17 则为"视图范围"设置的立面表示情况,通过该图可以清楚地分辨出"主要范围"与"视图深度"的区别。

🖋️ 小提示

剖切面的标高是默认设置,不能修改。如果直接在"项目浏览器"中的"楼层平面"中复制楼层 Level 1,复制出来的重命名为 Level 3,则 Level 3"剖切面"的默认相关标高仍为 Level 1。

图 4 - 13　设置基线

图 4 - 14　编辑"视图范围"

图 4 - 15　调整视图范围

图 4 - 16　Level 1 的"视图范围"设置

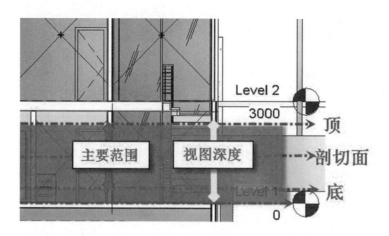

图4-17 "视图范围"设置的立面表示情况

3. 可见性设置

在平面、立面或三维视图中,如果要对某个构件单独拿出来分析,或是需要在该视图中隐藏图元,可通过两种方式来实现:

(1)"视图控制栏"中的"临时隐藏/隔离"功能。

该功能共分为隐藏和隔离两种方式,图元和类别两种范围。只有选中某一图元后,"临时隐藏/隔离"功能按钮才能亮显。如图4-18所示。

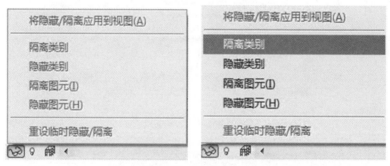

图4-18 "临时隐藏/隔离"功能

如果临时隐藏了某一图元或类别,则"绘图区域"中会出现"临时隐藏/隔离"的绿色矩形框,表示该视图有图元被隐藏或隔离。

要去除"临时隐藏/隔离"的绿色矩形框:①可以单击"临时隐藏/隔离"按钮中的"重设临时隐藏/隔离",则是取消掉了隐藏或隔离;②可以单击"将隐藏/隔离应用到视图",其可将临时隐藏/隔离改为永久隐藏。

 小提示

设置的临时隐藏,如果关闭文件则不会保存,只有永久隐藏才能保存。

（2）可见性/图形替换功能（快捷键 VV）。

可见性/图形替换可控制所有图元在各个视图中的可见性，其主要用于控制某一类别的所有图元的可见性，只勾选了"墙"类别，则该视图中只显示墙，如图 4-19 所示。

"可见性/图形替换"功能中除了"模型类别"外，还包括"注释类别""分析模型类别""导入的类别""过滤器"，其中"过滤器"可根据各过滤条件，过滤出不同类别的图元。如要区分给水管道和排水管道，通过过滤器设置成不同颜色，可快速区分。

🖋 **小提示**

上述讲的永久隐藏，则正是取消了图元的可见性。

图 4-19　可见性/图形替换功能

4.3　标高的创建

标高用来定义楼层层高及生成平面视图，反映建筑物构件在竖向的定位情况，在 Revit 中开始进行建模前，应先对项目的层高和标高信息作出整体规划。标高不是必须作为楼层层高，其标高符号样式可定制修改。

下面以案例项目为例，介绍 Revit 中创建项目标高的一般步骤。

4.3.1　创建标高

如图 4-20 所示，点击"新建"→"项目"，打开 Revit 2016 默认的"建筑样板"。在 Revit 中，"标高"命令必须在立面和剖面视图中才能使用，因此在正式开始项目设计前，必须事先打开一个立面视图，如南立面。在立面视图中将默认样板中的标高 1 和标高 2 均修改为 1F

和 2F,其中 2F 的标高为"4.000",如图 4-21 所示,单击标高符号中的高度值,可输入"3.5",则 2F 的楼层高度改为 3.5m,如图 4-22 所示。

图 4-20　打开默认建筑样板

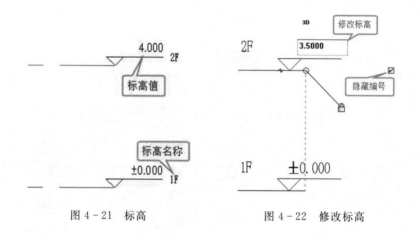

图 4-21　标高　　　　　　　　　图 4-22　修改标高

🖋 **小提示**

不勾选隐藏编号,则标头、标高值以及标高名称将隐藏。

除了直接修改标高值,还可通过临时尺寸标注修改两标高间的距离。单击"2F",蓝显后在 1F 与 2F 间会出现一条蓝色临时尺寸标注如图 4-23 所示,此时直接单击临时尺寸上的标注值,即可重新输入新的数值,该值单位为"mm",与标高值的单位"m"不同,读者要注意区别。

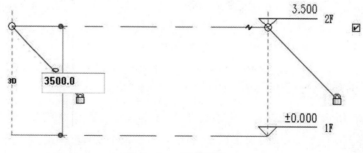

图 4-23　调整标高

绘制标高 3：单击"建筑"选项卡→"基准"面板→"标高"命令，移动光标到视图中"2F"左端标头上方 3000mm 处，当出现绿色标头对齐虚线时，单击鼠标左键捕捉标高起点。向右拖动鼠标，直到再次出现绿色标头对齐虚线，单击鼠标完成新楼层的绘制，并将其重命名为"3F"。

🖋 小技巧

在选项栏中勾选"创建平面视图"，勾选后则在绘制完标高后自动在项目浏览器中生成"楼层平面"视图，否则创建的为参照标高。

🖋 小提示

标高命名一般为软件自动命名，一般按最后一个字母或数字排序，如 F1、F2、F3，且汉字不能自动排序。

4.3.2　编辑标高

对于高层或者复杂建筑，可能需要多个高度定位线，除了直接绘制标高，那如何来快速添加标高，并且修改标高的样式来快速提高工作效率？下面将通过复制、阵列等功能快速绘制标高。

1. 复制、阵列标高

选择"3F"，在激活的"修改|标高"选项卡下，单击"修改"面板中的"复制" ⟳（CC/CO）或"阵列" 🗄（AR）命令，快速添加标高。

复制标高：如果选择"复制"，在选项卡中会出现 修改|标高 □约束 □分开 □多个，勾选"约束"，可垂直或水平复制标高，勾选"多个"，可连续多次复制标高。都勾选后，单击"标高3"上一点作为起点，向上拖动鼠标，直接输入临时尺寸的值，单位为 mm，输入后按回车键则完成一个标高的绘制，如图 4-24 所示。继续向上拖动鼠标输入数值，则可继续绘制标高。

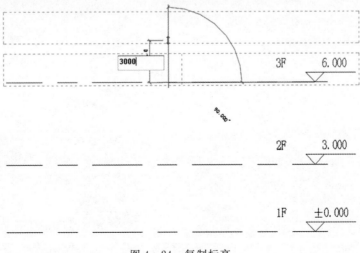

图 4-24　复制标高

阵列标高:如果选择"阵列",则适用于一次绘制多个等距的标高,选择后在选项卡中会出现

"成组并关联",则阵列的标高为一个模型组,如果要编辑标高名称,需要解组后才可编辑;项目数为包含原有标高在内的数量,如项目数为3,则为标高3、标高4与标高5;选择移动到第二个则在输入标高间距"3000"后,按回车键后标高3、标高4与标高5间的间距均为3000mm,若选择最后一个,则标高3与标高5间的距离共3000mm。

【常见问题剖析】如果需要绘制-0.45m的标高,但为什么复制出来的标高显示的却还是"±0.00"或"±-0.450"?

答:因为此时的标高属性为零标高,则需要选中该标高,在"属性"框中将其族类型由正负零标高修改为下标头,如图4-25所示。

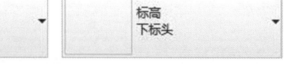

图4-25 在"属性"框中修改族类型

2. 添加楼层平面

在完成标高的复制或阵列后,在"项目浏览器"中可以发现均没有标高4与标高5的楼层平面。因为在Revit中复制的标高是参照标高,因此新复制的标高标头都是黑色显示,如图4-26所示,而且在项目浏览器中的"楼层平面"项下也没有创建新的平面视图,如图4-27所示。

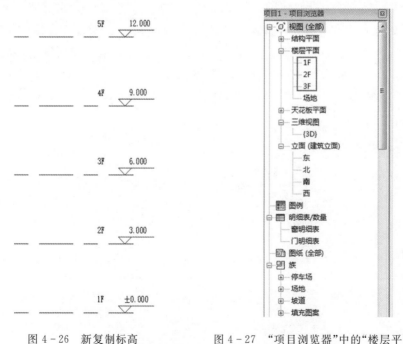

图4-26 新复制标高   图4-27 "项目浏览器"中的"楼层平面"显示

单击选项卡"视图"→"平面视图"→"楼层平面"命令,打开"新建平面"对话框,如图

4-28所示。从下面列表中选择"4F、5F",如图4-29所示。单击"确定"后,在项目浏览器中创建了新的楼层平面"4F、5F",并自动打开"4F、5F"平面视图。此时,可发现立面中的标高"4F、5F"蓝显。

图4-28 打开"新建楼层平面"对话框　　　　图4-29 选择"4F、5F"

4.4 轴网的创建

轴网用于构件定位,在Revit中轴网确定了一个不可见的工作平面。

4.4.1 创建轴网

在Revit中轴网只需要在任意一个平面视图中绘制一次,其他平面和立面、剖面视图中都将自动显示。

在项目浏览器中双击"楼层平面"项下的"1F"视图,打开"楼层平面:1F"视图。选择"建筑"选项卡→"基准"面板→"轴网"命令或快捷键GR进行绘制。

在视图范围内单击一点后,垂直向上移动光标到合适距离再次单击,绘制第一条垂直轴线,轴号为1。

利用复制命令创建2—7号轴网。选择1号轴线,单击"修改"面板的"复制"命令,在1号轴线上单击捕捉一点作为复制参考点,然后水平向右移动光标,输入间距值1200后,单击一次鼠标复制生成2号轴线。保持光标位于新复制的轴线右侧,分别输入3900、2800、1000、4000、600后依次单击确认,绘制3—7号轴线,完成结果如图4-30所示。

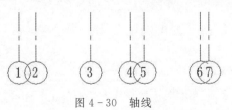

图4-30 轴线

使用复制功能时,勾选选项栏中的"约束",可使得轴网垂直复制,"多个"可单次连续复制。

继续使用"轴网"命令绘制水平轴线,移动光标到视图中1号轴线标头左上方位置,单击鼠标左键捕捉一点作为轴线起点。然后从左向右水平移动光标到7号轴线右侧一段距离后,再次单击鼠标左键捕捉轴线终点,创建第一条水平轴线。

选择刚创建的水平轴线,修改标头文字为"A",创建A号轴线。

同上绘制水平轴线步骤,利用"复制"命令,创建B—E号轴线。移动光标在A号轴线上单击捕捉一点作为复制参考点,然后垂直向上移动光标,保持光标位于新复制的轴线上侧,分别输入2900、3100、2600、5700后依次单击确认,完成复制。

重新选择A号轴线进行复制,垂直向上移动光标,输入值1300,单击鼠标绘制轴线,选择新建的轴线,修改标头文字为"1/A"。完成后的轴网如图4-31所示。

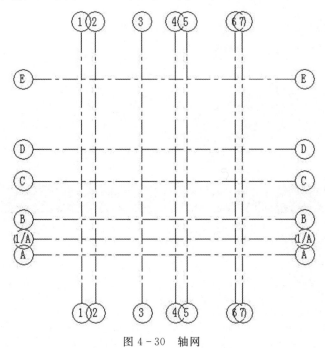

图4-30 轴网

4.4.2 编辑轴网

绘制完轴网后,需要在平面图和立面视图中手动调整轴线标头位置,解决1号和2号轴线、4号和5号轴线、6号和7号轴线等的标头干涉问题。

选择2号轴线,单击靠近轴号位置的"添加弯头"标志(类似倾斜的字母N),出现弯头,拖动蓝色圆点则可以调整偏移的程度。同理,调整5号、7号轴线标头的位置,如图4-32所示。

标头位置调整:选中某根轴网,在"标头位置调整"符号(空心圆点)上按住鼠标左键拖拽可整体调整所有标头的位置;如果先单击打开"标头对齐锁",然后再拖拽即可单独移动一根标头的位置。

在"项目浏览器"中双击"立面(建筑立面)"项下的"南立面"进入南立面视图,使用前述编辑标高和轴网的方法,调整标头位置、添加弯头。同样方法调整东立面或西立面视图标高和轴网。

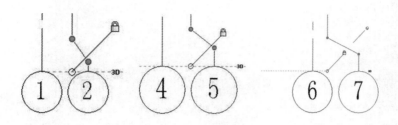

图 4-32 编辑轴网

🌱 **小提示**

在框选了所有的轴网后,会在"修改|轴网"选项卡中出现"影响范围"命令,单击后出现"影响基准范围"的对话框,按住 Shift 选中各楼层平面,单击确定后,其他楼层的轴网也会相应变化。

轴网可分为 2D 和 3D 状态,单击 2D 或 3D 可直接替换状态。3D 状态下,轴网端点显示为空心圆;2D 状态下,轴网端点修改为实心点,如图 4-33 所示。2D 与 3D 的区别在于:2D 状态下所作的修改仅影响本视图;在 3D 状态下,所作的修改将影响所有平行视图。在 3D 状态下,若修改轴线的长度,其他视图的轴线长度对应修改,但是其他的修改均需通过"影响范围"工具实现。仅在 2D 状态下,通过"影响范围"工具能将所有的修改传递给当前视图平行的视图。

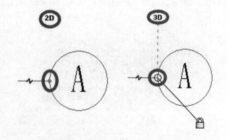

图 4-33 2D 和 3D 状态下的轴网端点

标高和轴网创建完成,回到任一平面视图,框选所有轴线在"修改"面板中单击 📌 图标,锁定绘制好的轴网(锁定的目的是为了使得整个轴网间的距离在后面的绘图过程中不会偏移)。

4.5 墙体的创建

墙体是建筑设计中的重要组成部分,在实际工程中墙体根据材质、功能也分多种类型,如隔墙、防火墙、叠层墙、复合墙、幕墙等,因此在绘制时,需要综合考虑墙体的高度、厚度、构造做法、图纸粗略、精细程度的显示、内外墙体区别等。随着高层建筑的不断涌现,幕墙以及异形墙体的应用越来越多,而通过 Revit 能有效建立出直观的三维信息模型。

4.5.1 绘制墙体

进入平面视图中,单击"建筑"选项卡→"构建"面板→"墙"的下拉按钮,如图 4-34 所示。有"建筑墙""结构墙""面墙""墙饰条""墙分隔缝"五种选择,"墙饰条"和"墙分隔缝"只有在三维的视图下才能激活亮显,用于墙体绘制完后添加。其他墙可以从字面上来理解,建筑墙主要是用于分割空间,不承重;结构墙用于承重以及抗剪作用;面墙主要用于体量或常规模型创建墙面。

 小技巧

快捷键 WA 可快速进入到建筑墙体的绘制模式,学会快捷键的应用有效提高建模效率。

单击选择"墙:建筑"后,在选项卡中出现 **修改 | 放置 墙** 上下文选项卡,面板中出现墙体的绘制方式如图 4 - 35 所示,属性栏将由视图"属性"框转变为墙"属性",如图 4 - 36 所示,以及选项栏也变为墙体设置选项,如图 4 - 37 所示。

绘制墙体需要先选择绘制方式,如直线、矩形、多边形、圆形、弧形等,如果有导入的二维 . dwg 平面图作为底图,可以先选择"拾取线/边"命令,鼠标拾取 . dwg 平面图的墙线,自动生成 Revit 墙体。除此以外,还可利用"拾取面"功能拾取体量的面生成墙。

图 4 - 34 "墙"的下拉按钮

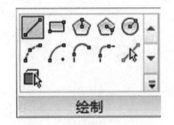

图 4 - 35 墙体的绘制方式

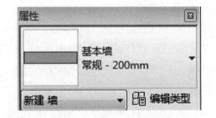

图 4 - 36 墙属性

图 4 - 37 墙体设置选项

1. 选项栏参数设置

在完成绘制方式的选择后,要设置有关墙体的参数属性。

(1)在"选项栏"中,"高度"与"深度"分别指从当前视图向上还是向下延伸墙体。

(2)"未连接"选项中还包含各个标高楼层;"4200"表示该视图墙顶部距底部 4200mm。

(3)勾选"链"表示可以连续绘制墙体。

(4)"偏移量"表示绘制墙体时,墙体距离捕捉点的距离,如图 4 - 38 设置的偏移量为 200mm,则绘制墙体时捕捉绿色虚线(即参照平面),绘制的墙体距离参照平面 200mm。

(5)"半径"表示两面直墙的端点相连接处不是折线,而是根据设定的半径值,自动生成圆弧墙,如图 4 - 39 所示,设定的半径 1000mm。

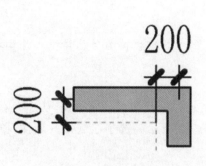

图 4-38 偏移量设置

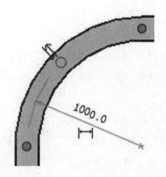

图 4-39 圆弧墙

2. 实例参数设置

如图 4-40 所示,该属性为墙的实例属性,主要设置墙体的墙体定位线、高度、底部和顶部的约束与偏移等,有些参数为暗显,该参数可在:更换为三维视图、选中构件、附着时或改为结构墙等情况下亮显。

图 4-40 墙的属性

(1)定位线:共分为墙中心线、核心层、面层面与核心面四种定位方式。在 Revit 术语中,墙的核心层是指其主结构层。在简单的砖墙中,"墙中心线"和"核心层中心线"平面将会重合,然而它们在复合墙中可能会不同。顺时针绘制墙时,其外部面(面层面:外部)默认情况下位于顶部。

放置墙后,其定位线便永久存在,即使修改其类型的结构或修改为其他类型也是如此。修改现有墙的"定位线"属性的值不会改变墙的位置。

图4-41为一基本墙,右侧为基本墙的结构构造。通过选择不同的定位线,从左向右绘制出的墙体与参照平面的相交方式是不同的,如图4-42所示。选中绘制好的墙体,单击"翻转控件"⬍可调整墙体的方向。

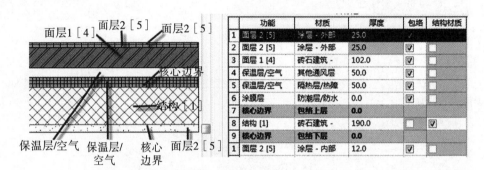

	功能	材质	厚度	包络	结构材质
1	面层2 [5]	涂层 - 外部	25.0	✓	
2	面层2 [5]	涂层 - 外部	25.0	✓	
3	面层1 [4]	砖石建筑 -	102.0	✓	
4	保温层/空气	其他通风层	50.0	✓	
5	保温层/空气	隔热层/热障	50.0	✓	
6	涂膜层	防潮层/防水	0.0	✓	
7	核心边界	包络上层	0.0		
8	结构 [1]	砖石建筑 -	190.0		✓
9	核心边界	包络下层	0.0		
1	面层2 [5]	涂层 - 内部	12.0	✓	

图4-41 基本墙

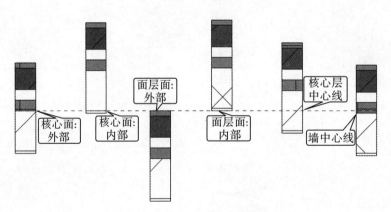

图4-42 不同定位线绘制的墙体

Revit中的墙体有内、外之分,因此绘制墙体选择顺时针绘制,保证外墙侧朝外。

(2)底部限制条件/顶部约束:表示墙体上下的约束范围。

(3)底/顶部偏移:在约束范围的条件下,可上下微调墙体的高度,如果同时偏移100mm,表示墙体高度不变,整体向上偏移100mm。＋100mm为向上偏移,－100mm为向下偏移。

（4）无连接高度：表示墙体顶部在不选择"顶部约束"时高度的设置。

（5）房间边界：在计算房间的面积、周长和体积时，Revit 会使用房间边界。可以在平面视图和剖面视图中查看房间边界。墙则默认为房间边界。

（6）结构：表示该墙是否为结构墙，勾选后，则可用于作后期受力分析。

3. 类型参数设置

在绘制完一段墙体后，选择该面墙，单击"属性"栏中的"编辑属性"，弹出"类型属性"对话框，如图 4-43 所示。

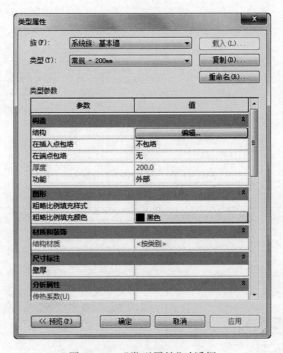

图 4-43　"类型属性"对话框

（1）复制：可复制"系统族：基本墙"下不同类型的墙体，如复制新建：普通砖 200mm，复制出的墙体为新的墙体。

（2）重命名：可将"类型"中的墙名称修改。

（3）结构：用于设置墙体的结构构造，单击"编辑"，弹出"编辑部件"对话框，如图 4-44 所示。内/外部边表示墙的内外两侧，可根据需要添加墙体的内部结构构造。

（4）默认包络："包络"指的是墙非核心构造层在断开点处的处理办法，仅是对编辑部件中勾选了"包络"的构造层进行包络，且只在墙开放的断点处进行包络。可选择"外部-带粉砖与砌块复合墙"在"楼层平面：修改类型属性"视图中查看包络差异情况，如图 4-45 所示为整个"外部边的包络"。

（5）修改垂直结构：打开下方的"预览"后，选择"剖面：修改类型属性"视图后才会亮显。主要用于复合墙、墙饰条与分隔缝的创建。

复合墙：在"编辑部件"对话框中，插入一个面层 1，"厚度"改为 20mm。创建复合墙，通过利用"拆分区域"按钮拆分面层，放置在面层上会有一条高亮显示的预览拆分线，放置好高

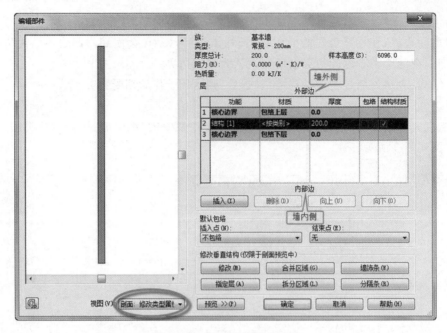

图 4-44 "编辑部件"对话框

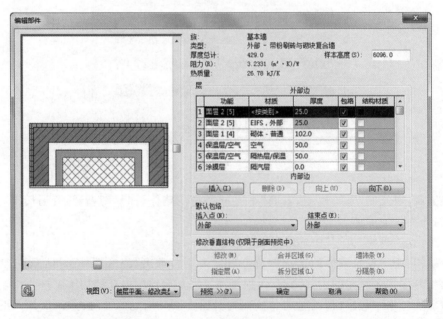

图 4-45 包络设置

度后单击鼠标左键,在"编辑部件"对话框中再次插入新建面层 2,修改面层材质,单击该面层 2 前的数字序号,选中新建的面层,然后单击"指定层",在视图中单击拆分后的某一段面层,选中的面层蓝色显示,点击"修改",将新建的面层指定给了拆分后的某一段面层,如图 4-46 所示。

通过对墙体面层的"指定层"与"修改",即可实现一面墙在不同高度有几个材质的要求,如图 4-47 所示。

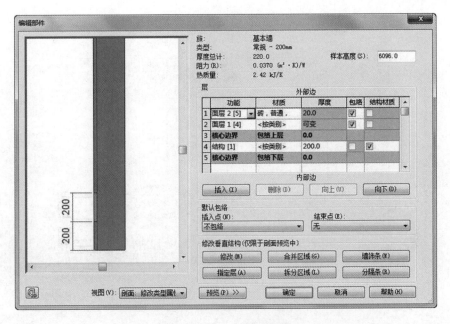

图 4-46　修改面层材质

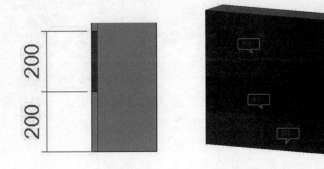

图 4-47　墙体面层修改

🌿 小提示

拆分区域后,单击"修改"选择拆分边界会显示蓝色控制箭头↑,可调节拆分线的方向,并拖动分界线可调节拆分高度。

墙饰条:主要是用于绘制的墙体在某一高度处自带墙饰条。单击"墙饰条",在弹出的"墙饰条"对话框中,单击"添加"轮廓可选择不同的轮廓族,如果没有所需的轮廓,可通过"载入轮廓"载入轮廓族,设置墙饰条的各参数,则可实现绘制出的墙体直接带有墙饰条,如图4-48所示。

分隔缝类似于墙饰条,只需添加分隔缝的族并编辑参数即可,在此不加以赘述。

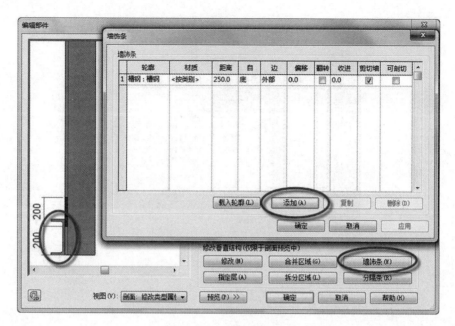

图 4-48　墙饰条设置

4. 墙族分类

上述所讲的墙,均以"基本墙"为例讲述。但是墙除了"基本墙",还包括"叠层墙"和"幕墙",共三大块。

(1)"叠层墙":要绘制叠层墙,首先需要在"属性"栏中选中叠层墙的案例,编辑其类型。其由不同的材质、类型的墙在不同的高度叠加而成,墙1、墙2均为来自"基本墙",因此没有的墙类型要在"基本墙"中新建墙体后,再添加到叠层墙中。

(2)幕墙:主要用于绘制玻璃幕墙,详见4.8节。

4.5.2　编辑墙体

在定义好墙体的高度、厚度、材质等各参数后,按照 CAD 底图或设计要求绘制完墙体的过程中,还需要对墙体进行编辑。可利用"修改"面板下的"移动、复制、旋转、阵列、镜像、对齐、拆分、修剪、偏移"等编辑命令进行(和 CAD 中对线段的编辑一样),以及编辑墙体轮廓、附着/分离墙体,使所绘墙体与实际设计保持一致。

1. 修改工具

修改工具主要有:①移动✤;②复制🗞;③阵列 ▦ ;④镜像 🔀 🔀 ;⑤对齐 ➡ ;⑥拆分图元 ⬌ (快捷键:SL)。拆分图元是指在选定点剪切图元(例如墙或线),或删除两点之间的线段,常结合修剪命令一起使用。如图 4-49 所示为一面黄色墙体,单击"修改面板"中的"拆分图元",在要拆分的墙中单击任意一点,则该面墙分成两段,再用"修剪"命令,选择所要保留的两面墙,则可将墙修剪成所需状态。

2. 编辑墙体轮廓

选择绘制好的墙后,自动激活"修改|墙"选项卡,单击"修改|墙"下"模式"面板中的"编

图 4 - 49　拆分及修剪图元

辑轮廓",如图 4 - 50 所示。如果在平面视图进行了轮廓编辑操作,此时弹出"转到视图"对话框,选择任意立面或三维进行操作,进入绘制轮廓草图模式。

图 4 - 50　"编辑轮廓"

🖋 小提示

如果在三维中编辑,则编辑轮廓时的默认工作平面为墙体所在的平面。

在三维或立面中,利用不同的绘制方式工具,绘制所需形状,如图 4 - 51 所示。其创建思路为:创建一段墙体→修改|墙→编辑轮廓→绘制轮廓→修剪轮廓→完成绘制模式。

🖋 小提示

弧形墙体的立面轮廓不能编辑。

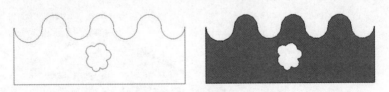

图 4 - 51　弧形墙体

完成后,单击"完成编辑模式" ✔ 即可完成墙体的编辑,保存文件。

🖋 小提示

如需一次性还原已编辑过轮廓的墙体,选择墙体,单击"重设轮廓"命令即可实现。

3. 附着/分离墙体

如果墙体在多坡屋面的下方,需要墙和屋顶有效快速连接,依靠编辑墙体轮廓的话,会花费很多时间,此时通过"附着/分离"墙体能有效解决问题。

如图 4-52 所示,墙与屋顶未连接,用 Tab 键选中所有墙体,在"修改墙"面板中选择"附着顶部/底部",在选项卡 附着墙:◉顶部 ○底部 中选择顶部或底部,再单击选择屋顶,则墙自动附着在屋顶下,如图 4-53 所示。再次选择墙,单击"分离顶部/底部",再选择屋顶,则墙会恢复原样。

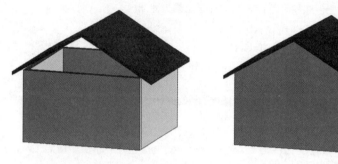

图 4-52　墙与屋顶未连接　　　　　　图 4-53　墙自动附着

 小提示

墙不仅可以附着于屋顶,还包括屋顶、楼板、天花板、参照平面等。

【常见问题剖析】刚已学习墙体附着的命令,但是如果要将编辑过轮廓的墙体附着,会出现什么样的情况?

答:此处以墙附着到屋顶为例,可以正常附着,但只有和参照标高重合的墙才能附着,不重合则不附着,如图 4-54 所示在参照平面下方的墙体均未附着。但是如果将编辑过轮廓的墙体再次编辑,将所有墙体顶部均拖至参照平面下方如图 4-55 所示,则软件会弹出如图 4-56 的警告,因为没有墙和参照平面同高度,此时如果将墙体附着到屋顶上,则软件会弹出"不能保持墙和目标相连接"的错误。

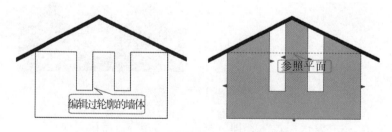

图 4-54　在参照平面下方的墙体未附着

4. 墙体连接方式

墙体相交时,可有多种连接方式,如平接、斜接和方接三种方式,如图 4-57 所示。单击"修改"选项卡→"几何图形"面板→"墙连接" 功能,将鼠标光标移至墙上,然后在显示的灰色方块中单击,即可实现墙体的连接。

在设置墙连接时,可指定墙连接是否以及如何在活动平面视图中进行处理,在"墙连接"

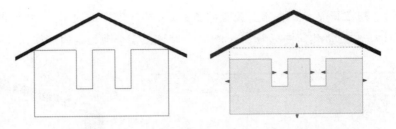

图 4-55 将墙体顶部拖至参照平面下方

图 4-56 错误警告

图 4-57 墙体连接方式

命令下,将光标移至墙连接上,然后在显示的灰色方块中单击。在"选项栏"中的"显示"有"清理连接""不清理连接""使用视图设置"三个显示设置。

默认情况下,Revit 会创建平接连接并清理平面视图中的显示,如果设置成"不清理连接",则在退出"墙连接"工具时,这些线不消失。另外,在设置墙体连接方式时,不同视图详细程度与显示设置也会在很大程度上影响显示效果。如图 4-58 所示。

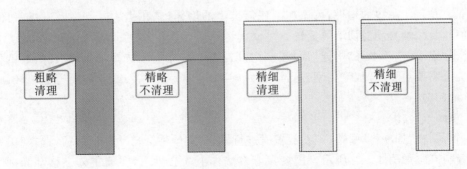

图 4-58 不同视图详细程度

对于两面平行的墙体,如果距离不超过 6 英寸,Revit 会自动创建相交墙之间的连接,如

图 4-59 所示。如在其中一面墙体上放置门窗后,选择"修改"选项卡→"几何图形"面板→"连接"下拉列表→"连接几何图形" 连接命令,则该门窗会剪切两面墙体。

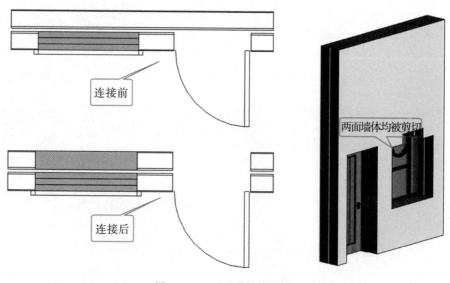

图 4-59 两面平行的墙体

本节主要建立了项目模型中最基础的模型——墙。通过对各类墙体的创建、属性设置,掌握各类墙体绘制、编辑和修改的方法。基本墙体创建是基础,对于复杂墙体,可利用内建族、体量等方式来创建。

4.6 门窗的创建

在三维模型中,门窗的模型与它们的平面表达并不是对应的剖切关系,在平面图中可与CAD图一样表达,这说明门窗模型与平立面表达可以相对独立。在 Revit 中的门窗可直接放置已有的门窗族,对于普通门窗可直接通过修改族类型参数,如门窗的宽和高、材质等,形成新的门窗类型。

4.6.1 插入门、窗

门、窗是基于主体的构件,可添加到任何类型的墙体,并在平、立、剖以及三维视图中均可添加门,且门会自动剪切墙体放置。

单击"建筑"选项卡→"构建"面板→"门""窗"命令,在类型选择器下,选择所需的门、窗类型,如果需要更多的门、窗类型,通过"载入族"命令从族库载入或者和新建墙一样新建不同尺寸的门窗。

1. 标记门、窗

放置前,在"选项栏"中选择"在放置时进行标记"则软件会自动标记门窗,选择"引线"可设置引线长度,如图 4-60 所示。门窗只有在墙体上才会显示,在墙主体上移动光标,参照临时尺寸标注,当门位于正确的位置时单击鼠标确定。

在放置门窗时,如果未勾选"在放置时进行标记",还可通过第二种方式对门窗进行标记。选择"注释"选项卡中的"标记"面板,单击"按类别标记",将光标移至放置标记的构件

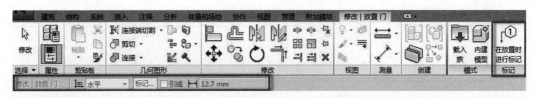

图 4 - 60   标记及引线设置

上,待其高亮显示时,单击鼠标则可直接标记;或者单击"全部标记",在弹出的"标记所有未标记的对象"对话框,选中所需标记的类别后,单击"确定"即可,如图 4 - 61 所示。

图 4 - 61   通过"标记"面板设置标记

2. 尺寸标注

放置完门窗时,根据临时尺寸可能很难快速定位放置,则可通过大致放置后,调整临时尺寸标注或尺寸标注来精准定位;如果放置门窗时,开启方向放反了,则可和墙一样,选中门窗,通过"翻转控件" ↕ 来调整。

对于门、窗放置时,可调节临时尺寸的捕捉点。单击"管理"选项卡→"设置"面板→"其他设置"下拉列表→"临时尺寸标注"命令,弹出"临时尺寸标注属性"对话框,如图 4 - 62 所示。

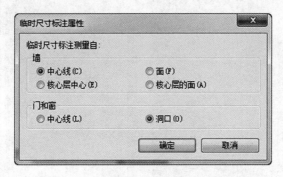

图 4 - 62   "临时尺寸标注属性"对话框

对于"墙",选择"中心线"后,则在墙周围放置构件时,临时尺寸标注自动会捕捉"墙中心线";对于"门和窗",则设置成"洞口",表示"门和窗"放置时,临时尺寸捕捉的为到门、窗洞口的距离。

🎋 小技巧

在放置门窗时输入"SM",可自动捕捉到中点插入。

【常见问题剖析】一面墙上,门、窗会默认拾取该面墙体,但是如果门窗放置在两面不同厚度(以100mm与200mm为例)的墙中间,那门窗附着主体是谁呢?

答:门窗只能附着在单一的主体上,但可替换主体。因此以窗为例,需要选中"窗",在"修改|窗"的上下文选项卡中,单击"主体"面板中的"拾取主要主体"命令,可更换放置窗的主体,如图4-63所示。

图4-63 "拾取主要主体"命令

图4-64即表示窗在不同厚度墙体中间,通过"拾取主要主体"功能,既可以左边墙体为主体又可以右边墙体为主体。

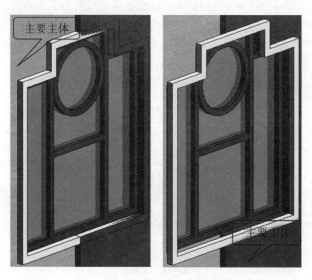

图4-64 窗在不同厚度墙体中间

🎋 小提示

"拾取新主体"则可使门窗脱离原本放置的墙上,重新捕捉到其他的墙上。

4.6.2　编辑门、窗

1. 实例属性

在视图中选择门、窗后,视图"属性"框则自动转成门/窗"属性",如图 4-65 所示,在"属性"框中可设置门、窗的"标高"以及"底高度",该底高度即为窗台高度,顶高度为门窗高度＋底高度。该"属性"框中的参数为该扇门窗的实例参数。

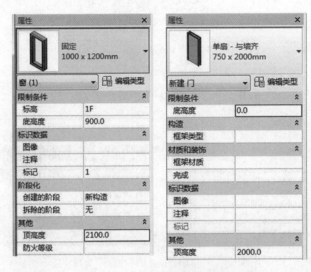

图 4-65　门/窗"属性"设置

2. 类型属性

在"属性"框中,单击"编辑类型",在弹出的"类型属性"对话框中,可设置门、窗的高度、宽度、材质等属性,在该对话框中可同墙体复制出新的墙体一样,复制出新的门、窗,以及对当前的门、窗重命名。

对于窗如果有底标高,除了在实例或类型属性处修改,还可切换至立面视图,选择窗,移动临时尺寸界线,修改临时尺寸标注值。图 4-66 有一面东西走向墙体,则进入"项目浏览器",用鼠标单击"立面(建筑立面)",双击"南立面"从而进入南立面视图。在南立面视图中,如图 4-67 所示,选中该扇窗,移动临时尺寸控制点至±0 标高线,修改临时尺寸标注值为"1000"后,按"Enter"键确认修改。

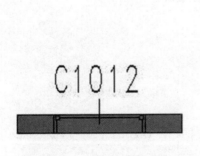

图 4-66　一面东西走向墙体

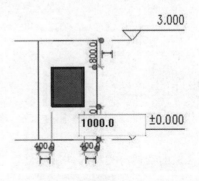

图 4-67　修改尺寸标注值

4.7 楼板的创建

楼板的创建不仅可以是楼面板,还可以是坡道、楼梯休息平台等,对于有坡度的楼板,通过"修改子图元"命令修改楼板的空间形状,设置楼板的构造层找坡,实现楼板的内排水和有组织排水的分水线建模绘制。

楼板共分为建筑板、结构板以及楼板边缘,建筑与结构同样是在于是否进行结构分析。楼板边缘多用于生成住宅外的小台阶。

4.7.1 新建楼板

单击"建筑"选项卡→"构建"面板→"楼板"→"楼板:建筑",在弹出的"修改|创建楼层边界"上下文选项卡(见图 4 - 68)中,可选择楼板的绘制方式,本教材以"直线"与"拾取墙"两种方式来讲解。

图 4 - 68 "修改|创建楼层边界"选项卡

使用"直线"命令绘制楼板边界则可绘制任意形状的楼板,"拾取墙"命令可根据已绘制好的墙体快速生成楼板。

1. 属性设置

在使用不同的绘制方式绘制楼板时,在"选项栏"中是不同的绘制选项,如图 4 - 69 所示,其"偏移"功能也是提高效率的有效方式,通过设置偏移值,可直接生成距离参照线一定偏移量的板边线。

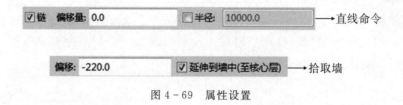

图 4 - 69 属性设置

🖋 小提示

顺时针绘制板边线时,偏移量为正值,在参照线外侧;负值则在内侧。

对于楼板的实例与类型属性主要设置板的厚度、材质以及楼板的标高与偏移值。

2. 绘制楼板

偏移量设置为 200mm，用"直线"命令方式绘制出矩形楼板，标高为"2F"，内部为"200mm"厚的常规墙，高度为 1F－2F，绘制时捕捉墙的中心线，顺时针绘制楼板边界线。

🏵 小提示

如果用"拾取墙"命令来绘制楼板，则生成的楼板会与墙体发生约束关系，墙体移动楼板会随之发生相应变化。

🏵 小技巧

使用 Tab 键切换选择，可一次选中所有外墙，单击生成楼板边界。如出现交叉线条，使用"修剪"命令编辑成封闭楼板轮廓。

边界绘制完成后，单击 ✅ 完成绘制，此时会弹出"是否希望将高达此楼层标高的墙附着到此楼层的底部"，如果单击"是"，将高达此楼层标高的墙附着到此楼层的底部；单击"否"，将高达此楼层标高的墙将未附着，与楼板同高度，如图 4－70 所示。

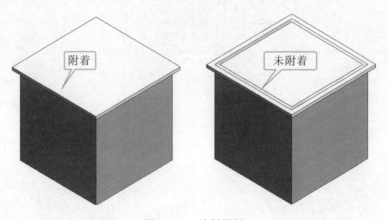

图 4－70　绘制楼板

通过"边界线"绘制完楼板后，在"绘制"面板中还有"坡度箭头"的绘制，其主要用于斜楼板的绘制，可在楼板上绘制一条坡度箭头，如图 4－71 所示，并在"属性"框中设置该坡度线的"最高/低处的标高"。

4.7.2　编辑楼板

如果楼板边界绘制不正确，则可再次选中楼板，单击"修改|楼板"选项卡中的"编辑边界"命令，如图 4－72 所示，可再次进入编辑楼板轮廓草图模式。

1. 形状编辑

除了可编辑边界，还可通过"形状编辑"编辑楼板的形状，同样可绘制出斜楼板，如单击"修改子图元"选项后，进入编辑状态，单击视图中的绿点，出现"0"文本框，其可设置该楼板边界点的偏移高度，如 500，则该板的此点向上抬升 500mm，如图 4－73 所示。

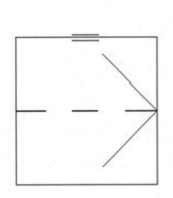

图4-71 坡度线设置

图4-72 "编辑边界"命令

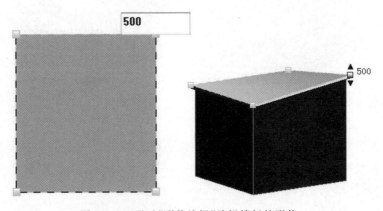

图4-73 通过"形状编辑"编辑楼板的形状

2. 楼板洞口

楼板开洞,除了"编辑楼板边界"可开洞外,如图4-74所示,还有专门的开洞的方式。

在"建筑"选项卡中的"洞口"面板,有多种的"洞口"挖取方式,有"按面""竖井""墙""垂直""老虎窗"几种方式,针对不同的开洞主体选择不同的开洞方式,在选择后,只需在开洞处,绘制封闭洞口轮廓,单击完成,即可实现开洞。

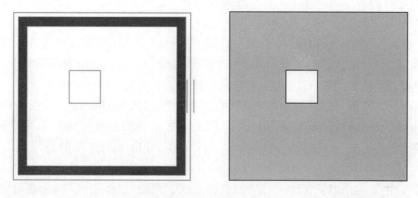

图 4－74　楼板洞口

4.8　幕墙设计

幕墙是现代建筑设计中被广泛应用的一种建筑外墙,由幕墙网格、竖梃和幕墙嵌板组成。其附着到建筑结构,但不承担建筑的楼板或屋顶荷载。在 Revit 中,根据幕墙的复杂程度分常规幕墙、规则幕墙系统和面幕墙系统三种创建幕墙的方法。

常规幕墙是墙体的一种特殊类型,其绘制方法和常规墙体相同,并具有常规墙体的各种属性,可以像编辑常规墙体一样用"附着""编辑立面轮廓"等命令编辑常规幕墙。规则幕墙系统和面幕墙系统可通过创建体量或常规模型来绘制,主要对于幕墙数量、面积较大或不规则曲面时使用,此节主要讲常规幕墙的创建。

4.8.1　创建玻璃幕墙、跨层窗

幕墙四种默认类型:幕墙、外部玻璃、店面与扶手,如图 4－75 所示。

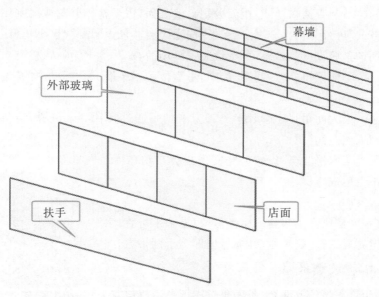

图 4－75　幕墙的类型

对于上述四种类型的幕墙,均可通过幕墙网格、竖梃以及嵌板三大组成元素来进行设置,本节主要以幕墙为例。

单击"建筑"选项卡→"构建"面板→"墙:建筑"→"属性"框中选择"幕墙"类型→绘制幕墙→编辑幕墙。幕墙的绘制方式和墙体绘制相同,但是幕墙比普通墙多了部分参数的设置。

1. 类型属性

绘制幕墙前,单击"属性"框中的"编辑类型",在弹出的"类型属性"对话中设置幕墙参数。主要需要设置"构造""垂直网格样式""水平网格样式""垂直竖梃""水平竖梃"几大参数。"复制"和"重命名"的使用方式和其他构件一致,可用于创建新的幕墙以及对幕墙重命名。

(1)构造:主要用于设置幕墙的嵌入和连接方式。勾选"自动嵌入"则在普通墙体上绘制的幕墙会自动剪切墙体,如图 4-76 所示。

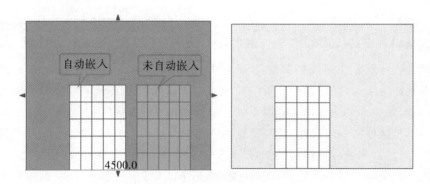

图 4-76 "自动嵌入"图示

"幕墙嵌板"中,单击"无"中的下拉框,可选择绘制幕墙的默认嵌板,一般幕墙的默认选择为"系统嵌板:玻璃"。

(2)垂直网格与竖直网格样式:用于分割幕墙表面,用于整体分割或局部细分幕墙嵌板。根据其"布局方式"可分为:"无""固定数量""固定距离""最大间距""最小间距"五种方式。

①无:绘制的幕墙没有网格线,可在绘制完幕墙后,在幕墙上添加网格线。

②固定数量:不能编辑幕墙"间距"选项,可直接利用幕墙"属性"框中的"编号"来设置幕墙网格数量。

③固定距离、最大间距、最小间距:三种方式均是通过"间距"来设置,绘制幕墙时,多用"固定数量"与"固定距离"两种。

(3)垂直竖梃与水平竖梃:设置的竖梃样式会自动在幕墙网格上添加,如果该处没有网格线,则该处不会生成竖梃。

2. 实例属性

玻璃幕墙在实例属性上与普通墙类似,只是多了垂直/水平网格样式。编号只有网格样式设置成"固定距离"时才能被激活,编号值即等于网格数。

4.8.2 编辑玻璃幕墙

编辑玻璃主要包括两方面:一是编辑幕墙网格线段与竖梃;二是编辑幕墙嵌板。

1. 编辑幕墙网格线段

在三维或平面视图中,绘制一段带幕墙网格与竖梃的玻璃幕墙,样式自定,转到三维视图中。

将光标移至某根幕墙网格处,待网格虚线高亮显示时,单击鼠标左键,选中幕墙网格,则出现"修改|幕墙网格"上下文选项卡,单击"幕墙网格"面板中的"添加/删除线段"。此时,单击选中幕墙网格中需要断开的该段网格线,再单击删除网格线的地方又可添加网格线,如图4-77所示。类型属性中设置了幕墙竖梃后,添加或删除幕墙网格线,同步会添加/删除幕墙竖梃。

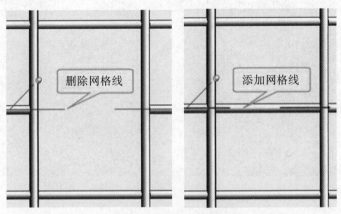

图 4-77 编辑幕墙网格线

如果不选中幕墙,同样可以添加幕墙网格,单击"建筑"选项卡→"构建"面板→"幕墙网格"或"竖梃"命令,在弹出的"修改|放置 幕墙网格(竖梃)"上下文选项卡的"放置"面板中,可以选择网格或竖梃的放置方式,如图4-78和图4-79所示。

图 4-78 修改幕墙网格

图 4-79 网格线

(1)放置幕墙网格。

①全部分段:单击添加整条网格线。

②一段:单击添加一段网格线,从而拆分嵌板。

③除拾取外的全部:单击先添加一条红色的整条网格线,再单击某段删除,其余的嵌板添加网格线。

(2)放置幕墙竖梃。

①网格线:单击一条网格线,则整条网格线均添加竖梃。

②单段网格线:在每根网格线相交后,形成的单段网格线处添加竖梃。

③全部网格线:全部网格线均加上竖梃。

2. 编辑幕墙嵌板

将鼠标放在幕墙网格上,通过多次切换 Tab 键选择幕墙嵌板,选中后,在"属性"框中的"类型选择器",可直接修改幕墙嵌板类型,如图 4-80 所示。如果没有所需类型,可通过载入族库中的族文件或新建族载入到项目中。

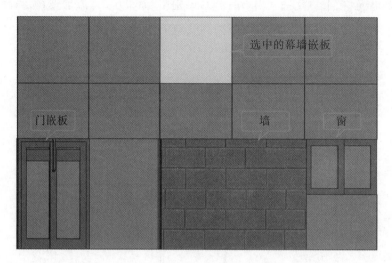

选中的幕墙嵌板

门嵌板　　　　　墙　　窗

图 4-80　编辑幕墙嵌板

幕墙主要是通过设置幕墙网格、幕墙嵌板和幕墙竖梃来进行设计。对于幕墙网格可采用手动编辑和自动生成幕墙网格两种方式,可以对幕墙的造型进行各种编辑。灵活使用幕墙工具,可以创建任意复杂形式的幕墙样式。

4.9　屋顶的创建

屋顶是房屋最上层起覆盖作用的围护结构,根据屋顶排水坡度的不同,常见的有平屋顶、坡屋顶两大类,坡屋顶也具有很好的排水效果。屋顶是建筑的重要组成部分。在 Revit 中提供了多种建模工具。如:迹线屋顶、拉伸屋顶、面屋顶、玻璃斜窗等创建屋顶的常规工具。此外,对于一些特殊造型的屋顶,还可以通过内建模型的工具来创建。

4.9.1　创建迹线屋顶

对于大部分的屋顶的绘制,均是通过"建筑"选项卡→"构建"面板→"屋顶"下拉列表→选择绘制命令进行。其包括"迹线屋顶""拉伸屋顶""面屋顶"三种屋顶的绘制方式。

选择"迹线屋顶",迹线屋顶即是通过绘制屋顶的各条边界线,为各边界线定义坡度的过程。

1. 上下文选项卡设置

选择"迹线屋顶"命令后,进入绘制屋顶轮廓草图模式。绘图区域自动跳转至"创建屋顶迹线"上下文选项卡,如图 4-81 所示。其绘制方式除了边界线的绘制,还包括坡度箭头的绘制。

(1)边界线绘制方式。

屋顶的边界线绘制方式和其他构件类似,在绘制前,在"选项栏中"勾选"定义坡度",则绘制的每根边界线都定义了坡度值,可在"属性"中或选中边界线,单击角度值设置坡度值。"偏移量"是相对于拾取线的偏移值;"悬挑"用于"拾取墙"命令,是对于拾取墙线的偏移。如图 4-82 所示。

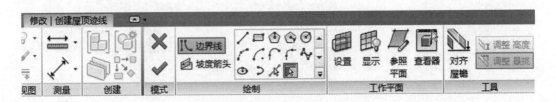

图 4-81 "创建屋顶迹线"选项卡

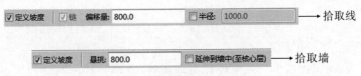

图 4-82 边界线绘制设置

🖋 **小提示**

使用"拾取墙"命令时,使用 Tab 键切换选择,可一次选中所有外墙绘制楼板边界。

(2)坡度箭头绘制方式。

除了通过边界线定义坡度来绘制屋顶,还可通过坡度箭头绘制。其边界线绘制方式和上述所讲的边界线绘制一致,但用坡度箭头绘制前需取消勾选"定义坡度",通过坡度箭头的方式来指定屋顶的坡度,如图 4-83 所示。

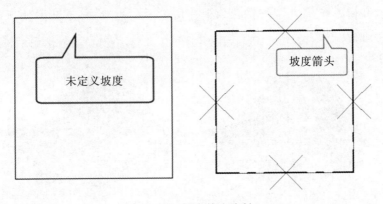

图 4-83 坡度箭头绘制

图 4-83 所绘制的坡度箭头,需在坡度"属性"框中设置坡度的"最高/低处标高"以及"头/尾高度偏移",如图 4-84 所示。完成后勾选"完成编辑模式",完成后的屋顶平面与三维视图,如图 4-85 所示。

限制条件	∧
指定	尾高
最低处标高	默认
尾高度偏移	0.0
最高处标高	默认
头高度偏移	1000.0
尺寸标注	∧
坡度	1:1.73
长度	5000.0

图 4-84 设置坡度

图 4-85 屋顶平面与三维视图

2. 实例属性设置

对于用"边界线"方式绘制的屋顶,在"属性"框中与其他构件不同的是,多了截断标高、截断偏移、椽截面以及坡度四个概念。

(1)截断标高:指屋顶顶标高到达该标高截面时,屋顶会被该截面剪切出洞口,如 2F 标高处截断。

(2)截断偏移:截断面在该标高处向上或向下的偏移值,如 100mm。

(3)椽截面:指的是屋顶边界处理方式,包括垂直截面、垂直双截面与正方形双截面。

(4)坡度:各根带坡度边界线的坡度值,如 1:1.73。

绘制的屋顶边界线,单击坡度箭头可调整坡度值,生成屋顶。根据整个的屋顶的生成过程,可以看出,屋顶是根据所绘制的边界线,按照坡度值形成一定角度向上延伸而成。

4.9.2 编辑迹线屋顶

绘制完屋顶后,还可选中屋顶,在弹出的"修改|屋顶"上下文选项卡中的"模式"面板中,选中"编辑迹线"命令,可再次进入到屋顶的迹线编辑模式。对于屋顶的编辑,还可利用"修改"选项卡下"几何图形"面板中"连接/取消连接屋顶" 命令,连接屋顶到另一屋顶或墙上,如图 4-86 所示。

图 4-86 连接层顶

小提示

需先选中需要去连接的屋顶边界,再去选择连接到的屋顶面。

4.9.3　创建拉伸屋顶

拉伸屋顶主要是通过在立面上绘制拉伸形状,按照拉伸形状在平面上拉伸而形成。拉伸屋顶的轮廓是不能在楼层平面上进行绘制的。

建模思路:绘制参照平面→点击拉伸屋顶命令→选择工作平面→绘制屋顶形状线→完成屋顶→修剪屋顶。

单击"建筑"选项卡→"构建"面板→"屋顶"下拉列表→"拉伸屋顶"命令,如果初始视图是平面,则选择"拉伸屋顶"后,会弹出"工作平面"对话框。

拾取平面中的一条直线,则软件自动跳转至"转到视图"界面,在平面中选择不同的线,软件弹出的"转到视图"中的选择立面是不同的。

如果选择水平直线,则跳转至"南、北"立面;如果选择垂直线,则跳转至"东、西"立面;如果选择的是斜线,则跳转至"东、西、南、北"立面,同时三维视图均可跳转。

选择完立面视图后,软件弹出"屋顶参照标高和偏移"对话框,在对话框中设置绘制屋顶的参照标高以及参照标高的偏移值。

此时,可以开始在立面或三维视图中绘制屋顶拉伸截面线,无需闭合,如图4-87所示。绘制完后,需在"属性"框中设置"拉伸的起点/终点"(其设置的参照与最初弹出的"工作平面"选取有关,均是以"工作平面"为拉伸参照)、椽截面等,如图4-88所示;同时在"编辑类型"中设置屋顶的构造、材质、厚度、粗略比例填充样式等类型属性,完成后的屋顶平面图,如图4-89所示。

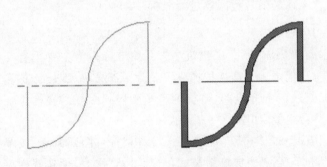

图4-87　屋顶拉伸截面线

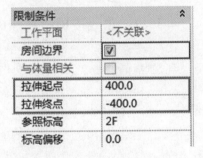

图4-88　设置拉伸起点与终点

图4-89　参照平面

4.9.4　编辑拉伸屋顶

修剪屋顶主要是屋顶会延伸到最远处的墙体处,此时需要修剪墙体至一定长度,则需利用"连接/取消连接屋顶"命令调整屋顶的长度,如图4-90所示。

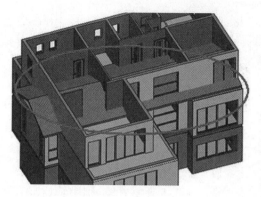

图 4-90　编辑拉伸屋顶

本节学习了屋顶的创建方法。对于屋顶,可采用迹线、拉伸屋顶的方法绘制。其中对于迹线,除了常用的指定轮廓边界线坡度生成复杂坡屋顶,以及使用拉伸屋顶可生成任意形状的屋顶模型外,还可使用坡度箭头工具生成带坡度的图元。

4.10　扶手、楼梯的创建

本节采用功能命令和案例讲解相结合的方式,详细介绍了扶手、楼梯、台阶和坡道的创建和编辑的方法,同时结合实际项目中会遇到的各类问题进行分析。

4.10.1　创建楼梯和栏杆扶手

楼梯作为建筑垂直交通当中的主要解决方式,高层建筑尽管采用电梯作为主要垂直交通工具,但是仍然要保留楼梯供紧急时逃生之用。楼梯按梯段可分为单跑楼梯、双跑楼梯和多跑楼梯;梯段的平面形状有直线的、折线的和曲线的,楼梯的种类和样式多样。楼梯主要由踢面、踏面、扶手、梯边梁以及休息平台组成,如图 4-91 所示。

单击"建筑"选项卡→"楼梯坡道"面板→"楼梯"下拉列表→"楼梯(按草图)"命令(按草图比按构件绘制的楼梯修改更灵活),进入绘制楼梯草图模式,自动激活"修改|创建楼梯草图"上下文选项卡,选择"绘制"面板下的"梯段"命令,即可开始直接绘制楼梯。

1. 实例属性

在"属性"框中,主要需要确定"楼梯类型""限制条件""尺寸标注"三大内容,如图 4-92所示。根据设置的"限制条件"可确定楼梯的高度(1F 与 2F 间高度为 4m),"尺寸标注"可确定楼梯的宽度、所需踢面数以及实际踏板深度,通过参数的设定软件可自动计算出实际的踏步数和踢面高度。

2. 类型属性

单击"属性"框中的"编辑类型",在弹出的"类型属性"对话框中,如图 4-93 所示,主要设置楼梯的"踏板""踢面""梯边梁"等参数。

完成楼梯的参数设置后,可直接在平面视图中开始绘制。单击"梯段"命令,捕捉平面上的一点作为楼梯起点,向上拖动鼠标后,梯段草图下方会提示"创建了 10 个踢面,剩余 13个"。

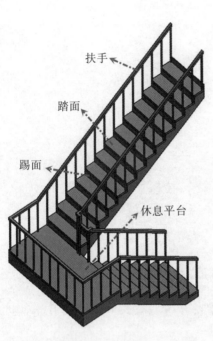

图 4-91 楼梯

图 4-92 楼梯的属性

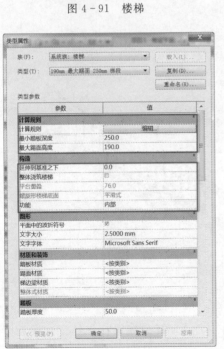

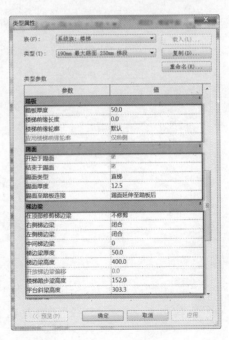

图 4-93 踏步设置

单击"修改|楼梯 编辑草图"上下文选项卡→"工作平面"面板→"参照平面"命令，在距离第 10 个踢面 1000mm 处绘制一根水平参照平面，如图 4-94 所示。捕捉参照平面与楼梯中线的交点继续向上绘制楼梯，直到梯段草图下方提示"创建了 23 个踢面，剩余 0 个"。

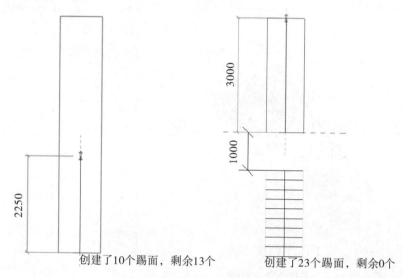

创建了10个踢面，剩余13个   创建了23个踢面，剩余0个

图 4-94　楼梯踏步设置

完成草图绘制的楼梯如图 4-95 所示，勾选"完成编辑模式"，楼梯扶手自动生成，即可完成楼梯。

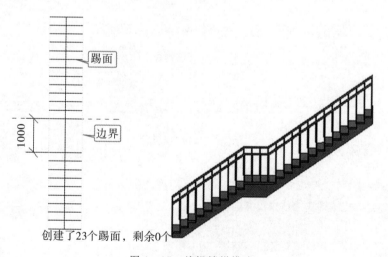

创建了23个踢面，剩余0个

图 4-95　编辑楼梯模式

楼梯扶手除了可以自动生成，还可单独绘制。单击"建筑"选项卡→"楼梯坡道"面板→"扶手栏杆"下拉列表→"绘制路径"/"放置在主体上"。其中放置在主体上主要用于坡道或楼梯。

对于"绘制路径"方式，绘制的路径必须是一条单一且连接的草图，如果要将栏杆扶手分为几个部分,请创建两个或多个单独的栏杆扶手。但是对于楼梯平台处与梯段处的栏杆是要断开的,如图4-96所示。

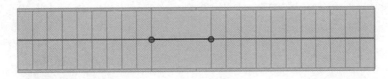

图4-96 绘制路径

对于绘制完的栏杆路径,需要单击"修改|栏杆扶手"上下文选项卡→"工具"面板→"拾取新主体",或设置偏移值,才能使得栏杆落在主体上,如图4-97所示。

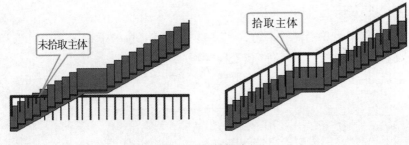

图4-97 栏杆路径

4.10.2 编辑楼梯和栏杆扶手

1. 编辑楼梯

选中"楼梯"后,单击"修改|楼梯"上下文选项卡→"模式"面板→"草图绘制"命令,又可再次进入编辑楼梯草图模式。

单击"绘制"面板"踢面"命令,选择"起点-终点-半径弧"命令 ,单击捕捉第一跑梯段最右端的踢面线端点,再捕捉弧线中间一个端点绘制一段圆弧。

选择上述绘制的圆弧踢面,单击"修改"面板的"复制"按钮,在选项栏中勾选"约束"和"多个"。选择圆弧踢面的端点作为复制的基点,水平向左移动鼠标,在之前直线踢面的端点处单击放置圆弧踢面,如图4-98所示。

在放置完第一跑梯段的所有圆弧踢面后,按住Ctrl键选择第二跑梯段所有的直线踢面,按Delete键删除,如图4-99所示。单击"完成编辑"命令,即创建圆弧踢面楼梯。

🖋 小提示

楼梯需要采用按草图的方法绘制,楼梯按踢面来计算台阶数,楼梯的宽度不包含梯边梁,边界线为绿线,可改变楼梯的轮廓,踏面线为黑色,可改变楼梯宽度。

对于楼梯边界,类似地单击"绘制"面板上的"边界"命令进行修改。

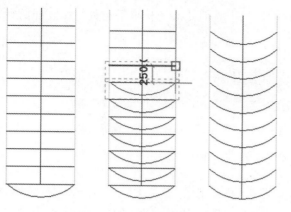

图 4-98 放置圆弧踢面

图 4-99 创建圆弧踢面楼梯

2. 编辑栏杆扶手

完成楼梯后,自动生成栏杆扶手,选中栏杆,在"属性"栏的下拉列表中可选择其他扶手替换。如果没有所需的栏杆,可通过"载入族"的方式载入。

选择扶手后,单击"属性"框→"编辑类型"→"类型属性",如图 4-100 所示。

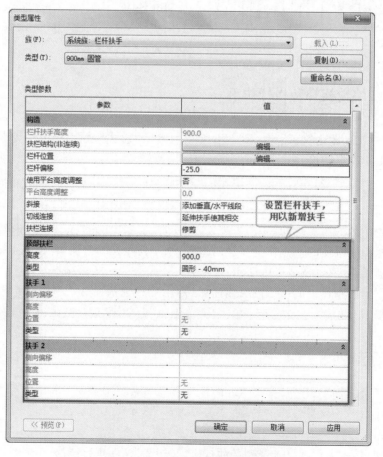

图 4-100 "栏杆扶手"类型属性

(1)扶栏结构(非结构):单击扶栏结构的"编辑"按钮,打开"编辑扶手"对话框,如图 4 - 101 所示。可插入新的扶手,"轮廓"可通过载入"轮廓族"载入选择,对于各扶手可设置其名称、高度、偏移、材质等。

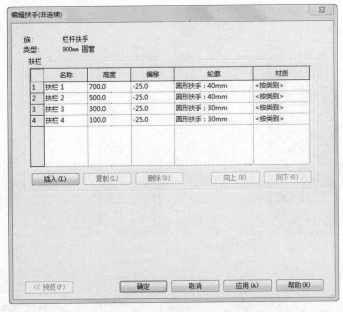

图 4 - 101 "编辑扶手"对话框

(2)栏杆位置:单击栏杆位置"编辑"按钮,打开"编辑栏杆位置"对话框,如图 4 - 102 所示。可编辑 900mm 圆管的"栏杆族"的族轮廓、偏移等参数。

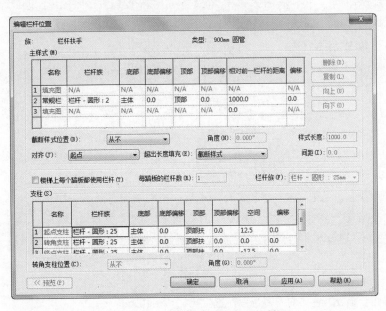

图 4 - 102 "编辑栏杆位置"对话框

(3)栏杆偏移:栏杆相对于扶手路径内侧或外侧的距离。如果为−25mm,则生成的栏杆距离扶手路径为25mm,方向可通过"翻转箭头"控件控制,如图4-103所示。

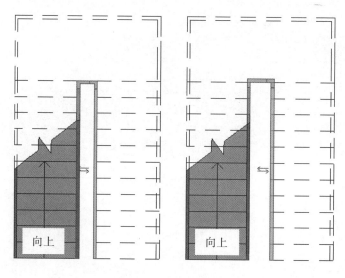

图4-103 栏杆偏移

4.11 柱、梁的创建

本节主要讲述如何创建和编辑建筑柱、结构柱以及梁、梁系统、结构支架等,使读者了解建筑柱和结构柱的应用方法和区别。根据项目需要,某些时候需要创建结构梁系统和结构支架,比如对楼层净高产生影响的大梁等。大多数时候可以在剖面上通过二维填充命令来绘制梁剖面,示意即可。

4.11.1 创建柱构件

柱分为建筑柱与结构柱,建筑柱主要用于砖混结构中的墙垛、墙上突出结构,不用于承重。

单击"建筑"选项卡→"构建"面板→"柱"下拉列表→"建筑柱"/"结构柱"命令,或者直接单击"结构"选项卡→"结构"面板→"柱"命令。

在"属性"框的"类型选择器"中选择适合尺寸规格的柱子类型,如果没有相应的柱类型,可通过"编辑类型"→"复制"功能创建新的柱,并在"类型属性"框中修改柱的尺寸规格。如果没有柱族,则需通过"载入族"功能载入柱子族。

放置柱前,需在"选项栏"中设置柱子的高度,勾选"放置后旋转"则放置柱子后,可对放置柱子直接旋转。

特别对于"结构柱",在弹出的"修改|放置 结构柱"上下文选项卡会比"建筑柱"多出"放置""多个""标记"面板,如图4-104所示。

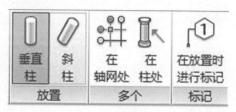

图4-104 创建柱构件

绘制多个结构柱：在结构柱中，能在轴网的交点处以及在建筑中创建结构柱。进入到"结构柱"绘制界面后，选择"垂直柱"放置，单击"多个"面板中的"在轴网处"，在"属性"对话框中的"类型选择器"中选择需放置的柱类型，从右下向左上框选或交叉框选轴网，如图 4 - 105 所示。则框选中的轴网交点自动放置结构柱，单击"完成"则在轴网中放置多个同类型的结构柱，如图 4 - 106 所示。

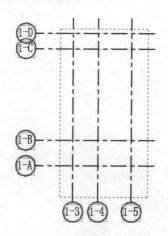

图 4 - 105　轴网设置(1)

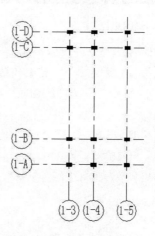

图 4 - 106　轴网设置(2)

除此以外，还可在建筑柱中放置结构柱，单击 "多个"面板中的"在柱处"，在"属性"对话框中的"类型选择器"中选择需放置的柱类型，按住 Ctrl 键可选中多根建筑柱，单击"完成"，则完成在多根建筑柱中放置结构柱。

4.11.2　创建梁构件

单击"结构"选项卡→"结构"面板→"梁"命令，则进入梁的绘制界面中，如果没有梁族，则需通过"载入族"方式从族库中载入。一般梁的绘制可参照 CAD 底图，新建不同的尺寸，单击并捕捉起点和终点来绘制梁。

在选项栏中可选择梁的放置平面，还可以从"结构用途"下拉箭头中选择梁的结构用途或让其处于自动状态，结构用途参数可以包括在结构框架明细表中，这样便可以计算大梁、托梁、檩条和水平支撑的数量，如图 4 - 107 所示。

图 4 - 107　梁的绘制界面

勾选"三维捕捉"选项，通过捕捉任何视图中的其他结构图元，可以创建新梁。这表示可以在当前工作平面之外绘制梁和支撑。例如，在启用了三维捕捉之后，不论高程如何，屋顶梁都将捕捉到柱的顶部。勾选"链"后，可绘制多段连接的梁。

也可使用"多个"面板中的"轴网"命令，拾取轴网线或框选、交叉框选轴网线，点"完成"，系统自动在柱、结构墙和其他梁之间放置梁。

通过 Revit 可实现建筑工程师与结构工程师的模型相互参照,协同作业。若在当前实际项目建模过程中采用链接结构或其他模型形成完整的 BIM 模型,可实现跨专业协同作业。

4.12　其他构件的创建

4.12.1　绘制洞口

绘制洞口时,除了部分构件,如墙、楼板可"编辑边界"绘出洞口,还可使用"洞口"工具在墙、楼板、天花板、屋顶、结构梁、支撑和结构柱上剪切洞口。

单击"建筑"选项卡→"洞口"面板,均是洞口绘制的命令,包括:"按面""竖井""墙""垂直""老虎窗"。

(1)按面、垂直、竖井:主要用于创建一个垂直于屋顶、楼板或天花板选定面的洞口,均为水平构件,如图 4-108 所示。按面是针对某个平面,需在楼板、天花板或屋顶中选择一个面;垂直是也是针对选择整个图元;竖井则是在某个平面的垂直距离上均可被剪切。

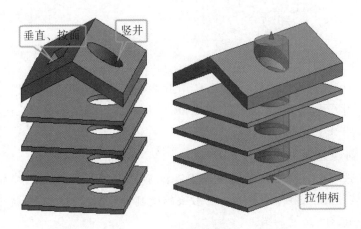

图 4-108　绘制洞口

对于"竖井"命令,可通过"拉伸柄"拉伸竖井的剪切长度。

(2)墙:主要用于创建墙洞口。如图 4-109 所示,选中绘制的"墙洞口",可通过"拉伸柄"控制洞口的大小。

(3)老虎窗:可以用于剪切屋顶,主要用于生成老虎窗。

4.12.2　台阶与坡道

Revit 中没有专用的"台阶"命令,可以采用创建在位族、外部构件族、楼板边缘甚至楼梯等方式创建各种台阶模型。本节讲述用"楼板边缘"命令创建台阶的方法。

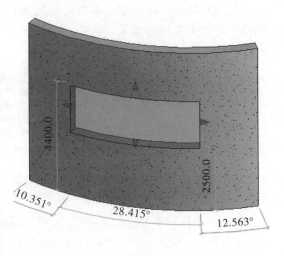

图 4-109　创建墙洞口

1. 绘制台阶

单击"建筑"选项卡→"构建"面板→"楼板"下拉列表→"楼板边"命令,直接拾取绘制好的板边界即可生成"台阶"。可通过"载入族"的方式载入所需的"楼板边缘族"。如图 4 - 110 所示。通过调整双向箭头可以修改楼板边的方向。

拾取的楼板边

图 4 - 110 绘制台阶

2. 绘制坡道

可以在平面视图或三维视图绘制一段坡道或绘制边界线和踢面线来创建坡道。与楼梯类似,可以定义直梯段、L 形梯段、U 形坡道和螺旋坡道。还可以通过修改草图来更改坡道的外边界。

单击"建筑"选项卡→"楼梯坡道"面板→"坡道"命令,则在弹出的"修改|创建坡道草图"上下文选项卡中,可和楼梯一样,通过"梯段""边界""踢面"三种方式来创建坡道。

(1)实例属性。在"属性"对话框中,可设置坡道的"底部/顶部标高与偏移"以及坡道的宽度,如图 4 - 111 所示。"顶部标高"和"顶部偏移"属性的默认设置可能会使坡道太长。建议将"顶部标高"和"基准标高"都设置为当前标高,并将"顶部偏移"设置为较低的值。

(2)类型属性。单击"属性"框中"编辑类型"按钮,弹出"类型属性"对话框,如图 4 - 112 所示。

图 4 -111 坡道属性设置

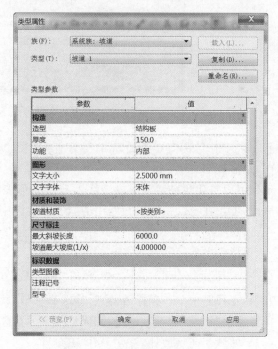

图 4 -112 坡道类型属性设置

①厚度:只有在"造型"为"结构板"时才会亮显设置,如果为实体,则灰显。

②最大斜坡长度:指定要求平台前坡道中连续踢面高度的最大数量。

③坡道最大坡度(1/X):设置坡道的最大坡度。

4.12.3　设置场地

场地作为房屋的地下基础,要通过模型表达出建筑与实际地坪间的关系,以及建筑的周边道路情况。通过学习,将了解场地的相关设置与地形表面、场地构件的创建与编辑的基本方法和相关应用技巧。

单击"体量和场地"选项卡→"场地建模"面板→ 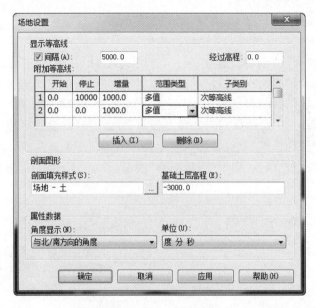 按钮。在弹出的"场地设置"对话框中,可设置等高线间隔值、经过高程、自定义的等高线、剖面填充样式、基础土层高程、角度显示等项目全局场地设置,如图 4-113 所示。

图 4-113　场地设置

1. 创建地形表面、子面域与建筑地坪

(1)地形表面。

地形表面是建筑场地地形或地块地形的图形表示。默认情况下,楼层平面视图不显示地形表面,可以在三维视图或在专用的"场地"视图中创建。

单击打开"场地"平面视图→"体量和场地"选项栏→"场地建模"面板→"地形表面"命令,进入地形表面的绘制模式。

单击"工具"面板下"放置点"命令,在"选项栏" 高程 0.0　　　　绝对高程　 ▼ 中输入高程值,在视图中单击鼠标放置点,修改高程值,放置其他点,连续放置则生成等高线。

单击地形"属性"框设置材质,完成地形表面设置。

(2)子面域与建筑地坪。

"子面域"工具是在现有地形表面中绘制的区域,不会剪切现有的地形表面。例如,可以使用子面域在地形表面绘制道路或绘制停车场区域。"子面域"工具和"建筑地坪"不同,"建筑地坪"工具会创建出单独的水平表面,并剪切地形,而创建子面域不会生成单独的地平面,而是在地形表面上圈定了某块可以定义不同属性集(例如材质)的表面区域,如图 4-114

所示。

①子面域。

单击"体量和场地"选项卡→"修改场地"面板→"子面域"命令,进入绘制模式。用"线"绘制工具,绘制子面域边界轮廓线。

单击子面域"属性"中的"材质",设置子面域材质,完成子面域的绘制。

②建筑地坪。

单击"体量和场地"选项卡→"场地建模"面板→"建筑地坪"命令,进入绘制模式。用"线"绘制工具,绘制建筑地坪边界轮廓线。

在建筑地坪"属性"框中,设置该地坪的标高以及偏移值,在"类型属性"中设置建筑地坪的材质。

图4-114 建筑地坪

2. 编辑地形表面

(1)编辑地形表面。

选中绘制好的地形表面,单击"修改|地形"上下文选项卡→"表面"面板→"编辑表面"命令,在弹出的"修改|编辑表面"上下文选项卡的"工具"面板中,如图4-115所示,可通过"放置点""通过导入创建""简化表面"三种方式修改地形表面高程点。

①放置点:增加高程点的放置。

②通过导入创建:通过导入外部文件创建地形表面。

③简化表面:减少地形表面中的点数。

(2)修改场地。

图4-115 编辑地形表面

打开"场地"平面视图或三维视图,在"体量和场地"选项卡的"修改场地"面板中,包含多个对场地修改的命令。

①拆分表面:单击"体量和场地"选项卡→"修改场地"面板→"拆分表面"命令,选择要拆分的地形表面进入绘制模式。用"线"绘制工具,绘制表面边界轮廓线。在表面"属性"框的"材质"中设置新表面材质,完成绘制。

②合并表面:单击"体量和场地"选项卡→"修改场地"面板→"合并表面"命令,勾选选项栏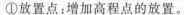。选择要合并的主表面,再选择次表面,两个表面合二为一。

③建筑红线:创建建筑红线可通过两种方式。

单击"体量和场地"选项卡→"修改场地"面板→"建筑红线"命令,选择"通过绘制来创建"进入绘制模式,如图4-116所示。用"线"绘制工具,绘制封闭的建筑红线轮廓线,完成绘制。

另外也可选择"通过输入距离和方向角来创建",手动输入方向和距离。

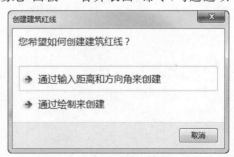

图4-116 创建建筑红线

专业实践篇

第5章　建筑给水排水设计

教学导入

本章将分三节详细介绍如何应用 Revit MEP 进行建筑给水排水设计。5.1 节介绍 Revit MEP 的管道功能，5.2 节介绍建筑给水排水系统，5.3 节介绍消防系统的设计，既能通过应用巩固管道功能知识，也可体会不同系统设计的功能特色。

学习要点

- 管道功能的基本设计
- 建筑给排水系统设计
- 消防系统设计

5.1　管道功能

Revit MEP 提供了强大的管道设计功能。利用这些功能，给排水工程师可以方便迅速地布置管路、调整管道尺寸、控制管道显示、进行管道标注和设计。

5.1.1　管道设计参数

本节将着重介绍如何在 Revit MEP 中设置管道设计参数，做好绘制管道的准备工作。合理设置这些参数，可以大大减少后期管路调整的工作，提高设计效率。

1. 管道尺寸

在 Revit MEP 中，通过"机械设置"中的"尺寸"选项查看、添加、删除当前项目文件中的管道尺寸信息。

打开"机械设置"对话框有以下方式：

(1)单击功能区中"管理"→"MEP 设置"→"机械设置"，见图 5 - 1。

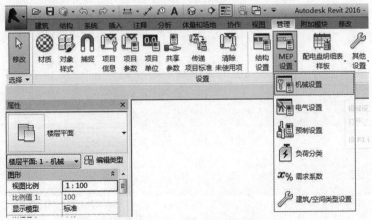

图 5 - 1　机械设置主菜单

123

（2）单击功能区中"系统"→"机械"，见图5-2。

图5-2 系统-机械

（3）直接键入MS。

①添加/删除管道尺寸。

打开"机械设置"对话框，单击"管段和尺寸"，右侧面板会显示可在当前项目中使用的管道尺寸列表。在Revit MEP中，管道可以通过"材质""连接""明细表/类型"进行设置，"粗糙度"用于管道的沿程损失的水力计算（此处"明细表/类型"中文翻译欠妥，实为"规格/类型"）。

图5-3显示了PE63塑料管，规范GB/T 13663中压力等级为0.6 MPa的管道的公称直径、ID（管道内径）和OD（管道外径）。单击"新建尺寸"或"删除尺寸"按钮可以添加或删除管道的尺寸。新建管道的公称直径和现有列表中管道的公称直径不允许重复。如果在绘图区域已绘制了某尺寸的管道，选中该尺寸时，"删除尺寸"按钮将灰显，表示暂不能被删除。需要先删除绘图区域该尺寸的管道，"删除尺寸"按钮高亮后方能删除。

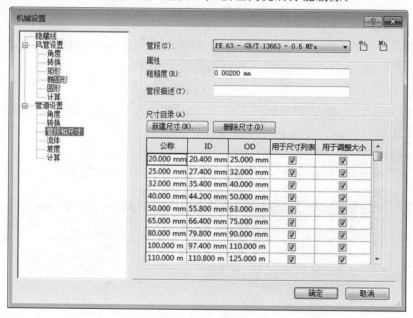

图5-3 机械设置

②尺寸应用。

通过勾选"用于尺寸列表"和"用于调整大小"可以定义管道尺寸在项目中的应用。如果勾选某一管道的尺寸的"用于尺寸列表"，该尺寸就会出现在管道布局编辑器和"修改|管道"

中管道"直径"下拉列表中,在绘制管道时可以直接选用。如果勾选某一管道尺寸的"用于调整大小"选项,该尺寸可以自动应用于软件提供的"调整风管/管道大小"功能中。

小提示

单击功能区中"管理"→"传递项目标准",勾选相关选项,可以在各个项目文件间进行管道尺寸传递,避免在不同项目文件中多次输入。

2. 管道类型

这里说的管道类型是指管道和软管的族类型。管道和软管都属于系统族,无法自行创建,但可以复制、修改和删除族类型。

单击"编辑类型",打开管道"类型属性"对话框,可以对管道类型进行配置,见图5-4。

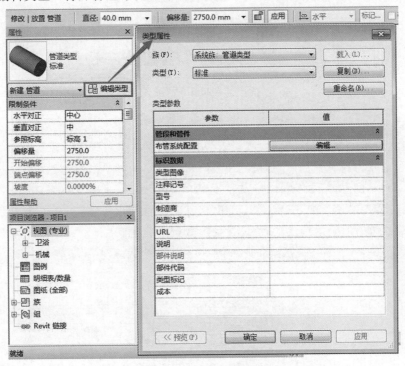

图5-4 类型属性

(1)使用"复制"命令,可以根据已有管道类型添加新的管道类型。

(2)"管段和管件"下列了"布管系统配置"。管件类型如T型三通、接头、交叉线(四通)过渡件、活接头和法兰,将在绘制管道时自动添加。通过单击右侧的"编辑"按钮选取当前项目中已加载的该类型管件的族,图5-5为配置弯头。未出现在"布管系统配置"对话框中的管件类型,如Y型三通、斜四通等,则需要手动添加到管路中。

(3)"机械"分组下定义了管道属性参数。"粗糙度"、"材质"、"连接类型"和"类别",这些参数和先前提到的"机械设置"对话框中"管道设置"—"尺寸"中的参数相对应。其中,"连接类型"对应"连接","类别"对应"明细表/类型"。

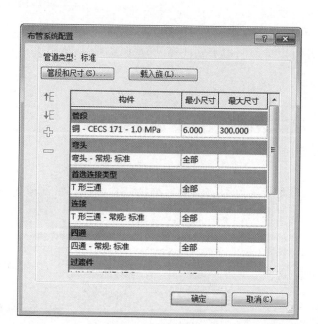

图 5-5　布管系统配置

3.流体设计参数

　　除了定义管道的各种设计参数外,在 Revit MEP 中还能对管道中流体的设计参数进行设置,提供管道水力计算依据。在"机械设置"对话框中,通过单击右侧面板可以添加或者删除流体,还能对不同温度下的流体进行"粘度"和"密度"设置,见图 5-6。Revit MEP 输入的有"水"、"丙二醇"和"乙二醇"三种流体。和"尺寸"选项中的"新建尺寸"和"删除尺寸"类似,可通过"新建温度"和"删除温度"对流体设计参数进行编辑。

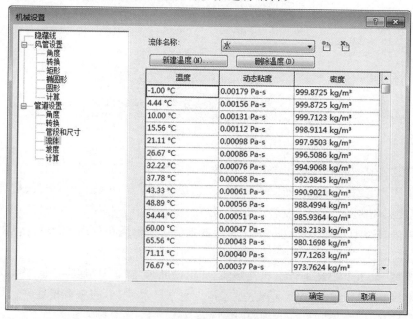

图 5-6　流体设计参数

5.1.2 管线绘制

本节主要介绍管道占位符和管道的绘制,以及管道管件和附件的使用。

1.管道占位符

管道占位符用于管道的单线显示,不自动生成管件。管道占位符与管道可以相互转换。在项目初期可以绘制管道占位符代替管道以提高软件的运行速度。管道占位符支持碰撞检查功能,不发生碰撞的管道占位符转换成的管道也不会发生碰撞。

在平面视图、立面视图、剖面视图和三维视图中均可绘制管道占位符。进入管道占位符绘制模式有以下方式:

(1)单击功能区中"系统"→"管道占位符",见图5-7。

图5-7 管道占位符

(2)选中绘图区已布置构建族的管道连接件,右击鼠标,单击快捷菜单中的"绘制管道占位符"。

进入管道占位符绘制模式后,"修改|放置管道占位符"选项卡和"修改|放置管道占位符"选项栏同时激活,见图5-8。

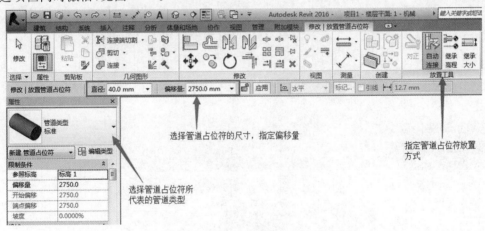

图5-8 修改|放置管道占位符

按照以下步骤手动绘制管道占位符:

①选择管道占位符所代表的管道类型。在管道"属性"对话框中选择管道类型。

②选择管道占位符所代表的管道尺寸。单击"修改|放置管道占位符"选项栏中"直径"的下拉按钮,选择在"机械设置"中设定的管道尺寸。如果在下拉列表中没有需要的尺寸,需要在"机械设置"中添加。

③指定管道占位符偏移。默认"偏移量"是指管道占位符所代表的管道中心线相对于当前平面标高的距离。在"偏移量"选项中单击下拉按钮,可以选择项目中已经用到的管道偏

移量,也可以直接输入自定义的偏移量数值,默认单位为毫米。

④指定管道占位符的放置方法。默认勾选"自动连接",可以选择是否勾选"继承大小"和"继承高程"。放置方法详见本小节的"3.基本管道绘制"中"(4)指定管道放置方式"。注意,管道占位符代表管道中心线,所以在绘制时不能定义"对正"方式。

⑤指定管道占位符的起点和终点。将鼠标移至绘图区域,单击鼠标指定起点,移动至终点位置再次单击,完成一段管道占位符的绘制。可以继续移动鼠标绘制下一管段。绘制完成后,按"Esc"键或者右击鼠标,单击快捷菜单中的"取消",退出管道占位符绘制命令。

2.管道占位符与管道的转换

管道占位符和管道可以相互转换。选择需要转换的管道占位符,激活"修改|管道占位符"选项栏,可以在管道的"属性"对话框中选择所需要转换的管道类型;通过单击"修改|管道占位符"选项栏上的"直径"的下拉按钮,选择管道尺寸,如果在下拉列表中,没有需要的尺寸,可以在"机械设置"中添加;单击"转换占位符",即可将管道占位符转换为管道,见图5-9。

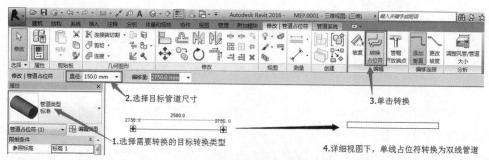

图5-9 管道占位符与管道的转换

3.基本管道绘制

在平面视图、立面视图、剖面视图和三维视图中均可绘制管道。进入管道绘制模式有以下方式:

(1)单击功能区中"系统"→"管道",见图5-10。

图5-10 系统-管道

(2)选中绘图区已布置构件族的管道连接件,右击鼠标,单击快捷菜单中的"绘制管道"。

(3)直接键入 PI。

进入管道绘制模式后,"修改|放置管道"选项卡和"修改|放置管道"选项栏被同时激活。可以按照以下步骤手动绘制管道:

①选择管道类型。

在管道"属性"对话框中选择需要绘制的管道类型,见图5-11。

图 5-11 管道属性

②选择管道尺寸。

单击"修改|放置管道"选项栏上"直径"下拉按钮,选择在"机械设置"中设定的管道尺寸。也可以直接输入欲绘制的管道尺寸,如果在下拉列表中没有该尺寸,将从列表中自动选择和输入尺寸最接近的管道尺寸。

③指定管道偏移。

默认"偏移量"是指管道中心线相对于当前平面标高的距离。定义管道"对正"方式后,"偏移量"指定的距离含义将发生变化,详见本节"(4)指定管道放置方式"。

在"偏移量"选项中单击下拉按钮,可以选择项目中已经用到的管道偏移量,也可以直接输入自定义的偏移量数值,默认单位为毫米。

(4)指定管道放置方式。

进入管道绘制模式,在激活的"修改|放置管道"选项卡可以看到放置工具选项,见图5-12。

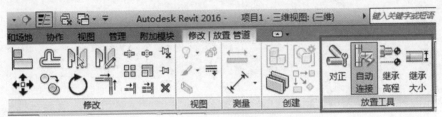

图 5-12 放置工具

①对正。在平面视图和三维视图中绘制管道时,可以通过"对正"功能来指定管道对齐的方式,此功能在立面和剖面视图不可用。单击"对正",打开"对正设置"对话框。

A. 水平对正:"水平对正"用来指定当前视图下相邻管段之间水平对齐方式。"水平对正"方式有:"中心"、"左"和"右"。其中,"左"和"右"是根据管道绘制的方向来界定的。见图5-13。

B. 水平偏移:"水平偏移"用于指定管道绘制起始点位置与实际管道绘制位置之间的偏移距离。该功能多用于指定管道和墙体等参考图元之间的水平偏移距离。

C. 垂直对正:"垂直对正"方式有"中""底""顶"。"垂直对正"的设置会影响管道中心高度。当"垂直对正"为"底"时,此时预设"偏移量"数值为管底到当前标高的偏移;"垂直对正"

画管方向

水平对正：中心

水平对正：右

水平对正：左

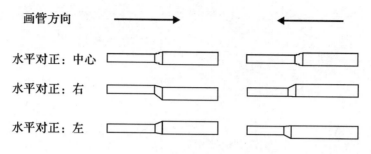

图 5 - 13　水平对正

为"中"时,偏移量维持预设偏移量;"垂直对正"为"底"时,预设"偏移量"为管底到当前标高的偏移。

②自动连接。在"修改|放置管道"选项卡中的"自动连接"命令用于某一段管道开始或结束时自动捕捉相交管道,并添加管件完成连接,见图 5 - 14,默认情况下,这一选项勾选。

图 5 - 14　自动连接菜单

当勾选"自动连接"时,在两管段相交位置自动生成四通,如图 5 - 15(a)所示;如果不勾选则不生成管件,如图 5 - 15(b)所示。

(a)　　　　　　　　　　　　　(b)

图 5 - 15　勾选与不勾选效果对比

③继承高程和继承大小。利用这两个功能,绘制管道的时候可以自动继承捕捉到的图元的高程、大小。

在默认情况下,这两项是不勾选的。如果勾选"继承高程",新绘制的管道将继承与其连接的管道或设备连接件的高程。如果勾选"继承大小",新绘制的管道将继承与其连接的管道或设备连接件的尺寸。

(5)指定管道起点和终点。

将鼠标移至绘图区域,单击即可指定管道起点,移动至终点位置再次单击,完成一段管道的绘制。可以继续移动鼠标绘制下一管段,管段将根据管路布局自动添加在"类型属性"对话框中预设好的管件。绘制完成后,按"Esc"键或者右击鼠标选择"取消",退出管道绘制命令。

4.坡度设置

在 Revit MEP 中,可以在绘制管道的同时指定坡度,也可以在管道绘制结束后再进行管道坡度的编辑。

（1）设置标准坡度。

在"机械设置"的对话框中，可以预先定义在项目中使用的管道坡度值。预定义的坡度将出现在"坡度值"的下拉列表中。

（2）直接绘制坡度。

进入绘制管道模式后，使用"修改｜放置管道"选项栏上的"带坡度管道"中的命令，可以方便地绘制坡度的管道，见图5-16。

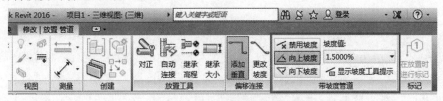

图5-16 直接绘制坡度

如果选择"显示坡度工具提示"选项，在绘制坡度管道的同时，绘图区域会显示相关信息，帮助准确定义管道坡度，见图5-17。

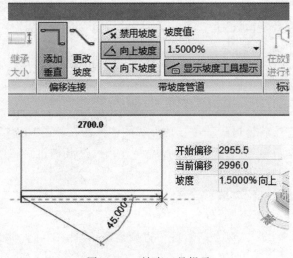

图5-17 坡度工具提示

（3）编辑管道坡度。

编辑管道坡度有以下三种方法：

①选中某管段，单击并修改其起点和终点标高来获得管道坡度，见图5-18。

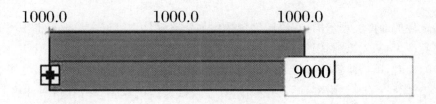

图5-18 编辑管道坡度（一）

②图5-18中,当管段上的坡度符号出现时,可以单击该符号直接修改坡度值,见图5-19。

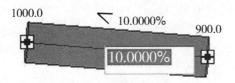

1000.0　　10.0000%　　900.0

10.0000%

图5-19　编辑管道坡度(二)

③选中某管段,单击功能区中"修改|管道"选项卡中的"坡度",激活"坡度编辑器"选项卡和"坡度编辑器"选项栏。通过选择"坡度值"列表来设置坡度大小,选择"坡度控制点"来调整坡度方向。对于坡度管,进入"坡度编辑器"后,只能修改坡度的大小,不能修改坡度方向,此时"坡度控制点"为灰显。

5.平行管道

平行管道的绘制是指根据已有的管道,绘制出与其水平或者垂直方向平行的管道,但不能直接绘制若干平行管道。通过指定"水平数""水平偏移"等参数来控制平行管道的绘制,其中"水平数"和"垂直数"包含已有管道。

6.管件的放置

管路中包含大量连接管道的管件。下面将介绍绘制管道时管件的放置方法。

在平面视图、立面视图、剖面视图和三维视图都可以放置管件。放置管件有两种方法,即自动添加和手动添加。

(1)自动添加。在绘制管道过程中自动加载的管件需在管道"类型属性"对话框中指定。部件类型是弯头、T型三通、接管垂直、接管可调、四通、过渡件、活头或法兰的管件,才能被自动加载。详见前述的"管道类型"部分。

(2)手动添加。进入"修改|放置管件"模式,可采取以下方式手动放置管件:

①单击功能区中"系统"→"管件"。

②在项目浏览器中,展开"族"→"管件",直接拖拽"管件"下的管件到绘图区域。

7.管路附件放置

在平面视图、立面视图、剖面视图和三维视图中均可放置管路附件。管路附件需要手动添加。

进入"修改|放置管路附件"模式,可采取以下方式手动放置管路附件:

①单击功能区中"系统"→"管路附件"。

②在项目浏览器中,展开"族"→"管路附件",直接拖拽"管路附件"下的管路附件到绘图区域。

管路附件的部件类型不同,在绘图区域中添加管路附件到管道中的效果也不同。

部件类型为"插入"、"阀门插入"或"嵌入式传感器":将管路附件放置在管道上方,等到出现中心捕捉时,单击鼠标放置管路附件,管路附件将打断管道并插入管道中,见图5-20。

部件类型为"标准"、"附着到"、"阀门法线"、"传感器"或"收头":将管路附件放置在管道的连接件上,等到出现中心捕捉时,单击鼠标放置管路附件,管路附件将连接到管道一端。

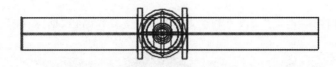

图 5 - 20　阀门插入

8. 软管绘制

在平面视图和三维视图中可绘制软管。

（1）绘制软管。

进入软管绘制模式有以下方式：

单击功能区中"系统"→"软管"；选中绘图区已布置构件族的管道连接件，右击鼠标，单击快捷菜单中的"绘制软管"。

进入软管绘制模式后，"修改|放置软管"选项卡和"修改|放置软管"选项栏被同时激活，见图 5 - 21。

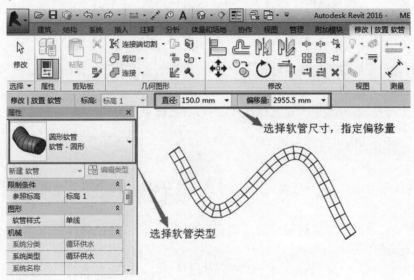

图 5 - 21　修改|放置软管

接着按照以下步骤来绘制软管：

①选择软管类型。在软管"属性"对话框中选择所需要绘制的软管类型，见图 5 - 21。

②选择软管管径。单击功能区中"修改|放置软管"选项栏上"直径"右侧下拉按钮，选择软管尺寸。也可以直接输入欲绘制的软管尺寸，如果在下拉列表中没有该尺寸，系统将从列表中自动选择和输入尺寸最接近的软管尺寸。

③指定软件偏移。默认"偏移量"是指软管中心线相对于当前平面标高的距离。在"偏移量"选项中单击下拉按钮，可以选择项目中已经用到的软管偏移量，也可以直接输入自定义的偏移量数值，默认单位为毫米。

④指定软管起点和终点。在绘图区域中，单击指定软管的起点，沿着软管的路径在每个拐点单击鼠标，最后在软管终点单击"Esc"键或右击鼠标选择"取消"。如果软管的终点是连接到某一管道或某一设备的管道连接件，可以直接单击所要连接的连接件，以结束软管绘制。

（2）修改软管。

在软管上拖拽两端连接件、顶点和切点，可以调整软管路径，见图5-22。

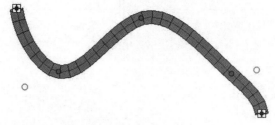

图5-22　修改软管

①连接件 ▣：出现在软管的两端，允许重新定位。

②顶点 ◔：沿软管的走向分布，允许修改软管的拐点。在软管上单击鼠标右键，在快捷菜单中可以"插入顶点"或"删除顶点"。使用顶点可在平面视图中以水平方向修改软管的形状，在剖面视图或立面视图中以垂直方向修改软管的形状。

③切点 ◯：出现在软管的起点和终点，允许调整软管的首个和末个拐点处的连接方向。

9.设备接管

设备的管道连接件可以连接管道和软管。连接管道和软管的方法类似，本节将以为马桶管道连接件连接管道为例，介绍设备接管的几种方法。

（1）单击马桶，右击其排水管道连接件，单击快捷键菜单中的"绘制管道"。

🖋 **小技巧**

从连接绘制管道时，按空格键，可自动根据连接件的尺寸和高程调整绘制管道的尺寸和高程。

直接拖动已绘制的管道到相应的马桶管道连接件，管道将自动捕捉马桶上的管道连接件，完成连接，见图5-23。

（2）使用"连接到"功能为马桶连接管道，可以便捷地完成设备连管，见图5-24。

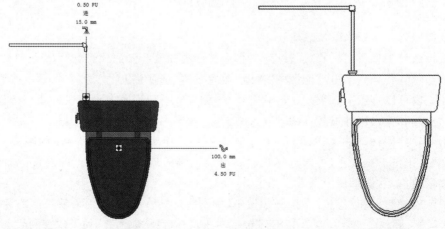

图5-23　马桶管道连接件（一）　　　　　图5-24　马桶管道连接件（二）

①将抽水马桶放置到指定位置,并绘制欲连接的冷水管。

②选中抽水马桶,并单击选项卡中的"连接到"。

③选择冷水连接件,单击已绘制的管道。

④完成连管。

🏆 小提示

使用"连接到"功能时,从连接件连出的管道默认将与目标管道的最近端点进行连接。绘制目标管道的时候应注意连接件的位置。

(3)选中马桶,单击出现的连接件图标,见图5-25,可以根据默认的连接件管径和标高绘制相应的管道。

🏆 小技巧

快速地判定设备连管是否成功。单击"分析"→"显示隔离开关",勾选上"管道",通过图标⚠️来判断设备是否接好,见图5-26,马桶的冷水管已接好,而排水管尚未接好。

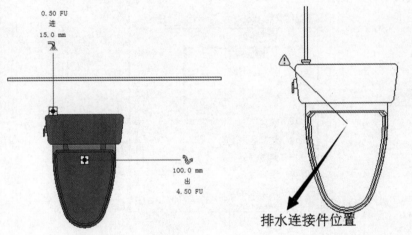

图5-25 马桶管道连接件(三)　　图5-26 马桶管道连接件(四)

10.管道的隔热层

Revit MEP 可以表达管道层。在 Revit MEP 2016 中,管道隔热层作为一个独立的图元存在。

添加管道隔热层可按以下步骤进行:

①选中欲添加隔热层的管路,可包含管件,单击"修改|选择多个"选项卡下的"添加隔热层"。

②选择管道隔热层的类型并指定隔热层的厚度,见图5-27。

③单击"确定",管道和管件的隔热层都添加完毕。

(1)编辑和删除隔热层。

进入"修改|管道隔热层"选项卡,可以"编辑隔热层"或"删除隔热层",见图5-28。

(2)隔热层的设置。

图 5-27　添加管道隔热层

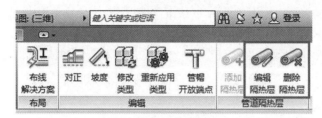

图 5-28　编辑和删除隔热层

Revit MEP 2016 将管道隔热层作为系统族添加到项目中。打开项目浏览器,可以查看和编辑当前项目中管道隔热层类型,见图 5-29。

图 5-29　隔热层的设置

右击管道隔热层的任一类型,可以对当前类型进行编辑。

①复制:可以添加一种隔热层类型。

②删除:删除当前隔热层类型。如果当前隔热层类型是隔热层下的唯一类型,则该隔热层类型不能删除,软件会自动弹出一个错误报告。

③重命名:可以重新定义当前隔热层类型名称。选择全部实例,可以选择项目中属于隔热层类型的所有实例。

④类型属性:单击类型属性,打开管道隔热层类型属性对话框,可以对该隔热层类型进行个性化设置。

⑤材质:设置当前管道隔热层的材质。

⑥标示数据:用于添加管道隔热层的标识,便于过滤和制作明细表。

5.1.3 管道显示

在 Revit MEP 中,可以通过很多方式来控制管道的显示,以满足不同的设计和出图需求。

1.视图详细程度

Revit MEP 的视图可以设置三种详细程度:粗略、中等和精细。

在粗略和中等详细程度下,管道默认为单线显示,在精细视图下,管道默认为双线显示,管道在三种详细程度下的显示不能自定义修改,必须使用软件默认设置。在创建管件和管路附件等相关族的时候,应注意配合管道显示特性,尽量使管件和管路附件在粗略和中等详细程度下单线显示,精细视图下双线显示,确保管路看起来协调一致。

2.可见性/图形替换

单击功能区中"视图"→"可见性/图形替换",或者通过快捷键 VG 或 VV 打开当前视图的"可见性/图形替换"对话框。

(1)模型类别。

管道可见性在"模型类别"选项卡中可以设置。既可以控制整个管道族类别的显示,也可以控制管道族的子类别的显示。勾选表示可见,不勾选表示不可见。设置见图 5 - 30,表示管道子类别"升""降""中心线"都可见。

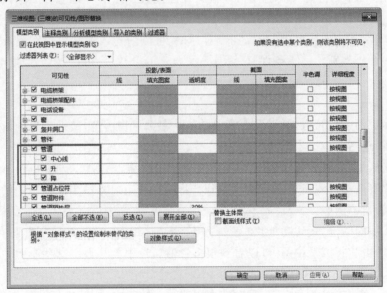

图 5 - 30 模型类别

"模型类别"选项卡中右侧的"详细程度"选项还可以控制管道族在当前视图显示的详细程度,默认情况下为"按视图",遵守"粗略和中等管道单线显示,精细管道双线显示"的原则。也可以设置为"粗略"、"中等"或"精细",这时候,管道的显示将不依据当前视图详细程度的变化而变化,而始终依据所选择的详细程度。

(2)过滤器。

对于当前视图上的管道、管件和管路附件等,如需要依据某些原则进行隐藏或区别显示,那么可以使用"过滤器"功能,见图 5 - 31。这一方法在分系统显示管路上用得很多。

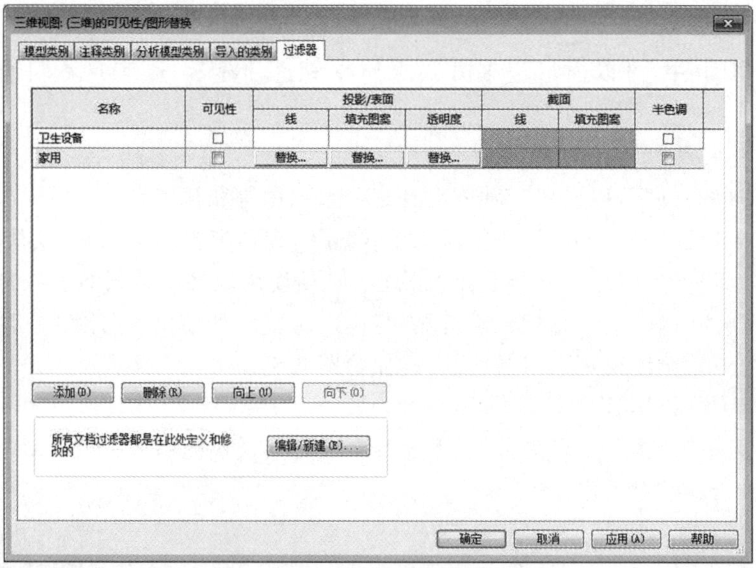

图 5-31　过滤器

对于"楼层平面:1 机械"视图,项目样板文件已经设定了两个过滤器:"家用"和"卫生设备"。预设的过滤器都是依据管道的系统分类来设置的。

单击"编辑/新建"按钮,打开"过滤器"对话框,可以新建或编辑"过滤器"。"过滤器"能针对一个或多个族类别,"过滤条件"可以是系统自带的参数,也可以是创建项目参数或者共享参数。

3.管道图例

对于平面视图中的管道,可以根据管道的某一参数进行着色,帮助用户分析系统。

(1)创建管道图例。

单击功能区中"分析"→"管道图例",拖拽至绘图区域,单击鼠标确定放置绘制后,选择颜色方案,如"管道颜色填充尺寸",Revit MEP 将根据管道尺寸给当前视图中的管道配色。

(2)编辑管道图例。

选中已添加的图例,激活功能区"编辑方案"命令,单击"编辑方案",打开"编辑颜色方案"对话框。单击"颜色"下拉条,可以看到很多管道属性中的参数。这些参数值都可以作为管道配色依据。

对话框右上角有"按值"、"按范围"和"边界格式"选项,它们的意义如下:

①"按值"意味着按照所选参数的数值来作为管道颜色方案条目,例如材料,可设定铜管为某一颜色,不锈钢管为另一颜色。

②"按范围"意味着对于所选参数设定一定的范围来作为颜色方案条目,例如速度,小于1.2m/s 的管道设定为某一颜色,速度介于 1.2m/s 到 2.5m/s 之间设定为另一颜色。

③"按范围"右侧的"编辑格式"按钮可以定义范围数值的单位。

5.1.4　管道标注

管道的标注在设计过程中是必不可少的。本节将介绍如何在 Revit MEP 中进行管道的各种标注,包括尺寸标注、编号标注、标高标注和坡度标注。

管道尺寸和管道编号是通过注释符号族来标注,在平面图、立面图和剖面图中可用。而管道标高和坡度则是通过尺寸标注系统族来标注,在平面图、立面图、剖面图和三维视图中均可用。

1.尺寸标注

(1)基本操作。

Revit MEP 中自带的管道注释符号族"管道尺寸标记"可以用来进行管道尺寸标注,有以下两种方式。

①管道绘制的同时进行管径标注。进入绘制管道模式后,单击功能区中"修改|放置管道"→"在放置时进行标记",见图 5-32。

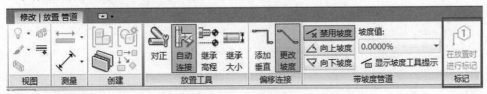

图 5-32 管道绘制

绘制出的管道将会自动完成管径标注。

②管道绘制后再进行管径标注。单击"注释"选项卡中的"标记"下拉菜单中的"载入的标记",就能查看到当前项目文件中加载的所有的标记族。当某个族类别下加载有多个标记族时,排在第一位的标记族为默认的标记族。当单击"按类别标记"后,Revit MEP 将默认使用"管道尺寸标记"对管道族进行管径标记,见图 5-33。

图 5-33 管道尺寸标记

单击功能区中"注释"→"按类别标记",鼠标移至待标注的管道上。小范围移动鼠标可以选择标注出现在管道上方还是下方,确定注释位置后,单击即完成管径标注。

(2)标记修改。

在标记完成后,Revit MEP 还提供以下功能方便修改标记。

①"水平""垂直"可以控制标记是水平还是竖直放置,"水平"和"垂直"都是绝对意义上的,和管道水平与否无关,见图 5-34。

实际在绘图中,管径标注一般和管道保持平行,对于这个需求该如何实现呢? 在创建标记族的时候,勾选"随构件旋转"即可。

②可以通过勾选"引线",选择"引线"可见还是不可见。

③在勾选"引线"可见时,可选择引线为"附着端点"或者"自由端点"。"附着端点"时,引线的一个端点固定在被标记图元上,"自由端点"时,引线两个端点都不固定,可进行调整。

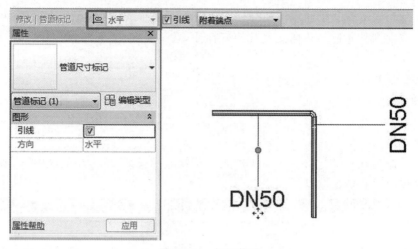

图 5-34　标记修改

2.编号标注

在管道设计中,往往要对立管和引入管(排出管)进行编号。在 Revit MEP 中对管道进行编号的基本思路就是利用注释符号族来引用管道的"注释"。在标注之前,先对相关管道进行手动注释,然后进行标注。

(1)立管编号。

先创建新的注释符号族,通过选择图元属性中"注释"作为新注释符号族中的标签来实现,步骤如下:

①新建"族",选择"注释"文件夹下的"公制常规标记"为族的样板文件。

②设定"族类别和组参数"。创建的标记是用来标记管道的,因此选择"管道标记"。如果是用来标记管件的,则应选择"管件标记",保持和被标记族的族类别一致。

③单击功能区中"创建"→"标签",单击绘图区,在"编辑标签"对话框中将"注释"参数添加到标签,见图 5-35。

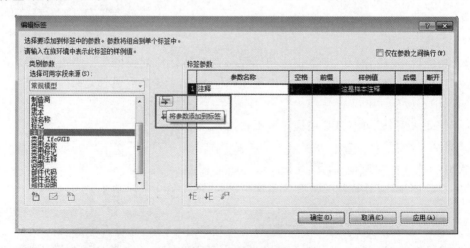

图 5-35　编辑标签

④将标签"这是样本注释"中心移至参照平面的交点,并删除样板文件中自带的"注意事项"等文字。

⑤将创建完成的新的注释符号族载入到项目环境中,创建管道相应的明细表,在明细表中为需要注释的立管输入管道注释。

⑥单击功能区中"注释"→"全部标记",在打开的"标记所有未标记的对象"对话框中单击选择刚载入的管道标记,然后单击"确定"。这样就能方便迅速地对当前视图中的立管进行标注。

(2)引出(排出)管编号。

引出(排出)管编号,也需要创建新的注释符号族来实现。创建方法同立管编号注释族非常类似,在族编辑器中,绘制如下图样,见图 5-36。选择两个标签,上方为"注释",下方为"标记"。

载入项目环境中,修改欲标注管道"注释"和"标记"参数,见图 5-37。

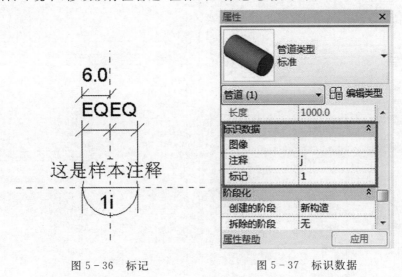

图 5-36　标记　　　　　图 5-37　标识数据

单击"引入管注释",拖至绘图区域管道上方,进行标注即可,见图 5-38。

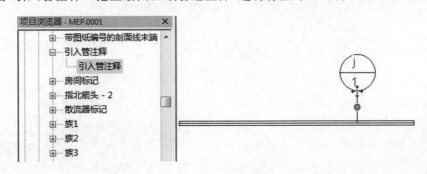

图 5-38　引入管注释

3.标高标注

在 Revit MEP 中,单击功能区中"注释"→"高程点"来标注管道标高,见图 5-39。

(1)高程点符号族。

图 5-39　标高标注

通过高程点族的"类型属性"对话框可以设置多种高程点符号族类型,见图 5-40,其中一些参数意义如下:

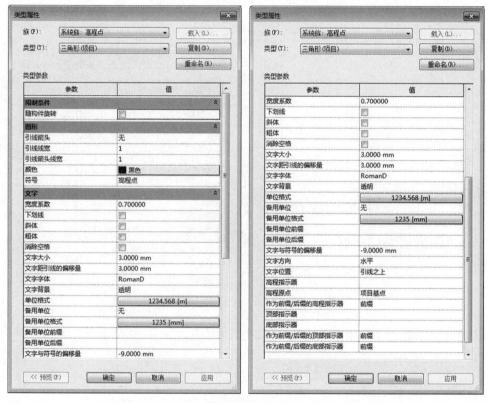

图 5-40　高程点符号族

①引线箭头:可选择各种引线端点样式。

②符号:这里将出现所有加载进来的高程点符号族,选择刚载入族即可。

③文字与符号的偏移量:默认情况下指文字和"符号"左端点之间的距离,数值为正表明文字在"符号"左端点的左侧,数值为负表明文字在"符号"左端点的右侧。

④文字位置:控制文字和引线的相对位置,即"引线之上"、"引线之下"和"嵌入到引线中"。

⑤高程指示器/顶部指示器/底部指示器:允许添加一些文字、字母等,以指示出现的标高是顶部标高或是底部标高。

⑥作为前缀/后缀的高程指示器：可以选择添加的文字、字母是以前缀还是后缀的形式出现在标高中。

（2）平面视图中管道标高。

在平面视图中对管道进行标高标注，需在双线模式即精细视图下进行（在单线模式下不能进行标高标注）。

一根直径为150mm，偏移量为2000mm的管道在平面视图上的标高标注见图5-41。

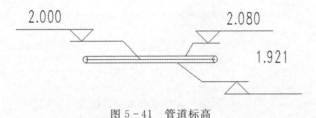

图5-41 管道标高

从图5-41可看出，标注管道两侧标高时，显示的是管中心标高2.000mm。标注管道中线标高时，默认显示的是管顶外侧标高2.080m。单击管道属性查看可知，管道外径为159mm，于是管顶外侧标高为$2.000+0.159/2=2.080$m。

有没有什么办法显示管底标高（管底外侧标高）呢？选中标高，调整"显示高程"即可。Revit MEP中提供了"实际（选定）高程"、"顶部高程"、"底部高程"和"顶部高程和底部高程"四种选择，见图5-42。选择"顶部高程和底部高程"后，管顶和管底标高同时被显示出来。

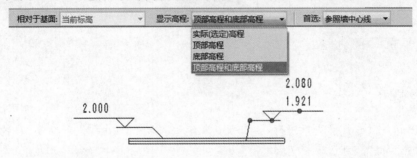

图5-42 管顶和管底标高

下面再看看非水平管道上的管道标高标注。平面视图上非水平管道的标注，见图5-43。通过勾选当前使用的高程点族类型属性中"随构件旋转"，同时在"修改高程点"的选项栏中，不勾选"引线"即可实现。

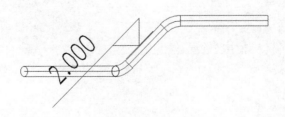

图5-43 非水平管道上管道标高标注

（3）立面视图中管道标高。

和平面视图不同,立面视图在管道单线即粗略、中等的视图情况下也可以进行标高标注,见图 5-44,但此时仅能标注管道中心标高。而对于倾斜管道的管道中心标高,见图 5-44,斜管上的标高值将随着鼠标在管道中心线上的移动而实时更新变化。

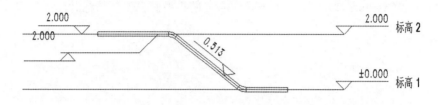

图 5-44　立面视图中管道标高

如果在立面视图上标注管顶或者管底标高,则需要将鼠标移动到管道端部,捕捉端点,才能标识管顶或者管底标高,见图 5-45。

立面视图上也可以对管道截面进行管道中心、管顶和管底进行标注,见图 5-46。

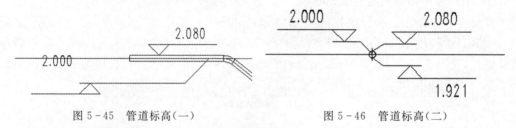

图 5-45　管道标高（一）　　　　图 5-46　管道标高（二）

🖋 **小提示**

当对管道截面进行管道标注时,为方便捕捉建议关闭"可见性/图形替换"中的管道的两个子类别"升""降"。见图 5-47。

可见性	投影/表面	
	线	填充图案
⊞　☑ **管件**		
⊟　☑ **管道**	替换...	
☑ 中心线		
☐ 升		
☐ 降		
☑ 管道占位符		
⊞　☑ 管道附件		
☑ 管道隔热层		

图 5-47　关闭"可见性/图形替换"中的管道的两个子类别

（4）剖面视图中管道标高。

剖面视图中管道标高和立面视图中管道标高原则一致。

（5）三维视图中管道标高。

三维视图中,管线单线显示下,标注的为管中心标高;双线显示下,标注的则为所捕捉的管道位置的实际标高。

4.坡度标注

在 Revit MEP 中,使用"注释"→"尺寸标注"→"高程点坡度"来标注管道坡度,见图5-48。

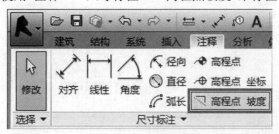

图5-48 坡度标注

单击进入"系统族:高程点坡度"可以看到控制坡度标注的一系列参数,高程点坡度标注和之前介绍的高程点标注非常类似,在此不一一赘述。可能需要修改的是"单位格式",设置成管道标注时习惯的百分比格式,见图5-49。

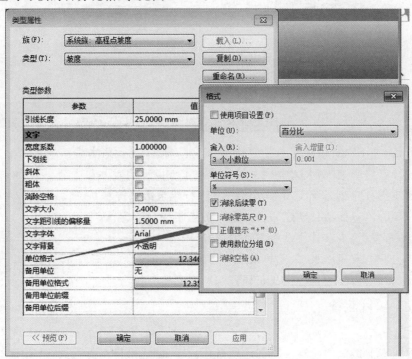

图5-49 高程点坡度

选中任一坡度标注,会出现"修改|高程点坡度"的选项栏,见图5-50。

"相对参照的偏移"表示坡度标注线和管道外侧的偏移距离。

"坡度表示"选项仅在立面视图中可选,有"箭头"和"三角形"两种坡度表示方式,见图5-51。

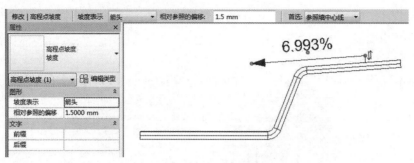

图 5-50　修改|高程点坡度

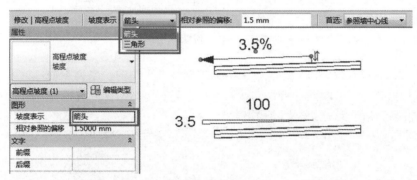

图 5-51　坡度表示

5.2　建筑给水排水系统

利用 Revit MEP,可以在建筑物中精确布置管线,检查管路水力情况并调整管道尺寸,还能迅速统计管路明细表,大大提高了建筑给水排水设计的效率和质量。

本节分 4 部分介绍如何应用 Revit MEP 进行建筑给水排水系统设计:

(1)项目准备:包括项目创建、系统选择、载入族和管道配置。

(2)设备布置:卫生器具和设备布置方法。

(3)系统创建:家用冷水/家用热水/卫生设备系统创建和系统浏览器应用。

(4)系统布管:管路的自动生成布局方法和手动绘制技巧。

5.2.1　项目准备

1.项目创建

根据建筑专业提供的建筑模型创建项目,为文件创建给排水各视图,并对视图进行可见性设置、视图范围设置等。

2.系统选择

本章将项目实例中所述项目的办公区域的给水排水设计进行讲解,由于流程和方法类似,居住区域的给水排水设计不再详述。经过初步计算后,针对办公区域的系统选择如下:

给水系统选择:供水区域主要为一至三层的公共卫生间;市政水压、水量满足供水条件,利用城市市政给水管网的水压直接供水。

热水系统选择:采用局部热水供应系统,每个卫生间设置一个电热水器。

排水系统选择:污废分流,伸顶通气。

3.载入族

在进行建筑给水排水系统布置时,要用到相关的构建族。Revit MEP 2016自带大量的与建筑给水排水设计相关的构建族,默认安装的情况下,构建族都存放在以下路径:C\ProgramData\Autodesk\REM2016\Libraries\China。

与建筑给水排水设计相关的构建族的文件夹名称及其子文件夹名称见表5-1。

表 5-1 建筑给水排水构建族

文件夹名称	子文件夹名称	所存放的构件族
管道	阀门	按用途分类存放:安全阀、蝶阀、多用途阀、浮标阀、隔膜阀等
	附件	过滤器、空气分流器、温度表、压力表、水表、清扫口、地漏、雨水斗等
	配件	按材料分类存放。其中钢塑复合、PVC-U、钢法兰、PE、不锈钢材料的管件是按照中国规范建的。它们的文件名指出了规范号,如 GBT5836、CJT137 等
卫浴构件	设备	热水器、连接件(该族可添加在建筑结构的族上)
	装置	卫生器具:洗脸盆、水槽、浴盆、坐便器、蹲便器、小便器等(部分器具当量值需修改) 卫生设备:自动饮水机、洗碗机、洗衣机、应急洗眼器等连接件
机械构件	出水侧构件	泵、水管软化器、水过滤器等

将项目所需的族载入到项目文件中,如管件、附件、阀门、设备等。当项目比较复杂时,需要的族更多。例如给水系统可能用到的水箱、水池等,用户可以根据设计方案需要修改族库中现有的族或创建新的族。

本项目基本都可以使用软件提供的族:

(1)钢塑复合管件、不锈钢管件、PVC-U管件:弯头、三通、变径管、管接头、管帽、清扫口(需另创建)等。

(2)阀门:截止阀、球阀、角阀(需另创建)。

(3)装置:地漏。

(4)设备:电热水器(需修改族库中现有的族)。

4.管道配置

在系统创建前,先进行管道配置非常重要,可减少后续修改的工作量。具体设置方法参见"5.1.1管道设计参数"。

分别为冷水、热水和排水系统创建管道类型,见图5-52。

在"管道设置"中分别为冷水、热水和卫生设备(即排水)系统设定管道类型和偏移值,干管设置、支管设置见图5-53。"管道设置"中的管道尺寸符合中国规范要求,可直接使用。

图 5-52 创建管道类型

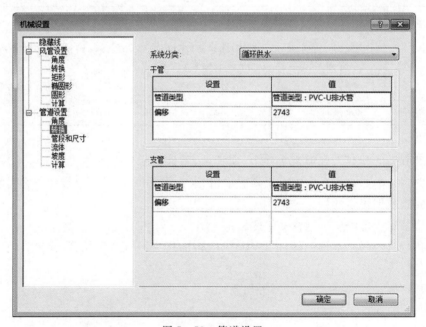

图 5-53 管道设置

5.2.2 设备布置

一般拿到建筑项目图,卫生器具都已布置好了,需要注意的是,如果卫生器具没有连接件,则需要给它们加上连接件或者替换为 MEP 的族。

放置卫生器具(软件中译为"卫浴装置")的方法有以下几种:

①单击功能区中"常用"→"卫浴装置",在"属性"对话框的类型选择器中选择一种卫浴

装置,然后放置到绘图区域中。

②在项目浏览器中,展开"族"→"卫浴装置",将"卫浴装置"下的族直接拖到绘图区域。

有些卫生器具族是基于面创建的族,在放置到项目中时,需要放置在实体表面上,例如墙面、楼板表面等,这时应先在"放置"面板中选择放置方式,见图 5-54。

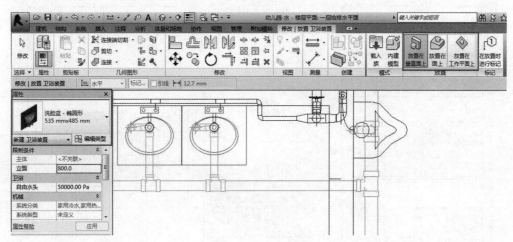

图 5-54 设备布置

在放置卫生器具时,按空格键可以对它进行 90°旋转。对已经放好的卫生器具,单击卫生器具,按空格键也可以对它进行 90°旋转。

在项目中,除了卫生器具,还要布置一些其他给排水设备和附件,例如电热水器和地漏等,其放置方法和卫生器具的放置方法类似,不再赘述。现以图 5-55 为例,介绍创建冷水、热水和排水系统的具体步骤和技巧。

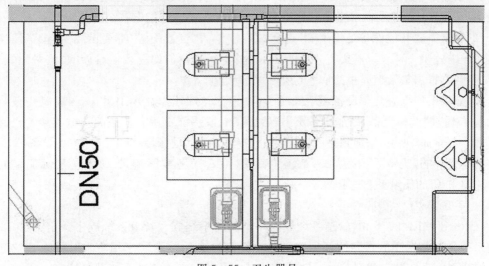

图 5-55 卫生器具

5.2.3 系统创建

Revit MEP 通过逻辑连接和物理连接两方面实现建筑给水排水系统的设计。逻辑连接指 Revit MEP 中所规定的设备与设备之间的从属关系。从属关系通过族的连接件进行信息传递,所以设备间的逻辑关系实际上就是连接件之间的逻辑关系。在 Revit MEP 中,正确设置和使用逻辑关系对于系统的创建和分析起着至关重要的作用。本小节系统创建指的就是设备逻辑关系的创建。Revit MEP 中定义的逻辑关系可概括为下面这幅亲子图,见图5-56。

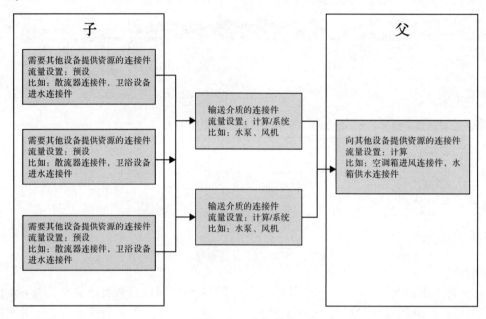

图 5-56　系统创建

1.逻辑关系特性

(1)创建逻辑系统需要从"子"级设备开始,再将"父"级设备通过"选择设备"命令添加到系统中,见图5-56。逻辑系统中只允许通过"选择设备"命令指定一个"父"级设备。

(2)所有需要其他设备提供资源/服务的连接件的"流量配置"都要设成"预设",该连接件在系统中处于"子"级。需要特别指出的是,具有相当量值的卫生器具族的"流量配置"应设成"卫浴装置当量",但归根结底它也是一个预设值。

(3)如果系统中有几个设备需要同时承担"父"级的作用,如 A、B 和 C,可将其中任意一个设备 A 通过"选择设备"添加到系统中,然后完成该系统中所有设备的管道连接。再进入"编辑系统"界面,使用"添加到系统"命令将设备 B 和 C 添加到系统中。"父"级设备 A、B、C 相应的连接件的"流量系数",如 A 的流量系数=(A 设备实际流量/该系统实际流量的总和),A、B 和 C 的流量系数的和等于1。

2.管道系统

在 Revit MEP 2016 中,管道系统成为一类新的系统族。管道系统族中预定义了 12 种管道系统分类:"循环供水""循环回水""卫生设备""家用热水""家用冷水""排水管""通风管""湿式消防系统""干式消防系统""预作用消防系统""其他消防系统""其他"。

 小提示

可以基于预定义的多种系统分类来添加新的管道系统类型,如可以添加多个属于"循环供水"分类下的管道系统类型,如冷冻水供水 1 和冷冻水供水 2 等。但不允许定义新管道系统分类,如不能自定义添加一个"燃气供应"系统分类。

右击任一管道系统,可以对当前管道系统进行编辑。

(1)复制。可以添加与当前系统分类相同的系统。

(2)删除。删除当前系统。如果当前系统是该系统分类下的唯一一个系统,则该系统不能删除,软件会自动弹出一个错误报告。如果当前系统类型已经被项目中某个管道系统使用,该系统也不能删除,软件会自动弹出一个错误报告。

(3)重命名。可以重新定义当前系统名称。

(4)选择全部实例。可以选择项目中所有属于该系统的设备实例。

(5)系统类型属性。图 5-57 为自定义管道系统"家用热水 2"的类型属性对话框。以下按照参数分组,逐一介绍。

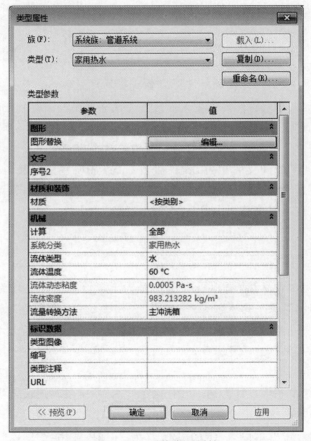

图 5-57　系统类型属性

①在"图形"分组下的"图形替换":用于控制管道系统的显示。单击"编辑"后,在弹出的"线图形"对话框中,可以定义管道系统的"宽度"、"颜色"和"填充图案";该设置将应用于属于当前管道系统的图元,除管道外,可能还包括管件、阀门和设备等。

②"材质和装饰"分组下的"材质":可以选择该系统所采用管道的材料;单击右侧按钮后,弹出材质对话框,可定义管道材质并应用于渲染。

③"机械"分组下的参数如下:

a.计算：控制是否对该系统进行计算，"全部"表示流量和压降都计算，"仅流量"表示只计算流量，"无"表示流量和压降都不计算。

　　b.系统分类：该选项始终灰显，用来获知该系统类型的系统分类。

　　c.流体类型、流体温度、流体粘度、流体密度：这些参数用来定义流体属性。通过选择类型和温度就能获取相应的粘度和密度。这些流体属性设置和"机械设置"中的"流体"设置相对应。

　　d.流体转换方法：该参数仅应用于"家用热水""家用冷水"两个系统分类，表明卫浴当量和流量转换的方法，有"主冲洗阀"和"主冲洗箱"两种。

　　④标识数据：可以为系统添加自定义标识，方便过滤或选择该管道系统。

　　⑤"上升/下降"分组下的"上升/下降符号"：不同的系统类型可定义不同的升降符号。单击"升降符号"相应"值"，单击打开"选择符号"对话框，选择所需的符号。在先前的版本中，只能在"机械设置"中"升降"对项目中的所有管道设置统一的升符号和降符号。

小提示

　　在"机械设置"对话框中，可以对预定义的多种管道系统分类进行干管和支管的"管道类型"和"偏移"的设置，其中"偏移"定义的是管道中心线相对于当前标高的距离。这些设置将用于自动生成管道布局。举例来说，为"循环供水"系统生成布局时，管道将使用族类型为"标准"的管道，且相对于当前绘制平面的标高偏移量为2750mm。

　　不同系统分类的干管和支管也可以在"生成布局"选项栏中定义，详见"5.2.4 系统布管"。在"生成布局"编辑状态下，单击"生成布局"选项栏中的"设置"，就可以更改"管道转换设置"。修改后的数据也将自动同步更新"机械设置"中的设置。

小提示

　　不同的系统分类，"计算"的选项也有所不同。计算功能全面支持的四个系统分类为："循环供水""循环回水""家用热水""家用冷水"，提供"全部"、"仅流量"和"无"三个选项。计算功能部分支持的"卫生设备"，提供"仅流量"和"无"两个选项。其他计算功能不支持的系统分类则选项默认为"无"，且不可修改。

　　3.设计实例

　　下面以卫生间给水系统设计为例，介绍"家用冷水"系统逻辑连接创建步骤。

　　(1)创建家用冷水系统。

　　在该楼层，选择一个或选择所有用水卫生器具，功能区会出现"修改|卫浴装置"选项卡，见图5-58。单击"管道"，打开"创建管道系统"对话框。单击"系统类型"下拉菜单，选择项目中已经创建的系统类型，在"系统名称"可以自定义所创建系统的名称，如果勾选"在系统编辑器中打开"，可以在创建系统后直接进入系统编辑器。

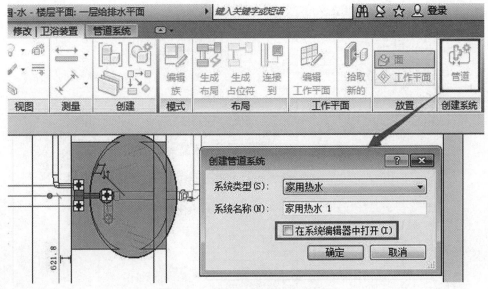

图 5-58　创建家用冷水系统

🌾 小提示

　　单击视图中的任意图元,将显示该图元所有连接件信息。对于风管和管道连接件将显示系统类型图标、介质进出方向和连接件的大小等(如图 5-58 所示,卫生器具上显示了冷水和热水管道连接件的当量、进出方向、管径和系统图标),对于电气连接件将显示负荷分类、视在负荷、电压和级数。

　　相应连接件在"系统类型"下拉菜单中可选择的系统类型和项目浏览器中"管道系统"下的该系统分类下的系统类型对应。

　　(2)选择系统设备。

　　在"系统类型"中选择"家用冷水",单击"确定"进入"修改|管道系统"选项卡,见图 5-59。

　　其中,"选择设备"命令用来向系统中添加设备,"断开与设备的连接"命令可将选择的设备从系统中断开。在给水系统中,选择的设备是水箱,系统如果不设水箱则无需选择。在热水系统中,选择的设备是热水器、水加热器、锅炉等加热设备。

　　(3)编辑系统。

　　①单击图 5-59 中"编辑系统"命令,进入"编辑管道系统"选项卡,见图 5-60。

　　如果在"创建管道系统"对话框中勾选"在系统编辑器中打开",则将直接打开"编辑管道系统"选项卡。

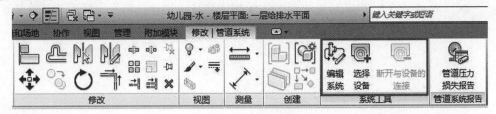

图 5-59　选择系统设备

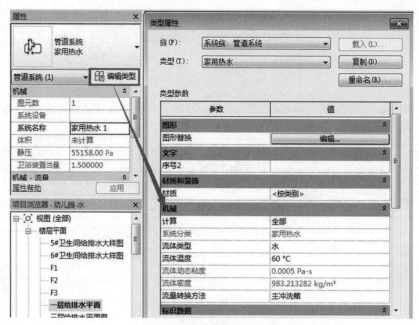

图5-60　编辑管道系统

在"编辑管道系统"选项卡中可进行如下操作：

添加到系统：将其他器具或设备添加到当前系统中。如果系统中包含多个器具，可以通过单击"添加到系统中"选择其他器具添加到该系统中。

从系统中删除：从当前系统删除非"设备"图元。单击"从系统中删除"，然后选择需要删除的设备，从系统中删除。

选择设备：为系统添加"设备"，系统只能指定一个"设备"。与"管道系统"选项卡中的"选择设备"功能相同。

系统设备：显示系统指定的"设备"。可以通过下拉菜单选择其他设备作为系统的指定"设备"。如果需要删除系统中的"设备"，除使用前面讲的"断开与设备的连接"命令外，还可以通过在下拉菜单中选择"无"进行设备删除。

完成编辑系统：完成系统编辑后，单击该命令可退出"编辑管道系统"选项卡。

取消编辑系统：单击该命令取消当前编辑操作并退出"编辑管道系统"选项卡。

此外，在管道系统"属性"对话框中，还可以自定义当前系统的"系统名称"。单击"编辑类型"，打开"类型属性"对话框，可对系统的更多属性进行定义，如计算方法、流体类型、流体温度和流量转换方法等。"流量转换方法"分"主冲洗阀"和"主冲洗箱"两种。Revit MEP 使用2006国际管道铺设规范（IPC）的表 E103.3（3）中的值，执行卫浴装置当量与流量的常规转换。选择的"流量转换方法"可确定 IPC 表中用于转换的部分。结构流量用于计算管道调整的大小。更多管道系统属性的介绍请参见本小节的"2.管道系统"。

 小提示

如果要重新编辑器具或设备的管道系统，则选中该图元，功能区出现"管道系统"选项卡，见图5-61，这时如果该器具或设备隶属于多个系统，则应先在"系统选择器"中选择要编辑的系统,然后单击"编辑系统",打开"编辑管道系统"选项卡。

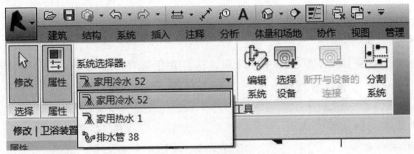

图 5-61　系统选择器

②本实例中两个卫生间的器具比较多,为了在应用 Revit MEP 的自动"生成布局"功能时,有效产生布局方案,可先分别为男女卫生间创建"家用冷水"系统。当完成两个卫生间管道布置(物理连接)后,再修改它们的逻辑连接,将它们建立在一个"家用冷水"系统中。

使用同样方法,依次创建该层其他冷水、热水和排水系统。

(4)系统浏览器。

①创建好的逻辑系统,可以通过系统浏览器进行检查,有以下几种方法打开系统浏览器:

a.按"F9"键打开系统浏览器。

b.单击功能区中"视图"→"用户界面",勾选"系统浏览器"。

在系统浏览器中,可以了解项目中所有系统的主要信息,包含系统名称和设备等。

在系统浏览器中选择某系统下某一图元,该图元所有连接件所属的系统都将在系统浏览器中高亮显示。同时,在绘制区域各视图中,图元高亮显示,用户可以迅速找到该构建,非常方便。在系统浏览器中右击图元名称,可进行选择、显示、删除、查看属性等操作。单击"删除"命令,将删除图元。

如果在绘图区域中,通过"Tab"键选中某一系统,在系统浏览器中该系统相应的名称会高亮显示。在绘图区域中选中某图元,在系统浏览器中该图元所在系统都将高亮显示。

如果项目中的器具和设备的连接件没有指定给某一逻辑系统,将被放到"未指定"系统中。软件每次刷新都会自动检测未指定系统的连接件。如果未指定系统的连接件过多,就会影响运行速度。所以,最好将器具和设备的连接件指定给某一系统。

②在系统浏览器标题栏中,可以对系统浏览器进行视图和列设置,见图 5-62。

a.视图:单击标题栏中"系统",定义浏览器的显示类别。默认设置是"系统",即显示项目中水、暖、电的逻辑系统。如果选择"分区",将显示项目定义的分区列表。当浏览器选择"系统"时,单击标题栏中的"全部规程",即显示水、暖、电三个专业的系统。

b.自动调整所有列[icon]:根据显示内容自动调整所有列宽。

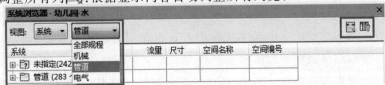

图 5-62　系统浏览器标题栏

c.列设置：单击"列设置"，打开"列设置"对话框，可以添加不同规程下显示的信息条目。

5.2.4 系统布管

系统逻辑连接完成后，就可以进行物理连接。物理连接指的是完成器具和设备之间的管道连接。逻辑连接和物理连接良好的系统才能被 Revit MEP 识别为一个正确有效的系统，进而使用软件提供的分析计算和统计功能来校核系统流量和压力等设计参数。

完成物理连接有两种方法，一种是使用 Revit MEP 提供的"生成布局"功能自动完成管道布局连接，另一种是手动绘制管道。"生成布局"适用于项目初期或简单的管道布局，提供简单的管道布局路径，示意管道的大致走向，粗略计算管道的长度、尺寸和管路损失。当项目比较复杂时，卫生器具和设备等数量很多，或者当用户需要按照实际施工的图集绘制，精确计算管道的长度、尺寸和管路损失时，使用"生成布局"可能无法满足设计要求，通常需要手动绘制管道。

1.生成布局

Revit MEP 提供"生成布局"功能，可以为已创建的逻辑系统自动生成管道布局连接。

以冷水系统管道布置为例，"生成布局"的步骤如下：

(1)单击逻辑系统中"子"级图元，激活"生成布局"命令。

(2)单击"生成布局"，选择"3F 女卫生间冷水"系统，见图 5-63。

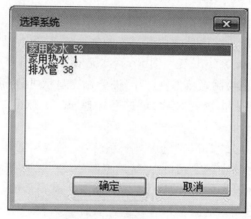

图 5-63 选择系统

(3)选择系统后，激活"生成布局"选项卡，见图 5-64。同时，在绘图区域中，布局路径以单线显示，其中绿色布局线代表支管，蓝色布局线代表干管。

此时，通过单击功能区中的"从系统中删除"和"添加到系统"，可以修改管道布局的图元连接控制点。

从系统中删除：删除系统中的图元连接控制点，单击"从系统中删除"，然后选择要删除的图元。该项只删除路径控制点，并不是将图元从逻辑系统中删除。

添加到系统：当该系统中某图元连接控制点被删除后，"添加到系统"命令被激活，单击"添加到系统"，然后选择要添加的图元。

(4)如需设定整个布局的管道坡度，则在"坡度"面板中选择一个坡度值。如果没有合适的值，则在"生成布局"前，打开"机械设置"对话框，先添加坡度值。

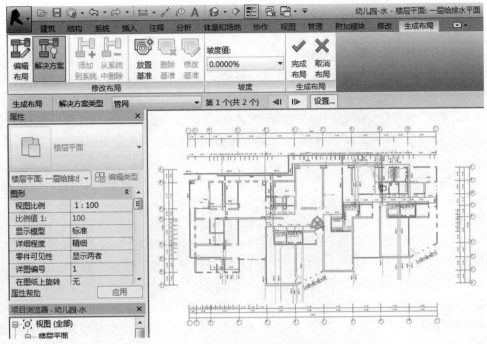

图 5-64　激活"生成布局"选项卡

（5）如果系统未指定设备，单击"放置基准"，为该系统指定一个假设的源头，见图 5-65。对于给水系统，即为给水进口。放置基准后，布局和解决方案即随之更新。当基准放置在绘图区域后，单击"修改基准"，在选项栏可修改干管的偏移量和直径，在绘图区域点击基准旁边的符号，可使基准围绕连接方向的轴或垂直于连接方向的轴旋转，见图 5-66。单击选项卡中的"删除基准"，基准即被删除。

图 5-65　放置基准

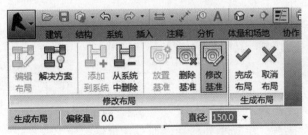

图 5-66　修改基准

（6）单击"解决方案"，激活"生成布局"选项栏。在"解决方案类型"中选取相应的布局方案，并编辑相应"设置"。

解决方案类型：为管道布局提供管网、周长和交点三种方案类型。每种方案类型还提供不同路径，可以通过单击选择方案。如果用户修改了系统提供的布局，在解决方案类型中会添加一种"自定义"的类型，以示区分。

设置：单击"设置"进入"管道转换设置"对话框，指定管道系统干管和支管的管道类型和偏移量。该命令与"机械设置"中的管道设置功能相同，如果这里的数据被修改，"机械设置"中相应系统分类的管道设置将自动更新。

（7）编辑布局。单击"编辑布局"后进入到自定义布局方案，可重新定位各布局线或合并各布局线来修改布局。在绘图区域可能出现下列控制符号：

平移控制：可以将布局线沿着与该布局线垂直的轴平移。

弯头/端点控制：拖动两条布局线之间的交点或布局线的端点，可以改变布局线的方向。

连接控制：通过对 T 型三通、四通这些连接控制，还可以将干管和支管分段之间的 T 型三通或四通连接向左右或上下移动。移动操作仅限于与连接控制符号关联的端点。

偏移值：通过修改偏移值，将布局线偏移到所需位置。

（8）当布局路径和管道类型都确定好后，单击"完成布局"，退出"生成布局"界面，完成管道自动连接。

小提示

如果布局失败，可使用命令"Ctrl＋Z"返回"生成布局"选项卡，修改有问题的路径后，再单击"完成布局"，生成管道。常见布局失败原因和解决方法如下：

当一个或者多个布局路径过短时，可能无法放置管件，导致布局失败。解决方案是修改有问题的布局路径，增加路径的长度。

"管道转换设置"中用于生成布局的管道类型选用的管件无法支持复杂的布局路径，可能导致布局失败。解决方案是在相应的管道类型中选用正确的管件或手动绘制管道。如自动布局无法生成需要空间三通或四通管件的垂直管段连接，需要手动绘制管段连接。

没有指定布局偏移高程可能导致布局失败。解决方法是在"管道转换设置"对话框中指定正确的干管或支管偏移高程。

小提示

"生成占位符"即生成系统的管道占位符，见图 5－67，其功能和用法与生成布局功能相似。

2.手动绘制

当使用"生成布局"功能无法满足设计需求时，用户可以通过手动绘制管道末端来完成物理连接。手动绘制的基本方法详见本章"5.1.2 管线绘制"。

对于 Revit MEP 这种三维模型如何准确而快速地修改管路呢？下面阐述一些管路布局时的技巧，为用户手动绘制管道提供参考。掌握这些绘图诀窍并多加练习，管路连接将不再成为难题。

图 5-67　生成占位符

（1）运用多视图。

在绘图区域，同时打开平面视图、三维视图和剖面视图，可以增强空间感，从多角度观察连接是否合理。单击功能区中"视图"→"平铺"，见图 5-68，或者直接键入 WT，可同时查看所有打开的视图。

图 5-68　运用多视图

在绘图时，平面视图和三维视图可以通过缩放，将要编辑的绘图区域放大。而立面视图由于构建易重合，不利于选取器具和管道，可采用剖面视图进行辅助设计。在平面视图中剖切面视图的步骤如下：

①单击功能区中"视图"→"剖面"，见图 5-69。

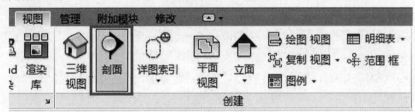

图 5-69　视图-剖面

②在"属性"对话框中，从"类型选择器"中选择"剖面"。

③在平面视图中，将光标放置在剖面起点处，拖拽光标直至终点时单击，剖面线和裁剪区域出现。

④选中剖面线，可以拖动四周的箭头，调整虚线框的大小，即剖面可视的范围。

（2）隐藏图元。

除了使用剖面图，还可以使用"临时隐藏/隔离"或者"可见性/图形转换"使视图变得"干净"，方便选取器具、设备、管件和管路附件等。

①"临时隐藏/隔离"。在视图中通过"临时隐藏/隔离"工具，可以控制某一图元或某一类别图元的可见性。"隔离图元"和"隔离类别"可以分别隔离显示某一图元和某一类别图元，"隐藏图元"和"隐藏类别"可以分别隐藏某一图元和某一类别图元。需要注意的是，"临时隐藏/隔离"的设置无法保存，当文件项目关闭后，所有临时隐藏或隔离的图元都将重新显示，无法保存到视图样板中。

②"可见性/图形转换"。使用视图的"可见性/图形转换"对话框,根据模型类别和过滤器控制图元可见性。在模型类别中通过勾选相关族类别设置可见性,其操作方法可参见本章"5.1.3 管道显示"的"2.可见性/图形转换"。

(3)利用管件工具。

在绘制管道时,利用一些管件命令,可以使绘图更快更简单。选择管件时,通常可以利用的命令有"连接到"、"旋转"、"翻转"和"升级/降级(加号/减号符号)"等,各工具的意义和用法详见"5.1.2 管道绘制"中"6.管件的放置"说明,用户可根据实际情况灵活应用。

(4)运用"对齐"和"修剪/延伸"。

在本章"5.1.2 管道绘制"的"3.基本管道绘制"的"(4)指定管道放置方式"中提到通过"对正设置"对话框来设置水平、垂直对正和水平偏移。另外,如果希望两根管道能在同一个垂直面上,例如沿墙上下排布的冷热水管,用户还可以利用"修改"选项卡中的"对齐"功能,先使中心对齐,再连接管道。步骤如下:

①单击功能区中"修改"→"对齐",见图5-70,或直接键入 AL。

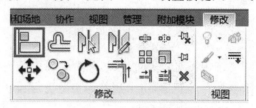

图5-70 修改-对齐

②选择参照管道中心线。

③选择要与参照管道中心线对齐的管道中心线,如果希望这两根管以后一起移动,还可以将两个中心线锁上。注意先将视觉样式改成"线框",才能捕捉到中心线。

管件也可以利用这种方法和管道中心对齐,可避免接出不必要的异径管。

"修剪/延伸"工具对于连接管段相当有用,使用过 AutoCAD 的用户应该对这个工具不会陌生,它可以修剪或延伸平面上的线段,在 Revit MEP 里不仅可以修剪或延伸共面的管段,也可以修剪或延伸异面的管段。单击功能区中"修改",在选项卡中有三个相关选项,见图5-71。它们的作用从左至右分别是:

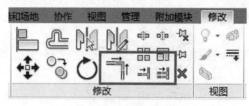

图5-71 修改-延伸

修剪或延伸图元,以形成角。另外,也可延伸管中心在一直线上的两段管段,使它们连成一根管段。

沿一个图元定义的边界修剪或延伸一个图元。

沿一个图元定义的边界修剪或延伸多个图元。

(5)添加存水弯。

自动布局不会为卫生器具添加存水弯,如果用户需要在排水系统中体现存水弯,一般有两种方法:

①在族编辑器中将存水弯和卫生器具建在一起。为了增加这种"组合族"的灵活性,用户可以添加参数调整存水弯在器具下的偏移值,以适应不同排水口高度要求。这种方法可以省去在项目中添加存水弯的工作量,但是在明细表中无法体现存水弯的类型和数量。

②手动添加。添加时要注意存水弯的插入点和方向,建议结合多视图和管件工具技巧进行操作。

(6)布线解决方案。

对于排水管道连接,我国设计规范要求排水横管作 90°水平转弯时,或排水立管与排出管端部的连接,宜采用两个 45°弯头或大转弯半径的 90°弯头。可将弯头替换为大转弯半径的 90°弯头,也可以通过"布线解决方案"修改为两个 45°弯头。其方法是:先选择要修改的管段,包括弯头和两侧的管道。然后单击"修改|选择多个"选项卡中的"布线解决方案"。

进入"布线解决方案"编辑状态,在功能区可切换方案,还可以添加控制点和删除控制点修改布线路径。

(7)绘制管道坡度。

Revit MEP 可通过"坡度"工具绘制具有坡度的管道。"坡度"工具的使用要注意以下几点:

①使用自动"生成布局"功能布置管道,在完成布局后,管道两段被前后"牵制",坡度很难再修改到统一值,所以在使用该功能时,在指定布局解决方案时应指定坡度,见图 5-72。

图 5-72 绘制管道坡度

②当手动绘制时,建议按以下顺序绘制管道:该层排水横管从管路最低点(接入该层排水立管处)画起,先画出干管后画支管,并且从低处往高处画。注意管路最低点的偏移值需预估,其值需保证管路最高点的排水横管能正确连接到卫生器具排水口上。

(8)快速修改管道类型。

绘制管道时,需要注意当前应用的"管道类型"。尤其交替绘制多个管道系统,各系统所用的管道类型又各不相同时,应注意及时切换管道类型,否则绘制完毕后再修改管道类型就麻烦了。

这里推荐两种比较快速的修改方法。

①使用"修改类型"功能快速修改管道类型,具体操作方法参见本章"5.1.1 管道设计参数"的"管道类型"。

②对于连接良好的管道系统,通过创建"管道明细表",添加"族与类型"字段,可以在"族与族类型"下拉框中替换管道类型。同理,可在"管件明细表"里替换管件类型。该方法的前提是系统连接成功,否则也很难判断出需修改的管道或管件。

(9)创建组。

项目中经常遇到相同布局的单元,如上下层卫生间或酒店标间卫生间。这时只需连接好一个"标准间",选择"标准间"所有的器具、设备、管道、管件和附件等图元,单击功能区中"修改|选择多个"→"创建组",然后在平面或立面上复制"组",再将支管接入干管或立管即可,这样就可以大大降低绘图工作量了。注意,复制后的"组"需要重新创建逻辑系统,见图5-73。

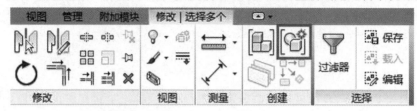

图5-73 创建组

新建的"组"在项目浏览器中显示在"组/模型"下,可选择"组"进行编辑。

在绘图区域选中"组",功能区提供了工具可编辑组、解组和转换组。单击"编辑组"可重新修改"组"中的图元。

5.3 消防系统

利用Revit MEP进行消防系统设计有以下优势:第一,三维管路能大大提高消防管路布置的准确性,有效地避免其他构件,如梁、柱在空间上的冲突;第二,迅速完成管道和设备标注;第三,自动生成系统设备材料表。

不过Revit MEP目前还不支持消防系统管道水力计算,不能根据流量自动调整管道大小。因此相对于室内给排水设计,消防设计的工作量要略大些。

下面分消火栓给水系统、自动喷水灭火系统介绍用Revit MEP进行消防系统设计的大致思路,并对可能遇到的部分问题提供解决方法。

5.3.1 消火栓给水系统

1.项目准备

(1)消防构件族。

在进行消防系统布置时,要用到相关的构建族,在Windows7操作系统中,默认安装的情况下,Revit MEP 2016自带的构建族都存放在以下路径:C\ProgramData\Autodesk\RME2016\Libraries\China\。

与消防设计相关的构件族的文件夹名称和子文件夹名称见表5-2。

表5-2 消防构件族

文件夹名称	子文件夹名称	所存放的构建族
消防	橱柜	消火栓箱和消防卷盘
	阀门	消防管路上专用阀门
	附件	消防管路上专用附件
	连接	水泵接合器
	喷水装置	喷淋系统中的喷头

续表5－2

文件夹名称	子文件夹名称	所存放的构建族
管道	阀门	按用途分类存放：安全阀、蝶阀、多用途阀、浮标阀、隔膜阀等
	附件	过滤器、吸入散流器、温度计量器、压力计量器等
	配件	按材料分类存放。其中钢塑复合、PVC－U、钢法兰、PE、不锈钢材料的管件是按照中国规范创建的。它们的文件名指明了规范号，如 GBT5836、CJT137 等
机械构件	出水侧构件	泵、水软化器、水过滤器等

（2）消火栓箱族创建。

①选择"基于面的公制常规模型.rft"为新消火栓箱族的样板文件。

②单击功能区中"创建"→"类别和参数"，将"族类别"设置成"机械设备"。

③单击功能区中"创建"→"类型"，创建三个族类型，命名为"明装""半暗装""暗装"。创建以下参数："箱体长边"、"箱体短边"、"箱体厚度"和"嵌墙深度"。

④利用实心拉伸来绘制消火栓箱体，在"楼层平面"中，"参照标高"和"立面"的两视图的尺寸标注见图5－74。

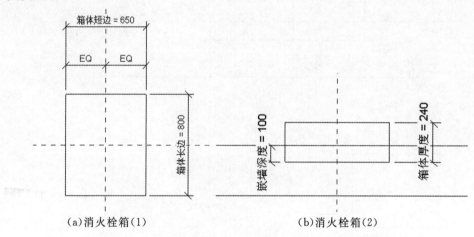

（a）消火栓箱（1）　　　　　　　　（b）消火栓箱（2）

图5－74　消火栓箱

⑤加"栓口高度"尺寸标注，见图5－75和图5－76，并修改自带参数"默认高度"的公式为："1100mm 栓口高度"。这样消火栓口中心距地面的高度保持为1.10m。

⑥添加"栓口偏移1"和"栓口偏移2"两个约束，确定与消火栓接管的位置，见图5－77。

⑦在消火栓箱体表面添加"消火栓"字样。在"楼层平面"添加模型文字并约束在合适的位置，见图5－78。

⑧"公制详图构件.rft"为样板文件创建消火栓图例族，作为嵌套族加载到消火栓族当中，添加到"立面:前"，并进行相应的尺寸标注，见图5－79。

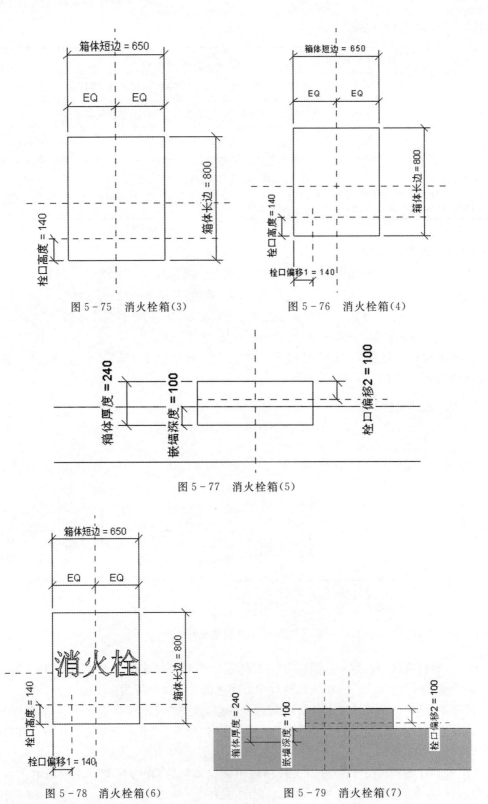

图 5-75　消火栓箱(3)

图 5-76　消火栓箱(4)

图 5-77　消火栓箱(5)

图 5-78　消火栓箱(6)

图 5-79　消火栓箱(7)

⑨根据图纸表达习惯,设置几何图元的可见性。

⑩添加"管道连接件",连接件设置见图5-80。并将连接件属性中"半径"和族参数"栓口半径"关联,"流量"和族参数"栓口流量"关联,"压降"和族参数"栓口水压"关联,最后将创建好的族载入到项目文件中。

图5-80　消火栓箱(8)

 小技巧

要将"管道连接件"加在实体的特定位置上,可先在"管道连接件"添加的位置绘制一个小的圆柱体(实心拉伸)。然后选中圆柱体底面,添加管道连接件,该圆柱体底面圆心即为连接件位置。添加好连接件后,单击功能区中"修改"→"连接"→"连接几何图形",将圆柱和立方体连接起来,辅助添加连接件的圆柱体即不可见了。

(3)消火栓系统管道配置。

和其他管道系统类似,布置消火栓系统管道之前应先配置类型属性。步骤如下:

①单击功能区中"机械设置"→"管道设置"→"尺寸",查看是否有适用消防系统的管道。如果没有,可按本章"5.1.1管道设计参数"的"1.管道尺寸"中的说明添加管道尺寸。

②载入打算在消火栓系统中使用的管件族。

③单击功能区中"常用"→"类型属性"按钮,打开"类型属性"对话框,单击对话框中"复制"按钮,输入新的管道类型名称,如"钢塑复合",并选择相应的管件。

2.设备布置

(1)消火栓箱布置。

①将新建的消火栓箱族载入到项目中。

②根据消火栓选用和布置原则,将消火栓放置到合适的位置。

(2)消防立管布置。

根据消火栓箱的位置,绘制消防立管。

(3)消火栓箱与消防立管的连接。

①选中消火栓箱,点击功能区中"修改|机械设备"→"连接到",再选择消火栓箱附近的消防立管,即完成初步连接。

②通过"连接到"完成连接后,如需要,可以手动调整接管的标高。创建剖面视图,通过平铺平面、剖面和三维视图,可以方便直观地修改连接横管的标高。

3.系统布管

Revit MEP 自动布局形成的管路不适用消火栓给水系统,建议将各个标高的消火栓箱和消防立管逐一连接完毕后,再手动将各个消防管通过消防横管连接起来,完成消火栓给水系统的管路连接。

4.系统标注

消火栓箱和消防立管可以利用项目参数、过滤器和明细表进行标注。

(1)项目参数创建。

①单击功能区"管理"→"项目参数",添加名为"消火栓给水"的项目参数。

②通过按"Tab"键选中消防立管 1 上的消火栓箱、管件、管路附件。编辑实例属性,修改项目参数"消火栓给水"的数值为"消火栓-1"。

③同样的办法修改其他消防立管上相关设备的项目参数"消火栓给水"的数值为"消火栓-2"、"消火栓-3"等。

小提示

创建项目参数的主要目的就是将各消防立管区分开来,方便设置过滤器来管理。笔者亦考虑过通过创建系统的方式来区分,即一根立管上的消火栓箱组成一个系统。该方法的问题在于,消火栓系统往往要求成环,当某个独立的消火栓系统和成环的消防横管相连接时,消防横管亦可能被算入该消火栓系统,且图元的管道系统属性将无法修改。

(2)过滤器设置。

①设置三维视图的过滤器,为所建的各消火栓系统设置不同颜色。

②各个消防立管区别颜色显示。

(3)明细表创建和修改。

①创建族类别为"机械设备"的明细表。

小提示

用消火栓箱创建"其他消防系统",这样可以方便地将消火栓箱和其他族类别为"机械设备"的族区分开来。

②填写消火栓明细表中的"注释"。根据参数"消火栓给水"和"标高",很容易写出消火栓箱的注释。例如 H304 代表消火栓位于 3 楼,并连接在 4 号立管上。

(4)消火栓箱标注。

①消火栓箱标注注释族载入。利用注释符号族对消火栓箱进行标注。标注之前,需要载入一个标签参数为"注释"的注释符号族,详细做法参见本章"5.1.4 管道标注"的"2.编号标注"中"(1)立管编号"。

②"全部标记"将视图切换到某一楼层平面。单击功能区中"注释"→"全部标记"。

在打开的"标记所有未标记的对象"对话框中,选中消火栓标注族,在"引线"选项中勾选,创建引线。

单击"应用"后,当前楼层平面的所有消火栓箱编号标注就自动添加到图中。为了图面的整齐,可能需要手动修改标注位置。

(5)消防立管标注。

同样,也利用注释符号族对消防立管进行标注。这里要注意修改注释符号族的族类别,标记管道的注释符号族的族类别为"管道标记",而标记消火栓箱的注释符号族的族类别为"机电设备标记"。在过滤设置完毕后,创建管道的明细表。单击三维视图中的某立管,在"属性"对话框中查看其"标记"值,然后在管道明细表应标记的立管处填写"注释",例如为"标记"是"514"的立管填写"IHL"。按此方法,填写完所有立管的"注释",最后回到楼层平面图上就能快速标注消防立管。

5.3.2 自动喷水灭火系统

1.项目准备

(1)喷头族。

Revit MEP 2016 中提供了两个符合中国绘图习惯的喷头族。

(2)喷淋系统管道配置。

请参见"5.3.1 消火栓给水系统"的"1.项目准备"中"(3)消火栓系统管道配置"。

2.设备布置

喷头的布置一般为长方形、正方形或者菱形,比较规整。可以参考以下步骤:

(1)根据喷头布置间距要求,添加一些参照平面。可以用"阵列"命令快速便捷地完成参照平面的绘制。

(2)将喷头添加到参照平面的交点上。通过"对齐"命令,将喷头约束在水平和数值两个参照平面上,这样做可以通过移动参照平面轻松地批量调整喷头位置,同时有利于后续自动布局的管路连接,避免因喷头没有对齐而接管失败。

3.系统布管

和消防给水系统不同,喷淋管网可以利用"生成布局"功能轻松完成初步布置。布局将针对在同一系统中的图元生成。软管选中的喷头属于"湿式消防系统 1",那么 Revit MEP 将为"湿式消防系统 1"的所有喷头进行布局。如果选中的喷头不属于任何系统,为"默认的湿式消防系统",那么 Revit MEP 将为"默认的湿式消防系统"中的喷头生成布局。具体步骤如下:

(1)选中欲生成布局的所有喷头,单击功能区中"修改|喷头"→"创建系统"→"管道",弹出"创建管道系统"的对话框,创建湿式消防系统。"系统创建"功能的说明可参见本章"5.2.3 系统创建"。

(2)选中其中任意一个喷头,单击功能区中"修改|喷水装置"→"生成布局","生成布局"功能的说明可参见本章"5.2.4 系统布管"。

(3)进入布局模式后,可以选择"解决方案类型",对于喷头的位置,通常可以选择"管网"。

"管网"提供干管水平布置和竖直布置两种方案类型,选择一种适合的即可。

 小提示

在 Revit MEP 自动生成布局模式中,蓝色管道为系统默认的干管,绿色管道为系统默认的支管。需要注意的是,干管和支管无法自动调整、指定。

(4)单击"完成布局",即可完成喷淋管道的初步布置。如果此时出现警告,可能是以下原因:第一,干管、支管标高设置不合理,导致空间不够;第二,管件尺寸偏大,导致空间不够;第三,喷头没有对齐,无法生成合理的布局。针对上述问题,需根据实际情况进行排除并解决。

(5)布置完成后可以根据需求进一步手工调整管道位置。

(6)手动设置调整管道尺寸。

4.系统标注

喷淋立管也可以通过添加注释的方法进行标注,具体办法参照消火栓立管的标注。喷淋管道的尺寸标注可以通过单击功能区中"注释"→"全部标记",非常迅速便捷地完成一个楼层的喷淋管道尺寸的标注。Revit MEP 会将所有的管道都标记出来,对于不需要重复标记的管道尺寸,需要手动删除。

第6章 暖通空调的设计

教学导入

Revit MEP 2016 为暖通设计提供快速准确的计算分析功能,内置的冷却负荷计算工具,可以帮助用户进行能耗分析并生成负荷报告;风管和管道尺寸计算工具,可根据不同算法确定干管、支管乃至整个系统的管道尺寸;检查工具及明细表,帮助用户自动计算压力和流量等系统信息,检查系统设计的合理性。

学习要点

- 负荷计算:掌握负荷计算过程
- 空调风系统:风系统布置风管
- 空调水系统:水系统管线连接
- 采暖系统:设备和管道布置

6.1 负荷计算

Revit MEP 2016 内置的负荷计算工具基于美国 ASHRAE 的负荷计算标准,采用热平衡法(HB)和辐射时间序列法(RTS)进行负荷计算。该工具可以自动识别建筑模型信息,读取建筑构件的面积、体积等数据并进行计算。

6.1.1 基本设置

首先设置项目所处的地理位置、建筑类型和构造类型等基本信息。

1. 地理位置

项目开始时,使用与项目距离最近的主要城市或项目所在地的经纬度来指定地理位置,根据地理位置确定气象数据进行负荷计算。

在 Revit MEP 2016 中可以通过以下方法编辑"地理位置":

a. 单击功能区中"管理"→"地点",打开"位置、气候和场地"对话框,见图 6-1。

图 6-1 地点设置

b. 单击功能区"管理"→"项目信息"→"能量设置编辑"→"位置",打开"位置气候和场地"对话框,见图 6-2。

"位置、气候和场地"对话框包含了"位置""天气""场地"三个选项卡,各选项卡的意义如下:

图 6-2　位置气候和场地

（1）位置。

定义项目所在地的位置。可以通过在"定义位置依据"下拉菜单中，选择"默认城市列表"或"Internet 地图服务"两种方式来实现。

默认城市列表：在"城市"列表中选择项目所在地，例如选择"北京，中国"，系统将自动匹配北京的维度、经度和时区，见图 6-2。

🪶 **小提示**

如果项目所在地实行"夏时制"，需要勾选"使用夏时令时间（U）"。

Internet 地图服务：如果当前计算机连接到 Internet，可以选择"Internet 映射服务"。下方将列出选择的城市以及 Google 地图，在 Google 地图上可以查看项目的地址和经纬度。例如，在"项目地址"中输入"中国上海市浦东新区浦电路 399 号"单击"搜索"；在下方的 Google 地图中就可以显示出该地址相关的纬度、经度坐标。

🪶 **小提示**

如果未找到项目地址，可以重新输入更详细的项目地址或者输入一个项目附近的地址，如果找到多个结果，通过单击项目位置工具提示的超链接，选择项目地址。

🪶 **小技巧**

用户可以根据需要拖拽项目位置指针选择项目地址。

（2）天气。

设置相应地点的气象参数,包含"制冷设计温度"、"加热设计温度"和"晴朗数",见图6-3。

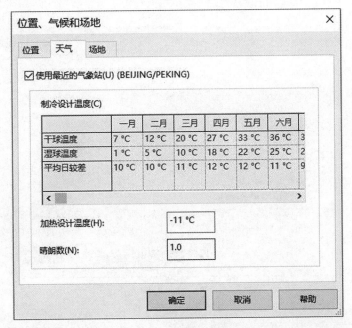

图6-3 天气设置

制冷设计温度:夏季空气调节室外计算温度。包含逐月的干球湿度、湿球温度及平均日较差。

加热设计温度:冬季室外计算温度,类似于"采暖室外计算温度"。

晴朗数:范围从0到2,其中1表示平均晴朗数,0和2是极限值。0表示模糊度最高,2表示透明度最高。根据ASHRAE手册,晴朗干燥的气候对应的晴朗数大于1.2,模糊潮湿的气候对应的晴朗数小于0.8,晴朗数的平均值为1.0。晴朗数类似于《采暖通风与空气调节设计规范》中定义的"大气透明度等级"。

🖋 小提示

（1）对于Internet访问权的Autodesk速博用户,"天气"选项卡中会自动采用选定的"气象站的HVAC设计数据",而不是采用ARSHRAE的数据。

（2）勾选"使用气象站的HVAC设计数据"时,"制冷设计温度"只能使用软件提供的默认值。如果用户需要根据实际情况对"制冷设计温度"进行自定义,取消勾选即可编辑"制冷设计温度"。

（3）场地。

用于确定建筑物的朝向及建筑物之间的相对位置,一般由建筑设计师确定。见图6-4。

2.建筑/空间类型设置

单击功能区中"管理"→"MEP设置"→"建筑/空间类型设置",打开"建筑/空间类型设置"对话框,见图6-5。

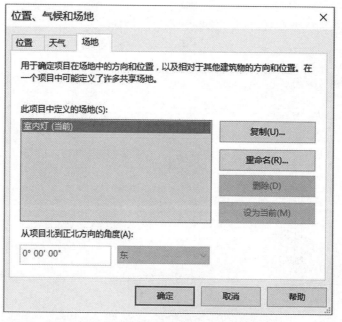

图 6-4　场地

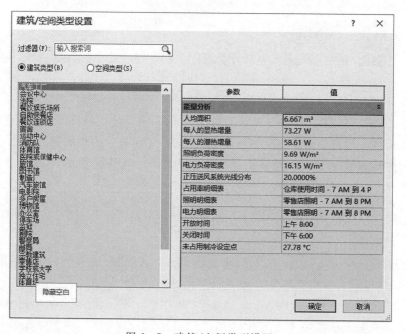

图 6-5　建筑/空间类型设置

"建筑/空间类型设置"对话框中列出了不同建筑类型及空间类型的能量分析参数,如室内人员散热、照明设备的散热及同时使用系数的参数等,默认参数值均参照美国 ASHRAE 手册。

(1)建筑类型。

建筑类型指不同功能的建筑,如体育馆、办公室等。建筑类型的能量分析参数如下:

a. 人均面积：每单位面积的人数；

b. 每人的显热增量：空气温度变化吸收或放出的热量；

c. 每人的潜热增量：同空气中的水蒸气浓度变化有关的热量，例如，人体汗水蒸发吸收的热量，人员换气带进来的空气含湿量；

d. 照明负荷密度：每平方米灯光照明散热量；

e. 电力负荷密度：每平方米设备的散热量；

f. 正压送风系统光线分布：吊顶空间内吸收照明散热量的百分数；

g. 占用率明细表：建筑或空间需要制冷或加热的时间段；

h. 照明明细表：建筑或空间照明开启到关闭的时间段内照明同时使用率；

i. 电力明细表：建筑或空间照明开启到关闭的时间段内设备同时使用率；

j. 开放时间：建筑开放时间点；

k. 关闭时间：建筑关闭时间点；

l. 未占用制冷设定点：非空调区域的温度设定点。

用户可以根据不同国家、地区的规范标准及实际项目的设计要求，对各个能量分析参数进行调整，以确保负荷计算结果的正确性。如"办公室"，如果考虑室内设计温度是 26℃，需要将"建筑类型"中"办公室"的"每人的显热增量"及"每人的潜热增量"参数值分别调整为 57W 和 51W。

编辑"占用率明细表"或"照明明细表"或"电力明细表"时，打开相应的"明细表设置"对话框。例如，编辑"照明明细表"，单击█打开照明"明细表设置"对话框。在"明细表设置"对话框左侧列出了各种不同建筑的照明使用时间段，用户可以选择模板内置的明细表，也可以单击"新建"或者"复制"，自定义一个新的照明使用时间。单击"重命名"可以对已有的照明使用时间名称进行编辑。右侧图标显示相应照明使用时间下，照明在各时间段的使用率。用户可以根据实际情况，直接编辑各时间段的使用系数，见图 6-6。

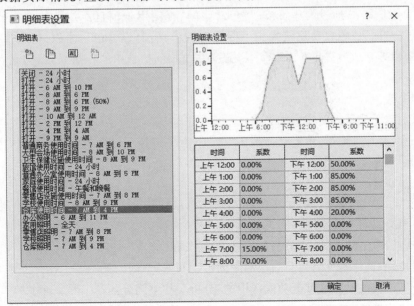

图 6-6　明细表设置

（2）空间类型。

空间类型指不同功能的房间，例如大厅、办公室封闭、活动区体育馆等，见图6-7。空间类型不包含开放时间、关闭时间和未占用制冷设定点三个参数，其他参数与建筑类型对应的能量分析参数相同。

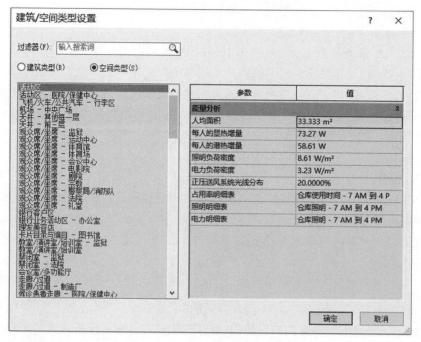

图6-7　空间类型

6.1.2　空调

Revit MEP 2016通过为建筑模型定义"空间"存储用于项目冷热负荷分析计算的相关参数。通过"空间"放置自动建筑物中不同房间的信息：周长、面积、体积、朝向、门窗的位置及门窗的面积等。通过设置"空间"属性，定义建筑物围护结构的传热系数、房间人员负荷等能耗分析系数。

1.空间放置

（1）识别链接建筑模型中房间边界。

选中链接的建筑模型，单击功能区中"修改 RVT 链接"→"类型属性"，在"类型属性"对话框中勾选"限制条件"下的"房间边界"。

（2）空间放置。

手动放置：单击功能区中"分析"→"空间"，将鼠标移动到建筑模型上，将自动捕捉房间边界，点击相应房间布置空间。

自动放置：单击功能区中"分析"→"空间"后，在"修改|放置空间"中单击"自动放置空间"命令，软件根据建筑分隔为当前楼层平面自动布置"空间"，见图6-8。

对于大空间，可以通过单击功能区中的"分析"→"空间分隔符"，将一个大空间分隔为两个或多个空间，见图6-9。

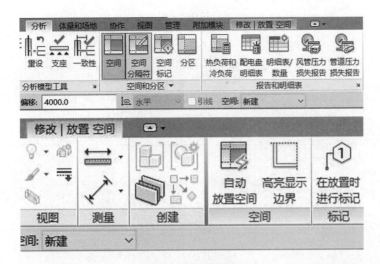

图 6-8　空间放置

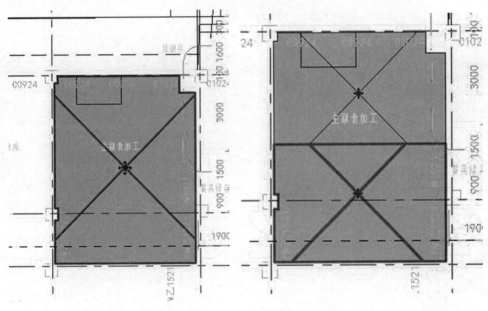

图 6-9　大空间设置

（3）空间可见性设置。

在当前视图，键入"VV"命令，打开当前视图的"可见性/图形替换"对话框，构选"空间"选项下的"内部"和"参照"，高亮显示当前楼层平面的"空间"。

（4）空间标记。

添加空间标记标注空间的信息。

自动放置空间标记：无论手动布置空间或自动放置空间，只要选择"修改空间标记"→"在放置时进行标记"，在布置空间时将自动为"空间"添加编号标记，见图 6-10。

手动放置空间标记：单击功能区"分析"→"空间标记"，逐个添加空间标记，见图 6-11。

编辑空间标记属性：单选某个"空间标记"或全选当前视图中的所有"空间标记"，单击功

图 6-10 自动放置空间标记

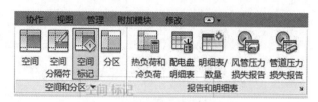

图 6-11 手动放置空间标记

能区中"修改空间标记"→"属性",可以编辑"空间标记"。在"实例属性"对话框中可以选择"空间标记"类型,如选择"使用体积的空间标记","空间标记"将显示空间的名称和空间体积,在"修改空间标记"选项栏中,可以调整空间标记为水平显示或者垂直显示,以及是否为标记添加引线。

小提示

(1)由于建筑围护结构间存在传能,为保证负荷计算结果的准确性,需要为建筑模型的所有区域布置空间,如吊顶层、架空地板夹层、竖井、墙槽及小空隙空间等非空调区域。

(2)如果在添加自定义标高的楼层平面放置的空间,即使设置了可见性仍然无法显示,则需要切换到立面视图,选中标高,设置该标高的"计算高度"参数值大于等于"视图范围"内的"剖切面"偏移值,这样放置的空间即可显示。

小技巧

(1)单击功能区中的"分析"→"空间",激活"修改|放置空间"选项卡,单击"高亮显示边界",可以在放置空间前帮助用户检查房间边界是否存在问题,如果发现房间边界有问题,需要先调整房间边界再放置空间,见图 6-12。

(2)在"修改|放置空间"选项栏中,用户还可以自定义需要放置空间的上限、偏移以及空

图 6-12 高亮显示边界

间标记的放置方向和空间标记是否需要引线等,见图 6-13。

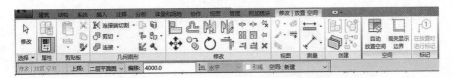

图 6-13　修改|放置空间

空间放置完毕后,全选当前视图中所有的空间图元,如果空间放置存在问题,在功能区面板中将出现"显示相关警告",单击"显示相关警告",有问题的空间将高亮显示,并打开"消息"对话框。选中"警告 1"下的条目,视图中高亮显示对应的问题空间。

2.空间设置

空间放置完毕后,需要对各个空间的能量分析参数进行设置。空间的能量分析参数设置有两种途径:一是在空间属性中进行设置,二是在空间明细表中进行设置。

(1)空间属性。

选中当前视图中某个空间,单击功能区中的"属性",在"实例属性"对话框中编辑"能量分析"中的参数,见图 6-14。

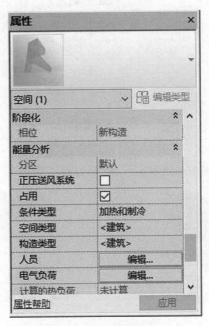

图 6-14　能量分析

①分区:当前空间如果没有指定到某一分区,显示"默认",否则显示该空间所在分区的名称。

②正压送分系统:当非空调空间作为静压箱使用时,勾选此项,如吊顶空间、架空地板夹层等。

③占用:如果空间是空调系统,勾选"占用"。反之不勾选此项,如建筑中的竖井、墙槽或公共卫生间等。

④条件类型:确定热负荷和冷负荷的计算方式。如选择"加热",只计算热负荷,选择"无条件的",则不计算负荷,见图6-15。

图6-15 条件类型(1)

小提示

如果吊顶层等非空调不作为静压箱使用时,无论是否勾选"占用","条件类型"中都必须选择"无条件的",见图6-16。

图6-16 条件类型(2)

⑤空间类型:单击空间类型,打开"空间类型设置"对话框,见图6-17。

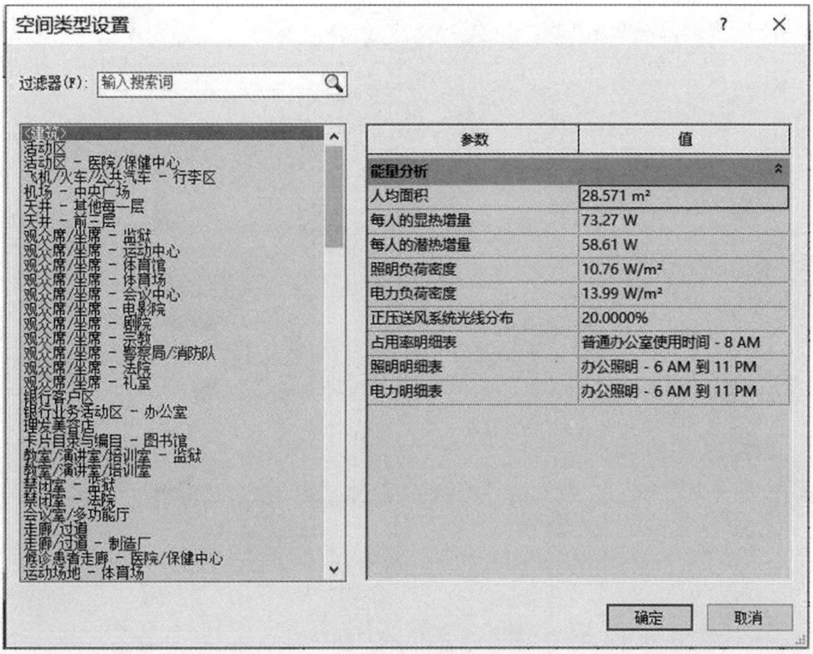

图6-17 空间类型

选择某一"空间类型"后,按照当地的规范标准设置相应能量分析参数,该对话框与本章"6.1.1基本设置"中介绍的"建筑/空间类型设置"对话框中的空间能量参数设置一致。如果在"建筑/空间类型设置"对话框中已经设置相关能量参数,这里只选择空间类型即可。如果在该对话框中更改某一类型的能量设置参数,"建筑/空间类型设置"对话框中相应空间的能量参数会同步更新。

⑥构造类型:定义建筑围护结构的传热性能,默认设置为"建筑"。

单击构造类型 ,打开"构造类型"对话框,单击"构造1",通过左侧"构造"选项卡为"构造1"指定围护结构类型,这些构造的热工参数将用于负荷计算,例如屋顶、内墙、外墙及天花板等的导热系数(U值),内窗、外窗及玻璃门等导热系数(U值)和太阳辐射得热率(SHGC)、内遮阳系数(2012版本翻译为"内部着色系数")。用户在设计时,可以编辑原有的"构造1"或者新建"构造类型",通过"构造"选项卡指定不同的建筑类型的材质,见图6-18,软件内置的建筑围护结构热工参数值取自ASHRAE手册。

⑦人员:指定空间的人员负荷,单击"人员"中的"编辑",打开"人员"对话框,见图6-19。

默认:人员负荷将按照本章"6.1.1基本设置"中"建筑/空间类型设置"对话框中"空间类型"设置的人均面积、每人的潜热增量和显热增量进行计算。

指定:自定义在"占用"下的"人数"或"人均面积"、"每人的热增量"的"显热"和"潜热"。

⑧电气负荷:指定照明、设备负荷,单击"电气负荷"中的"编辑",打开电气负荷对话框,见图6-20。

默认:电力和照明负荷将按照本章"6.1.1基本设置"中"建筑/空间类型设置"对话框中"空间类型"设置的照明负荷密度、电力负荷密度和正压送风系统光线分布进行计算。

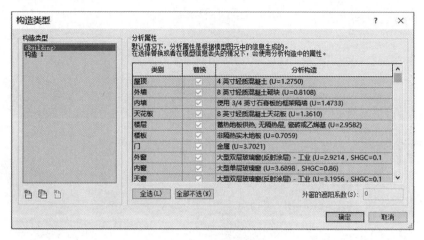

图 6-18　构造类型

图 6-19　人员

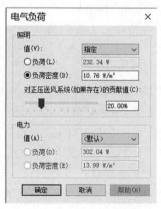

图 6-20　电气负荷

指定：如果选择"指定"，可以自定义"照明"、"电力"的"负荷"或"负荷密度"。

实际：可自定义"对正压送风系统（如果存在）的贡献值"，"负荷"和"负荷密度"会自动获取当前项目中实际放置的照明、电力等信息数据进行计算。

⑨计算的热负荷和计算的冷负荷:"计算的热负荷"和"计算的冷负荷"是使用 Revit MEP 2016 内置的负荷计算工具计算后得到的负荷值,在未进行负荷计算前,这两项的值显示为"未计算"。

⑩设计热负荷和设计冷负荷:"设计热负荷"和"设计冷负荷"是用户自定义的预计负荷值,进行负荷计算后,可以通过比较设计值和计算值,对设计进行修订。如果未定义"设计热负荷"和"设计冷负荷",负荷计算后,这两项值将分别等于"计算的热负荷"和"计算的冷负荷"。

(2)空间明细表。

空间明细表用于查看、统计和编辑空间信息。

单击功能区中的"分析"→"明细表数量",在"类别"列表中选择"空间",建立空间明细表。单击"确定",编辑空间明细表属性,见图 6-21。

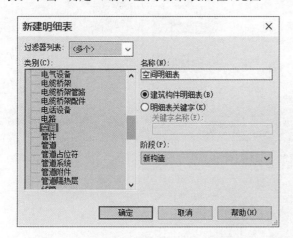

图 6-21 新建明细表

①字段:将软件提供的"可用字段"中同"空间设置"相关的参数添加到"明细表字段"中,例如,添加编号、名称、空间类型等关键参数,通过"上移、下移"调整参数的前后位置,见图 6-22。

②过滤器:通过设定过滤条件,只显示满足过滤条件的信息。例如,用"标高"等于"F2-3.35",则明细表中仅仅显示 F2-二层的相关参数,见图 6-23。

③排序/成组:在"排序方式"中选择"标高"和"升序","空间明细表"将首先按照各层不同的"标高"升序排列;在第二过滤条件选择"面积"和"升序",每层中的不同空间会按照空间面积升序排列,见图 6-24。

完成上述三项编辑后,单击"确定",生成所需的"空间明细表"。可直接在"空间明细表"编辑空间属性。当不同空间的空间属性相同时,可以直接在"空间明细表"中通过"复制"和"粘贴"命令进行编辑。

使用"窗口平铺"功能将空间明细表和对应楼层平面同时显示在窗口中,可以直观地查看和编辑相应空间的信息。

图 6 - 22   明细表属性

图 6 - 23   过滤器

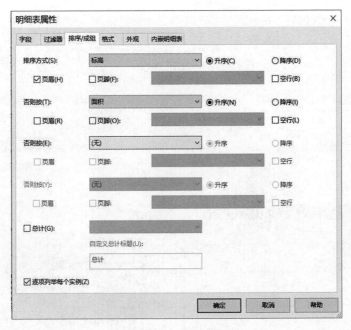

图 6-24　排序/成组

🖋 小提示

空间放置完成后,用户可以同时打开剖面、平面视图检查空间放置是否正确。

6.1.3　分区

分区是各空间的集合。分区可以由一个或者多个空间组成,创建分区后可以定义统一具有相同环境(温度、湿度)和设计需求的空间。简而言之,使用相同空调系统的空间或者空调系统中使用同一台空气处理设备的空间可以指定为同一分区。新创建的空间会自动放置在"默认"分区下。所以在负荷计算前,最好为空间指定分区。

🖋 小提示

正压送风系统这类未占用区域的空间,即使不在同一标高也可以添加到同一分区中。

1.分区放置

单击功能区中的"分析"→"分区",单击"编辑分区"→"添加空间",选择"空间",将具有相同环境和设计需求的"空间"逐个添加到分区中,见图 6-25。

2.分区查看

分区添加完成后,可以通过以下两种方式来检查分区:

①单击"视图"→"用户界面",勾选"系统浏览器",在弹出的"系统浏览器"中选择"视图"下的"分区",可以查看分区状态。

②点击列设置按钮 ,在弹出的"列设置"对话框中,在"常规"下勾选用户所需查看的分区中空间信息,见图 6-26。

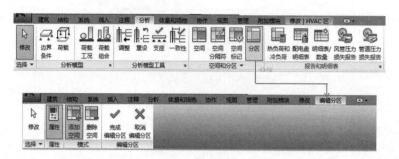

图 6 - 25 编辑分区

图 6 - 26 系统浏览器

3.分区设置

在"系统浏览器"中,选中分区单击右键选择"属性"或者选中当前视图中的分区单击右键选择"属性",打开功能区中的"属性"对话框,在"能量分析"下定义分区的设备类型、制冷、加热和新风信息等参数,见图 6 - 27。

(1)设备类型。

选择分区使用的加热、制冷或加热制冷设备类型。用户可在下拉菜单中,按照设计要求选择空调设备类型。

(2)盘管旁路。

制造商的盘管旁路系数,是用来衡量效率的参数,表示通过盘管但未受盘管温度影响的分区。

(3)制冷信息。

打开"制冷信息"对话框,包含四个选项,见图 6 - 28。

图 6-27　能量分析

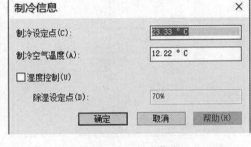

图 6-28　制冷信息

①制冷设定点:分区中所有空间要达到并保持的制冷空调温度,每个分区只能指定一个设定点,因为默认每个分区使用一个温度调节装置控制所有空调。

②制冷空气温度:分区中所有空间进行制冷的进风温度。

③湿度控制:勾选后,计算再热负荷。

④除湿设定点:分区中的所有空间维持的相对湿度。

(4)加热信息。

打开"加热信息"对话框,包含四个选项,见图6-29。

图 6-29　加热信息

①加热设定点:分区中所有空间要达到并保持的加热空调温度。

②加热空气温度:分区中所有空间进行加热的送风温度。

③湿度控制:勾选后,计算再热负荷。

④湿度设定点:分区中的所有空间维持的相对湿度。

(5)新风信息。

打开"新风信息"对话框,包含三个选项,见图6-30。

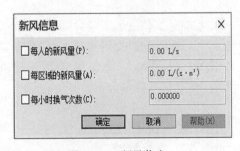

图 6-30　新风信息

①每人的新风量:分区中所有空间,每人所需的最小新风量。

②每区域的新风量:分区中所有空间,每平方米所需要的最小新风量。

③每小时换气次数:分区中所有空间的每小时最小换气次数。

小提示

"制冷信息"中的"除湿设定点"不能低于"加热信息"的"湿度设定点"。

6.1.4 热负荷和冷负荷

完成建筑类型、空间和分区的设置后,可以根据建筑模型进行负荷计算。

单击功能区中"分析"→"热负荷和冷负荷",打开"热负荷和冷负荷"对话框,包含"常规"和"详细信息"两个选项栏,见图 6-31。

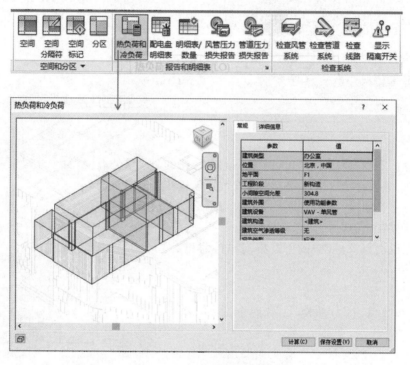

图 6-31　热负荷和冷负荷

1. 常规

常规建筑信息数据包含以下信息:

(1)建筑类型:指定建筑类型,与本章"6.1.1 基本设置"中介绍的"建筑/空间类型设置"中设置"建筑类型"一致。指定某一"建筑类型"后,如"办公室",将自动调用"建筑/空间类型设置"中设置的能量分析参数进行计算。

(2)位置:与本章"6.1.1 基本设置"中介绍的"地理位置"设置相同。

(3)建筑设备:该建筑采用的制冷、加热或制冷加热系统类型。例如,"风机盘管系统""集中供热:散热器"等。

(4)建筑构造:与本章"6.1.2 空间"中"2.空间设置"的"构造类型"设置相同,可以定义建筑围护结构(门、屋顶、窗)的材质和导热系数(U 盘)。

(5)建筑空气渗透等级:通过建筑外围漏隙进入建筑的新风的估计量。

①松散:0.076cfm/sqft(单位);

②中等:0.0386cfm/sqft;

③紧密:0.019cfm/sqft;

④无:不考虑空气渗透。

(6)报告类型:完成负荷计算后,生成负荷报告的详细程度。分为以下三种:

①简单:负荷报告包含项目信息、整个建筑的负荷、各个分区的负荷及各个空间的负荷。

②标准:负荷报告在"简单"报告的基础上增加了每个分区及空间的建筑围护结构负荷。

③详细:负荷报告在前两者的基础上增加了每个楼层负荷,并且列出了每个分区及空间在各个朝向上的建筑围护结构负荷。

(7)工程阶段:指定建筑构造的阶段,"现有"或者是"新构造"。

(8)小间隙空间允差:小间隙空间必须以平行房间边界构件形成完整边界,如回风竖井、墙槽等都属于小间隙空间。如果"热负荷和冷负荷"的"小间隙空间允差"设定值为500,"空间1"上部的墙槽在负荷计算时将默认属于空间1,并参与负荷计算;大于"小间隙空间允差"空间2上部的墙槽没有放置空间,将被作为室外考虑,不参与负荷计算。

(9)使用负荷信用:允许以负数形式记录加热或制冷"信贷"负荷。例如,从一个分区通过隔墙传递给另一个分区的热可以是负数负荷。

2.详细信息

详细信息包含空间信息和分析表面信息,见图6-32。

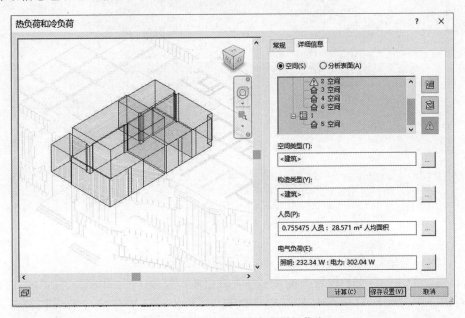

图6-32 热负荷和冷负荷详细信息

(1)空间信息:包含分区信息和空间信息。

当选择"空间"时,"热负荷和冷负荷"对话框中左侧窗口显示对应的空间模型。

①分区信息:所含信息与分区"属性"对话框中的"能量信息"一致。如果在分区的"属性"中已经完成设置,这里可以进行核查,如有需要可再次编辑。

②空间信息:所含信息与空间"属性"对话框中"能量分析"信息一致。如果在空间的"属性"中已经完成设置,这里可以进行核查,如有需要可再次编辑。

小提示

(1)在"详细信息"下选择下一个分区或者空间,单击高亮显示按钮⌷,可以在左侧窗口中查看该分区或者空间在建筑中的位置。

在"详细信息"下选择一个分区或者空间,单击隔离按钮⌷,可以在左侧窗口中隔离显示该分区或者空间,见图6-33。

(2)当建筑模型中的空间存在问题时,"警告"按钮⚠会高亮显示。选择与警告相关的空间,单击,打开"警告"对话框,可以查看警告原因。在进行负荷计算前,尽量处理所有的警告,以便得到精确的计算结果。

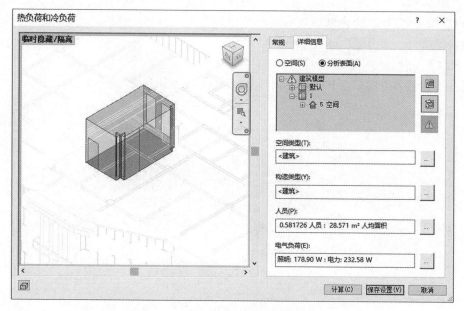

图6-33 热负荷和冷负荷-分析表面(1)

(2)分析表面信息:包含分区信息、空间信息以及建筑围护结构。

分区信息与空间信息的设置与选择"空间"时相同。当选择"分析表面"时,"热负荷和冷负荷"对话框中左侧窗口显示包括外墙、内墙、天花、地板等构件的分析表面模型,见图6-34。

3.负荷报告

上述设置都核查或编辑完成后,单击"计算"即生成负荷报告,或者不执行计算,单击"保存设置"保存更新。

以二层平面的办公区域为例,完成该楼层平面的负荷计算后,打开在"项目浏览器"中"报告"的下拉菜单,双击"负荷报告(1)",可以查看负荷报告。

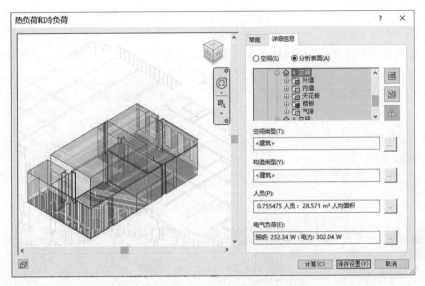

图 6-34　热负荷和冷负荷-分析表面(2)

通过修改"项目单位"可以定义负荷报告的数据格式。

6.2　风管功能

Revit MEP 2016 具有强大的管路系统三维建模功能,可以直接地反映系统布局,实现所见即所得。如果在设计初期,根据设计对风管、管道等进行设置,可以提高设计准确性和效率。本节将介绍 Revit MEP 2016 的风管功能以及基本设置。

6.2.1　风管设计参数

在绘制风管系统前,先设置风管设计参数:风管类型、风管尺寸以及风管系统。

1. 风管类型

单击功能区中"常用"→"风管",通过绘图区域左侧的"属性"对话框选择和编辑风管的类型。Revit MEP 2016 中提供的"Mechanical-DefaultCHSCHS. ret"和"Ssystems-DefaultCHSCSH. ret"项目样板文件中默认设置了四种类型的矩形风管、三种类型的圆形风管和四种类型的椭圆风管,默认的风管类型跟风管连接方式有关。

单击"编辑类型",打开"类型属性"对话框,可以对风管类型进行配置。

(1)使用"复制"命令可以根据已有风管类型添加新的风管类型。

(2)根据风管材料设置"粗糙度",用于计算风管的沿程阻力。

(3)通过在"管件"列表中配置各类型风管管件族,可以指定绘制风管是自动添加到风管管路中的管件,也可以手动添加管件到风管系统中。以下管件类型可以在绘制风管时自动添加风管中:弯头、T 型三通、接头、交叉线(四通)、过渡件(变径)、多形状过渡件矩形到圆形(天圆地方)、多形状过渡件矩形到椭圆形(天圆地方)、多形状过渡件椭圆形到圆形(天圆地方)和活接头。不能在"管件"列表中选取的管件类型,需要手动添加到风管系统中,如 Y 型三通、斜四通等。

(4)通过编辑"标识数据"中的参数为风管添加标识。

2.风管尺寸

在 Revit MEP 2016 中,通过"机械设置"对话框查看、添加、删除当前项目文件中的风管尺寸信息。

(1)打开"机械设置"对话框。

打开"机械设置"对话框有以下方式:

①单击功能区中"管理"→"MEP 设置"→"机械设置"。

②单击功能区的"系统"→"机械" ,见图 6-35。

图 6-35　系统-机械

③直接键入 MS。

(2)添加/删除风管尺寸。

打开"机械设置"对话框后,单击"矩形"/"椭圆形"/"圆形"可以分别定义对应形状的风管尺寸。单击"新建尺寸"或者"删除尺寸"按钮可以添加和删除风管的尺寸。软件不允许复制添加列表中已有的风管尺寸。如果在绘图区域已绘制了某尺寸的风管,该尺寸在"机械设置"尺寸列表中将不能删除。如需删除该尺寸,可以先删除项目中的风管,再删除"机械设置"尺寸列表中的尺寸。

3.尺寸应用

通过勾选"用于尺寸列表"和"用于调整大小"可以定义风管尺寸在项目中的应用。如果勾选某一风管尺寸的"用于尺寸列表",该尺寸就会出现在风管布局编辑器和"修改 | 放置风管"中风管"宽度"/"高度"/"直径"下拉列表中,在绘制风管时可以直接选用,也可以直接选择选项栏中"宽度"/"高度"/"直径"下拉列表中的尺寸。如果勾选某一风管尺寸的"用于调整大小",该尺寸可以应用于软件提供的"调整风管/管道大小"功能。

4.其他设置

在"机械设置"对话框"风管设置"选项中,可以为风管尺寸标注以及风管内流体属性参数等进行设置,见图 6-36。

面板中具体参数意义如下:

(1)为单线管件使用注释比例:如果勾选该项,在平面视图中风管管件和风管附件在粗略显示程度下,将会以"风管管件注释尺寸"参数所指定的尺寸显示。默认情况下,这个设置是勾选的。如果取消勾选,后续绘制的风管管件和风管附件族将不再使用注释比例显示,但之前已经布置到项目中的风管管件和风管附件族不会更改,仍然使用注释比例显示。

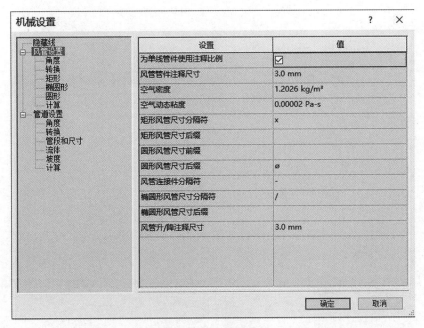

图 6-36 机械设置

(2)风管管件注释尺寸:指定在单线视图中绘制的风管管件和风管附件的出图尺寸,无论图纸比例多少,该尺寸始终保持不变。

(3)空气密度:每立方米空气所具有的质量,用于风管水力计算,单位 kg/m^3。

(4)空气动态粘度:空气粘滞系数,与空气温度有关,用于风管水力计算,单位 $Pa \cdot s$。

(5)矩形风管尺寸分隔符:显示矩形风管尺寸标注的分隔符号,例如 $500mm \times 500mm$。

(6)矩形风管尺寸后缀:指定附加到根据"实例属性"参数显示的矩形风管尺寸后面的符号。

(7)圆形风管尺寸后缀:指定附加到根据"实例属性"参数显示的圆形风管尺寸后面的符号。

(8)风管连接件分隔符:指定在使用两个不同尺寸的连接件之间用来分隔信息的符号。

(9)椭圆形风管尺寸分隔符:显示椭圆形风管尺寸的符号,例如 $500mm/500mm$。

(10)椭圆形风管尺寸后缀:指定附加到根据"实例属性"参数显示的椭圆形风管尺寸后面的符号。

(11)风管升/降注释尺寸:指定在单线视图中绘制的升/降注释的打印尺寸。无论图纸比例多少,该尺寸始终保持不变。

6.2.2　风管绘制

本节主要介绍风管占位符和风管管路的绘制,以及风管管件和附件的使用。

1.风管占位符

风管占位符用于风管的单线显示,不自动生成管件。风管占位符与风管可以相互转换。在项目初期可以绘制风管占位符代替风管以提高软件的运行速度。风管占位符支持碰撞检查功能,不发生碰撞的风管占位符转换生成的风管也不会发生碰撞。

在平面视图、立面视图、剖面视图和三维视图中均可绘制风管占位符。进入风管占位符绘制模式有以下方式:

①单击功能区中"风管占位符",见图6-37。

图6-37　风管占位符

②选中绘图区已布置构件族的风管连接件,右击鼠标,单击快捷菜单中的"绘制风管占位符"。

进入风管占位符绘制模式后,"修改|放置风管占位符"选项卡和"修改|放置风管占位符"选项栏被同时激活,见图6-38。

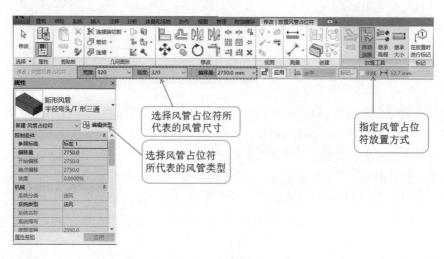

图6-38　风管占位符

以绘制矩形风管占位符为例,按照以下步骤手动绘制风管占位符:

①选择风管占位符所代表的风管类型。在风管"属性"对话框中选择风管类型。

②选择风管占位符所代表的尺寸。单击"修改|放置风管占位符"选项栏上"宽度"或"高度"的下拉按钮,选择在"机械设置"中设定的风管尺寸,可以直接在"宽度"和"高度"输入需要的绘制尺寸。

③指定风管占位符偏移。默认"偏移量"是指风管占位符所代表的风管中心线相对于当前平面标高的距离。在"偏移量"选项中单击下拉按钮,可以选择项目中已经用到的风管偏移量,也可以直接输入自定义的偏移量数值,默认单位为毫米。

④指定风管占位符的放置方式。默认勾选"自动连接",可以选择是否勾选"继承大小"和"继承高程"。注意,风管占位符代表风管中心线,所以在绘制时不能定义"对正"方式。

⑤指定风管占位符的起点和终点。将鼠标移至绘图区域,单击鼠标指定起点,移动至终点位置再次单击,完成一段风管占位符的绘制。可以继续移动鼠标绘制下一管段。绘制完成后,按"Esc"键或者右击鼠标,单击快捷菜单中的"取消",退出风管占位符绘制命令。

2.风管占位符与风管的转换

风管占位符与风管可以相互转换。以风管占位符转换成矩形风管为例,选择需要转换的风管占位符,激活"修改|风管占位符"选项栏,可以在风管"属性"对话框中选择所需要转换的风管类型;通过单击"修改|风管占位符"选项栏上的"宽度"或"高度"的下拉按钮,选择风管占位符所代表的风管尺寸,如果在下拉列表中没有需要的尺寸,可以直接在"宽度"和"高度"输入需要绘制的尺寸;单击"转换占位符",即可将风管占位符转换为风管,见图6-39。

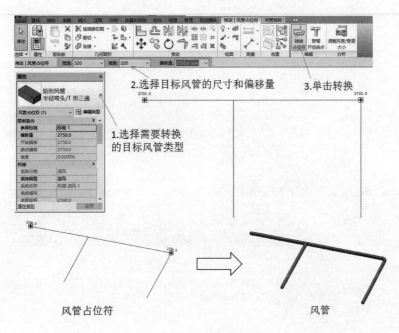

图6-39 转换占位符

3.基本风管绘制

在平面视图、立面视图、剖面视图和三维视图中均可绘制风管。

进入风管绘制模式有以下方式:

①单击功能区中的"风管"命令,见图6-40。

图6-40 风管设置

②选中绘图区已布置构件族的风管连接件,右击鼠标,单击快捷菜单中的"绘制风管"。

③选中绘图区已布置构件族,单击风管连接件图标,见图6-41。

④直接键入DT。

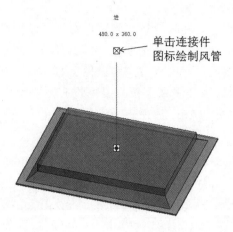

图 6-41　绘制风管

进入风管绘制模式后,"修改|放置风管"选项卡和"修改|放置风管"选项栏被同时激活,见图 6-42。

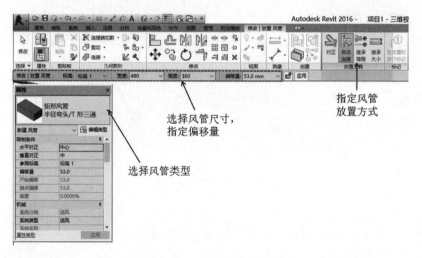

图 6-42　修改|放置风管

以绘制矩形风管为例,按照以下步骤手动绘制风管:

(1)选择风管类型。

在风管"属性"对话框中选择所需要绘制的风管类型。

(2)选择风管尺寸。

单击"修改|放置风管"选项栏上"宽度"或"高度"的下拉按钮,选择在"机械设置"中设定风管尺寸。如果在下拉列表中没有需要的尺寸,可以直接在"宽度"和"高度"输入需要绘制的尺寸。

(3)指定风管偏移。

默认"偏移量"是指风管中心线相对于当前平面标高的距离。重新定义风管"对正"方式后,"偏移量"指定距离的含义将发生变化,详见下文"(4)指定风管放置方式"的"①对正"中

"垂直对正"。在"偏移量"选项中单击下拉按钮,可以选择项目中已经用到的风管偏移量,也可以直接输入自定义的偏移量数值,默认单位为毫米。

(4)指定风管放置方式。

在绘制风管时可以使用"修改|放置风管"选项栏内"放置工具"选项卡上的命令指定所要绘制风管的放置方式,见图6-43。

图6-43 风管放置方式

①对正。

"对正"命令用于指定风管的对齐方式。此功能在立面和剖面视图中不可用。单击"对正",打开"对正设置"对话框,见图6-44。

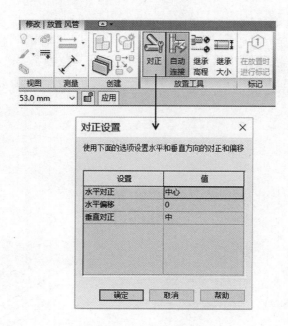

图6-44 对正位置

水平对正:当前视图下,以风管的"中心"、"左"或"右"侧边缘作为参照,将相邻两段风管边缘进行水平对齐。"水平对正"的效果与画管方向有关,自左向右绘制风管时,选择不同"水平对正"方式的绘制效果,见图6-45。

水平偏移:用于指定风管绘制起始点位置与实际风管绘制位置之间的偏移距离。该功能区多用于指定风管和墙体等参考图元之间的水平偏移距离。"水平偏移"的距离与"水平对齐"设置以及风管方向有关。见图6-46。

垂直对正:当前视图下,以风管的"中"、"底"或"顶"作为参照,将相邻两段风管边缘进行垂直对齐。垂直对正的设置决定风管"偏移量"指定的距离。

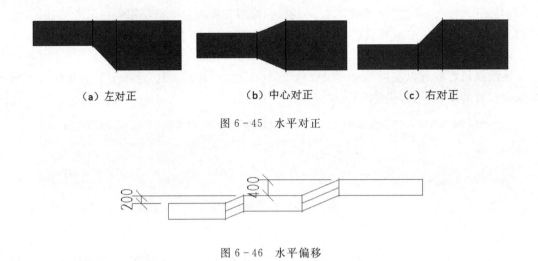

（a）左对正　　　　　　（b）中心对正　　　　　　（c）右对正

图6-45　水平对正

图6-46　水平偏移

②自动连接。

"放置工具"选项卡中的"自动连接"命令用于某一段风管管路开始或结束时自动捕捉相交风管，并添加风管管件完成连接。默认情况下，这一选项是勾选的。如绘制两段不在同一高程的正交风管，将自动添加风管管件完成连接，见图6-47。

如果取消勾选"自动连接"，绘制两段不在同一高程的正交风管，则不会生成配件完成自动连接，见图6-48。

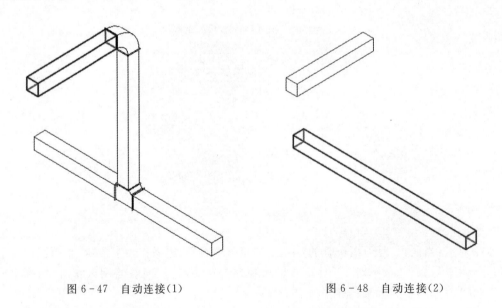

图6-47　自动连接（1）　　　　　　图6-48　自动连接（2）

③"继承高程"和"继承大小"。

在默认情况下，这两项是不勾选的。如果勾选"继承高程"，新绘制的风管将继承与其连接的风管或设备连接件的高程。如果勾选"继承大小"，新绘制的风管将继承与其连接的风管或设备连接件的尺寸。

（5）指定风管起点和终点。

　　将鼠标移至绘图区域,单击鼠标指定风管起点,移动至终点位置再次单击,完成一段风管的绘制。可以继续移动鼠标绘制下一管段,风管将根据管路布局自动添加在"类型属性"对话框中预设好的风管管件。绘制完成后,按"Esc"键或者右击鼠标,单击快捷菜单中的"取消",退出风管绘制命令。

🏆 小提示

　　风管绘制完成后,在任意视图中,可以使用"修改类型"命令修改风管的类型。选中需要修改的管段,单击功能区中的"类型属性"。打开风管"属性"对话框,可以直接更换风管类型或单击"编辑类型"编辑当前风管类型。该功能支持选择多段风管(含管件)的情况下,进行风管类型的替换,除风管"机械"分组下的属性被更新外,管件也将被更新成新风管类型的配置。

4.风管管件的使用

　　风管管路中包含大量连接风管的管件。下面将介绍绘制风管管件时风管管件的使用方法和注意事项。

　　(1)放置风管管件。

　　①自动添加。绘制某一类型的风管时,通过风管"类型属性"对话框中"管件"指定的风管管件,见图6-49,可以根据风管布局自动加载到风管管路中。目前以下类型的管件可以在"类型属性"对话框中指定:弯头、T型三通、接头、交叉线(四通)、过渡件(变径)、多形状过渡件矩形到圆形(天圆地方)、多形状过渡件矩形到椭圆形(天圆地方)、多形状过渡件椭圆形到圆形、活接头。用户可根据需求选择相应的风管管件族。

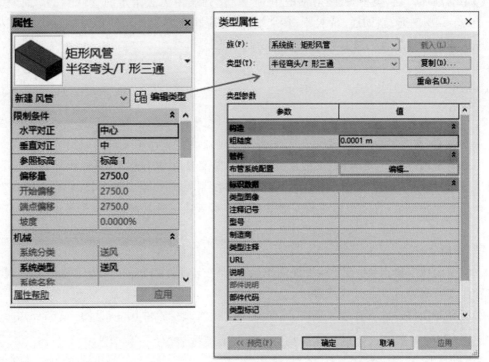

图6-49　类型属性

小提示

对于自动加载到风管中的"三通"或"四通"等管件,如果同时满足以下两个条件,可以在项目中自由拖动支管的倾斜角度,见图6-50。

(1)风管管件模型满足任意角度参变。

(2)风管管件的族类别必须设置成"三通"或"四通"。

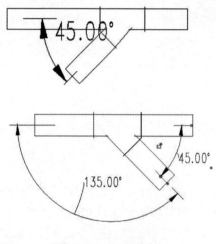

图6-50　三通绘制

②手动添加。在"类型属性"对话框中的"管件"列表中无法指定的管件类型,如偏移、Y型三通、斜T型三通、斜四通、裤衩管、多个端口(对应非规则管件),使用时需要手动插入到风管中或者将管件放置到所需位置后手动绘制风管。

小提示

对于不能自动加载到风管中的管件,如Y型三通或斜三通等,即使族文件中的模型满足任意角度参变,在项目中,该管件仍然无法实现通过拖动支管改变支管的倾斜角度。以添加支管角度可变的Y型三通为例,使用该类管件时,需要遵循以下步骤:画好干管后将管件插入到所需位置,通过管件"属性"对话框将支管"角度"调整到所需值,如45°,最后手动接好支管。如果支管接好后,将无法再调整支管的角度。所以使用这类管件时,需要先指定支管角度,再连接支管。

(2)编辑管件。

在绘图区域中单击某一管件,管件周围会显示一组管件控制柄,可用于修改管件尺寸,调整管件方向和进行管件升级或降级。

①所有连接件都没有连接风管时,可单击尺寸标注改变管件尺寸,见图6-51(a)。

②击"⇆"符号可以实现管件沿符号方向水平翻转180°。

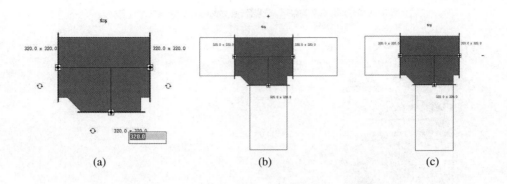

图 6 - 51　编辑管件

③击"↻"符号可以旋转管件。注意：当管件连接了风管后,该符号不再出现,见图 6 - 51(b)

④如果管件的所有连接件都连接风管,可能出现"＋",表示该管件可以升级,见图 6 - 51(b)。例如,弯头可以升级为 T 型三通,T 型三通可以升级为四通等。

⑤如果管件有一个未使用的连接风管的连接件,在该连接件的旁边可能出现"-",表示该管件可以降级,见图 6 - 51(c)。例如,带有未使用连接件的四通可以降级为 T 型三通,带有未使用连接件的 T 型三通可以降级为弯头等。如果管件上有多个未使用的连接件,则不会显示加减号。

5.风管附件放置

在平面视图中、立面视图、剖面视图和三维视图中均可放置风管附件。单击"系统"→"风管附件",在"属性"对话框中选择需要的风管附件插入到风管中。

不同部件类型的风管附件,插入到风管中,安装效果不同。部件类型为"插入"或"阻尼器"(对应阀门)的附件,插入到风管中将自动捕捉风管中心线,单击鼠标放置风管附件,附件会打断风管直接插入到风管中。部件类型为"附着到"的风管附件,插入到风管中将自动捕捉风管中心线,单击鼠标放置风管附件,附件将连接到风管一端。

6.软风管绘制

在平面视图和三维视图中可绘制软风管。

(1)激活软风管。

绘制软风管,有以下两种方式激活软风管命令：

①单击功能区"软风管"命令。

②右击风管、风管管件、风管附件或机械设备等的风管连接件,单击快捷菜单中的"绘制软风管"选项直接绘制软风管。

(2)手动绘制软风管。

按照以下步骤手动绘制软风管：

①选择软风管类型。在软风管"属性"对话框中选择所需要绘制的风管类型。目前Revit MEP提供一种矩形软管和一种圆形软管,见图 6 - 52。

②选择软风管尺寸。单击"修改|放置软风管"选项栏上"宽度"或"高度"的下拉按钮,选择在"机械设置"中设定的风管尺寸。如果在下拉列表中没有需要的尺寸,可以直接在"宽

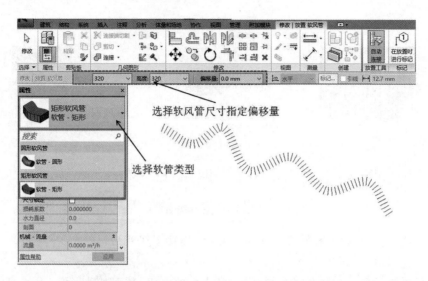

图6-52　软风管属性

度"和"高度"栏中输入需要绘制的尺寸。

③指定软风管偏移量。"偏移量"是指软风管中心线相对于当前平面标高的距离。在"偏移量"选项中单击下拉按钮,可以选择项目中已经用到的软风管/风管偏移量,也可以直接输入自定义的偏移量数值,默认单位为毫米。

④指定风管起点和终点。在绘制区域中,单击指定软风管的起点,沿着软风管的路径在每一个拐点单击鼠标,最后在软管终点单击"Esc"键或右击鼠标选择"取消"。如果软风管的终点是连接到某一风管或某一设备的风管连接件,可以直接单击所要连接的连接件,以结束软管绘制。

(3)修改软管。

在软管上拖拽两端连接件、顶点和切点,可以调整软风管路径,见图6-53。

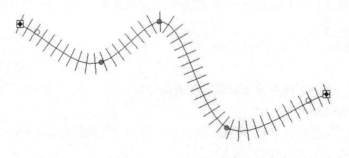

图6-53　修改软管

①连接件🔀:出现在软风管的两端,允许重新定位软管的端点。通过连接件,可以将软管与另一构件的风管连接起来,或断开与该风管连接件的连接。

②顶点·:沿软管的走向分布,允许修改软风管的拐点。在软风管上单击鼠标右键,在快捷菜单中可以直接"插入顶点"或"删除顶点"。使用顶点可在平面视图中以水平方向修改

软风管的形状,在剖面视图或立面视图中以垂直方向修改软风管的形状。

③切点 o:出现在软管的起点和终点,允许调整软风管的首个和末个拐点处的连接方向。

(4)软风管样式。

软风管"属性"对话框中"软管样式"共提供八种软风管样式,通过选取不同的样式可以改变软风管在平面视图的显示。部分矩形软风管样式,见图 6-54。

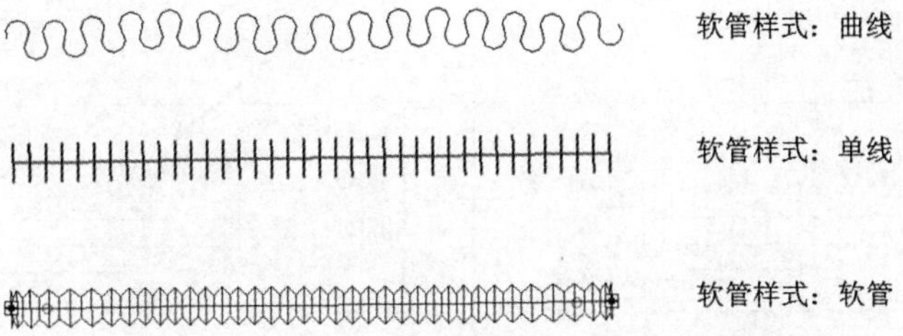

软管样式:曲线

软管样式:单线

软管样式:软管

图 6-54 软风管样式

7.设备接管

设备的风管连接件可以连接风管和软风管。连接风管和软风管的方法类似,本节将以连接风管为例,介绍设备接管的四种方法。

(1)设备接管的方法。

①单击设备,右击设备的风管连接件符号 ■,单击"绘制风管"。

🏺 **小技巧**

从设备连接开始绘制风管时,按空格键,可自动根据设备连接件的尺寸和高程调整绘制风管的尺寸和高程。

②拖动已绘制风管到相应设备的风管连接件,风管将自动捕捉设备上的风管连接件,完成连接。

③用"连接到"功能为设备连接风管。单击需要连管的设备,单击功能区中"连接到"命令,如果设备包含一个以上的连接件,将打开"选择连接键"对话框,选择需要连接风管的连接件,然后单击该连接件所要连接到的风管,完成设备与风管的自动连接。

🏺 **小提示**

不能使用"连接到"命令将设备连接到软风管上。

④选中设备,单击设备的风管连接件图标,"创建风管"。

(2)风管的隔热层和内衬。

①添加风管隔热层和内衬。

Revit MEP 2016 可以为风管管路直接添加隔热层和内衬。选中所要添加的隔热层/内衬的管段,激活功能区"风管隔热层""风管衬层"选项卡。

添加隔热层：单击"添加隔热层"，打开"添加风管隔热层"对话框，选择需要添加的"隔热层类型"，输入需要添加的隔热层"厚度"，单击"确定"，见图6-55。

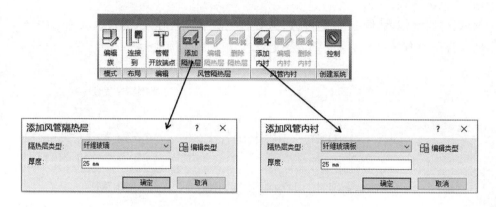

图6-55　添加隔热层

添加内衬：单击"添加内衬"，打开"添加风管内衬"对话框，选择需要添加的"内衬类型"（此处命令翻译有误，应为内衬类型，而非隔热层类型），输入需要添加的内衬的"厚度"，单击"确定"。

🖋 小提示

选中带有隔热层或内衬的风管后，进入"修改|风管"选项卡，可以在"编辑隔热层"/"删除隔热层"或"编辑内衬"/"删除内衬"编辑隔热层/内衬，见图6-56。

图6-56　编辑隔热层/内衬

②设置隔热层和内衬。

在添加隔热层和内衬时，可以选择隔热层和内衬的类型和编辑高度，见图6-57，也可以单击"编辑类型"对材质等内容进行编辑。

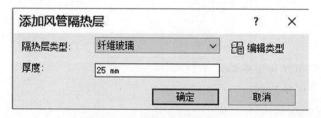

图6-57　设置隔热层和内衬

6.2.3 风管显示

1.视图详细程度

Revit MEP 2016 的视图可以设置为三种详细程度:粗略、中等和精细。

在粗略程度下,风管默认为单线显示;在中等和精细程度下,风管默认为双线显示,见表 6-1。风管在三种详细程度下的显示不能自定义修改,必须使用软件设置。在创建风管管件和风管附件等相关族时,应注意配合风管显示特性,尽量使风管管件和风管附件在粗略详细程度下单线显示,中等和精细视图下双线显示,确保风管管路看起来协调一致。

表 6-1 风管在不同详细程度下的显示

详细程度		粗略	中等	精细
矩形风管	平面视图			
	三维视图			

2.可见性/图形替换

单击功能区中"视图"→"可见性/图形替换",或者通过快捷键 VG 或 VV 打开当前视图的"可见性/图形替换"对话框。在"模型类别"选项中可以设置风管、风管占位符、风管内衬、风管隔热层、风管管件、风管附件的可见性,还可以分别设置风管族的子类别,如升、降等控制不同子类别的可见性。

"模型类别"选项卡中右侧的"详细程度"选项可以控制风管族在当前视图显示的详细程度。默认情况下详细程度选择"按视图",根据视图的详细程度设置显示风管。如果风管族的详细程度设置为"粗略"或者"中等"或者"精细",风管的显示将不依据当前视图的详细程度的变化而变化,只根据选择的"详细程度"显示。如某一视图的详细程度设成"精细",风管的详细程度通过"可见性/图形替换"对话框设成"粗略",风管在该视图下将以"粗略"程度的单线显示。

3.风管图例

平面视图中的风管,可以根据风管的某一参数进行着色,帮助用户分析系统。

风管的升降符号图例请参见"6.3.3 系统创建"中的"2.风管系统"。

4.隐藏线

"机械设置"对话框中"隐藏线"的设置,主要用来设置图元之间交叉、发生遮挡关系时的显示,见图 6-58。

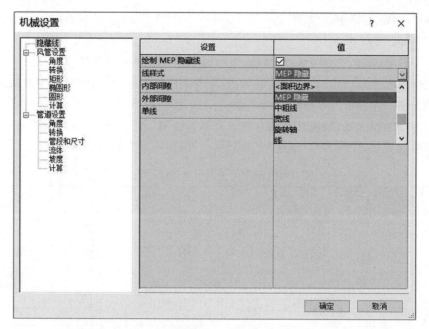

图 6-58　隐藏线

6.2.4　风管标注

风管标注和水管标注的方法基本相同。这里强调一点,用户可以直接使用功能区中"注释"→"高程点"标注风管标高,也可以自定义注释族标记风管标高。族类型为"风管标记"的风管注释族,也可以标记与风管相关的参数。如添加"底部高程"作为标签,将标注风管的管底标高;添加"顶部高程"作为标签,将标注风管的管顶标高。

6.3　空调风系统

本节主要介绍使用 Revit MEP 2016 进行空调风系统设计的方法和要点。由于 Revit MEP 2016 本身的灵活性,暖通空调设计流程的多样性,设计时可根据实际情况调整顺序。下面以一个项目的一层办公室区域的风机盘管+新风系统为例,详细介绍创建空调风系统的具体步骤和技巧。

6.3.1　项目准备

1.项目创建

根据建筑专业提供的建筑模型创建项目文件:创建暖通空调各视图,并对视图进行可见性设置、视图范围放置等。其创建和设置方法详见第 5 章"5.2.1 项目创建"。

2.负荷计算和系统选择

打开项目文件,根据建筑的分隔、朝向、形状和进深合理地划分空间,一楼办公区域共划分为四个空间。由于办公区域使用情况、设计温度和负荷变化规律基本相同,将这个空间划分到一个温度控制分区,分区指定后,进行负荷计算。空间、分区的划分和负荷计算详见本章"6.1 负荷计算"。根据负荷计算结果,办公区域的冷负荷为 $140W/m^2$,根据建筑功能,采用"风机盘管+新风系统"。

3. 载入族

Revit MEP 2016 自带大量的与暖通设计相关的构件族,默认安装的情况下,构件族都存放在以下路径:C\ProgramData\Autodesk\RME2016\Librarues\China。

与暖通设计相关的构件族的文件夹名称及其子文件夹名称见表 6-2。

表 6-2 暖通构件族

文件夹名称	子文件夹名称	存放的构件族
风管	JGJ141 配件	带法兰的风管管件,符合《JGJ 141—2004 通风管道施工技术规程》标准,按形状分类存放。包含多种类型的配件:弯头、T 型三通、Y 型三通、四通等
	附件	调节阀、防火阀、平衡阀、过滤器等
	配件	非法兰的风管管件,按形状分类存放。包含多种类型的配件:弯头、T 型三通、Y 型三通、四通等,符合 ASHRAE 手册风管配件标准
机械构件	常规构件	介质既不是水也不是空气的设备,例如,分体式空调的室外机、冷凝器等
	出水侧构件	提供水处理的设备,例如,冷水机组、冷却塔、水泵、锅炉、软水器等
	通风侧设备	提供空气处理或为房间提供空调服务的设备,例如,空调机组、风机、空调末端、加热盘管、风道末端、散热器、空气压缩机等
	连接件	各种系统分类的风管连接件。将连接件附着在设备上即可连接各种系统分类的风管。主要用于建筑专业,在方案初期摆放一些不带连接件的暖通专业的占位设备,将连接件族加到设备上,可进行风管连接,粗略检查建筑空间的布置
管道	阀门	按用途分类存放:安全阀、蝶阀、多用途阀、浮标阀、隔膜阀等
	附件	滤器、吸入散流器、温度计量器、压力计量器等
	配件	按材料分类存放。其中刚塑复合、PVC-U、钢法兰、PE、不锈钢材料的管件是按照中国规范创建的。它们的文件名指明了规范号,如 GBT5836、CJT137 等

根据负荷计算结果和空调系统形式,将本项目所需的构件族载入到项目文件中,如风机盘管、风口、风管配件、阀门、管路附件和配件等。根据设计需要,可修改族库中现有的族或创建新的族。

4. 风管配置

根据载入的风管管件族,对风管类型以及不同的风管系统分类进行配置,具体设置方法见本章"6.2.1 风管设计参数"。

6.3.2　设备布置

　　该区域空调系统主要由吊顶式风机盘管＋空气处理机组＋送风口组成,选用天花板式送风散流器为送风口。根据建筑布局将送风口布置在天花板上,吊顶式风机盘管布置在吊顶内,新风机组安装在空调机房内,见图6-59。

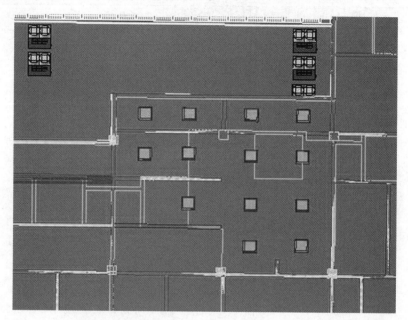

图6-59　设备布置

小技巧

　　(1)安装在天花板上的风口,是可以直接选用"基于面的公制常规模型.rft"模板创建的风口。Revit MEP 2016自带族库中,这类风口的名字常带有后缀"基于面附着"或者"天花板安装"等。这类风口添加到项目中,可以直接捕捉所要附着的面,如天花板、墙面等。

　　(2)使用"公制常规模型.rft"模板创建的风口,无法自动捕捉所要附着的面。在布置时,可以先放置一个风口,并在风口"属性"对话框中调整该风口的偏移量,也就是标高,见图6-60。再将这个风口复制到其他位置。这种方法可以避免每添加一个风口就要修改一次风口标高的繁琐工作。布置好的风口可通过"属性"对话框选择所需要的类型。

　　(3)旋转设备有两种方法:

　　①选择已放置的设备,单击功能区中"⟳",输入"角度"指定旋转方向,见图6-61。默认的旋转中心是图元的插入点,如果需要自定义旋转中心,可以单击"地点",指定旋转中心。

　　②在放置设备时,直接按空格键进行90°方向旋转;对已经放置的设备,单击设备,按空格键也可以进行90°方向旋转。

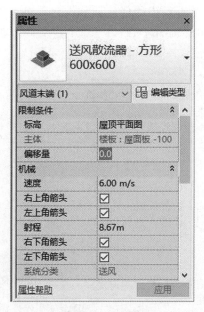

图 6-60　风口属性

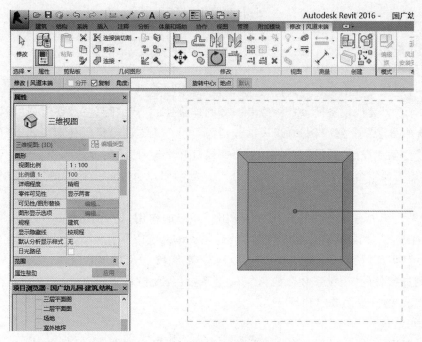

图 6-61　方向旋转

6.3.3　系统创建

Revit MEP 2016 通过逻辑连接和物理连接两方面实现空调系统的设计。逻辑连接是指 Revit MEP 2016 中所定义的设备与设备之间的从属关系,从属关系通过族的连接件进行信息传递,所以设备间的逻辑关系实际上就是连接件之间的逻辑关系。在 Revit MEP 2016

中,正确设置和使用逻辑关系对于系统的创建和分析起着至关重要的作用。本节系统创建指的就是设备逻辑关系的创建。Revit MEP 2016 中定义的逻辑关系可概括为下面这幅亲子图,见图 6-62。

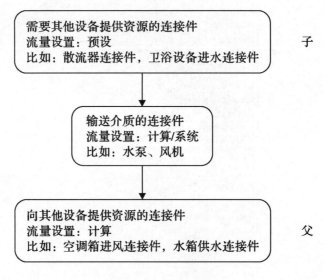

图 6-62 逻辑关系

1.逻辑关系特性

(1)创建逻辑系统需要从"子"级设备开始创建,再将"父"级设备通过"选择设备"命令添加到系统中,逻辑关系中只允许通过"选择设备"命令指定一个"父"级设备。

(2)所有需要其他设备提供资源或者服务的连接件的"流量配置"都要设成"预设",该连接件在系统中处于"子"级。例如,送风散流器需要组合式空调箱提供处理后的空气,送风散流器的连接件就要设成"预设"。同样,对于回风百叶来说,回风需要送到组合式空调箱进行处理(也就是需要组合式空调箱提供回风处理服务),回风百叶的连接件的"流量配置"也设成"预设"。

(3)如果系统中有几个设备需要同时承担"父"级的作用,如 A、B 和 C,可将其中任意一个设备 A 通过"选择设备"添加到系统中,然后完成该系统中所有设备的风管/管道连接。进入"编辑系统"界面,使用"添加到系统"命令将设备 B 和 C 添加到系统中。"父"级设备 A、B、C 相应的连接件的"流量系数",如 A 的流量系数=(A 设备实际流量/该系统实际流量的总和),A、B、C 的流量系数的和等于1。

2.风管系统

Revit MEP 2016 将风管系统作为系统族添加到项目文件中,方便用户创建客制化的风系统。Revit MEP 2016 中定义了三种风管系统分类:"送风""回风""排风"。打开项目浏览器,单击风管系统,可以查看项目中的预置风管系统。

🖋 小提示

可以基于预定义的三种系统分类来添加新的风管系统类型,如可以添加多个属于"送风"分类下的风管系统类型,如办公室送风1和办公室送风2等。但不允许定义新风管道系统分类,如不能自定义添加一个"新风"系统分类。

右击任一风管系统,可以对当前风管系统进行编辑。

(1)复制。

可以添加与当前系统分类相同的系统。

(2)删除。

删除当前系统。如果当前系统是该系统分类下的唯一一个系统,则该系统不能删除,如果当前系统类型被项目中某个风管系统使用,该系统也不能删除,软件会自动弹出一个错误报告,见图6-63。

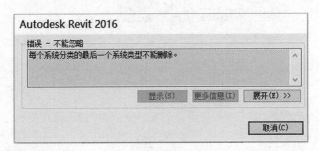

图6-63 错误报告

(3)重命名。

可以重新定义当前系统名称。

(4)选择全部实例。

可以选择项目中所有属于该系统的设备实例。

(5)类型属性。

单击类型属性,打开风管系统类型属性对话框,可以对该风管系统进行个性化设置。

①"图形"分组下的"图形替换":用于控制风管系统的显示。单击"编辑"后,在弹出的"线图形"对话框中,定义风管系统的"宽度"、"颜色"和"填充图案";该设置将应用于属于当前风管系统的图示,除风管外,可能还包括管件、阀门和设备等。

②"材质和装饰"分组下的"材质":可以选择该系统所采用风管的材料;单击右侧按钮后,弹出材质对话框,可定义风管材质并应用于渲染。

③"机械分组"下的参数如下:

计算:控制是否对该系统进行计算,"全部"表示计算流量和压降,"仅流量"表示只计算流量,"无"表示流量和压降都不计算。

系统分类:该选项始终灰显,用来获知该系统类型的系统分类。

④示数据:可以为系统添加自定义标识,方便过滤或选择该风管系统。

⑤"上升/下降"分组下的"上升/下降符号":不同的系统类型可定义不同的升降符号,见图6-64。单击"升降符号"相应"值",单击 ,打开"选择符号"对话框,选择所需的符号。在先前的版本中,只能在"机械设置"中"升降"对项目中的所有风管设置统一的升符号和降符号。

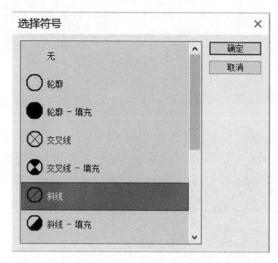

图6-64　选择符号

🌾 **小提示**

　　(1)在剖面或立面视图中对风管进行标注,有时可能无法捕捉到风管边界。需要在"可见性/图形替换"对话框中取消勾选风管的"升"和"降"子类别,才能捕捉到风管边界,见图6-65。

　　(2)在"机械设置"中,可以对预定义的三种系统分类(送风、回风和排风)的风管进行设置。这些设置将自动用于生成相应系统分类的风管布局。不同系统分类的干管和支管也可以在"生成布局"选项栏中定义,在"生成布局"选项栏定义的不同系统分类的风管设置会自动同步更新到"机械设置"中。

图6-65　可见性/图形替换

3.设计实例

　　下面以风机盘管系统送风管路为例,介绍送风系统逻辑连接创建步骤。

　　(1)创建送风系统。

　　单击送风口进入"修改|风道末端"选项卡,单击"风管",打开"创建风管系统"对话框。在"创建风管系统"对话框中,单击"系统类型"下拉菜单,选择项目中已经创建的系统类型,在"系统名称"中可以自定义所创建系统的名称,如果勾选"在系统编辑器中打开",可以在创建系统后直接进入系统编辑器,见图6-66。

　　(2)选择系统设备。

　　如果勾选"在系统编辑器中打开",可以在创建系统后直接进入系统编辑器,单击选项卡中"选择设备",选择对应的风机盘管作为送风系统的"设备",见图6-67。

　　如果不勾选"在系统编辑器中打开",系统创建后,在"修改|风管系统"选项卡,单击选项

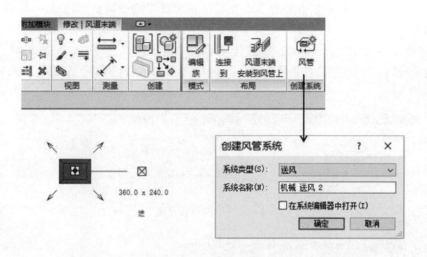

图 6-66 创建送风系统

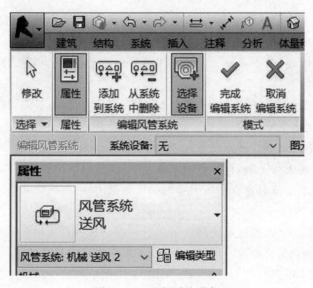

图 6-67 选择系统设备

卡中"选择设备",选择对应的风机盘管作为该送风系统的"设备",也可以单击选项卡中"编辑系统",见图 6-68。

图 6-68 编辑系统

指定设备后,如果单击"断开与设备的连接",可将选择的设备从系统中断开。

(3)编辑系统。

单击系统中的图元,打开"风管系统"选项卡,在"系统选择器"中选择需要编辑的系统,单击"编辑系统"进入"编辑风管系统"选项卡,同时在绘图区域,属于该系统的图元将高亮显示,见图6-69。

图6-69 编辑风管系统

在"编辑风管系统"选项卡中可进行如下操作:

添加到系统:将其他设备或风口添加到当前系统中。如果系统中包含多个风口,可以通过单击"添加到系统"选择其他送风口添加到该系统中。

从系统中删除:从当前系统中删除非"设备"图元。单击"从系统中删除",然后选择需要删除的设备,从系统中删除。

选择设备:为系统指定"设备",系统只能指定一个"设备"。与"风管系统"选项卡中的"选择设备"功能相同。

系统设备:显示系统指定的"设备"。可以通过下拉菜单选择其他设备作为系统的指定"设备"。如果需要删除系统中的"设备",除使用前面讲的"断开与设备的连接"命令外,还可以通过在下拉菜单中选择"无"删除设备。

完成编辑系统:完成系统编辑后,单击该命令可退出"编辑风管系统"选项卡。

取消编辑系统:单击该命令取消当前编辑操作并退出"编辑风管系统"选项卡。

(4)系统浏览器。

创建好的逻辑系统可以通过系统浏览器进行检查。打开系统浏览器有以下几种方法:

①按"F9"键打开系统浏览器。

②单击功能区中"视图"→"用户界面",勾选"系统浏览器"。

在系统浏览器中,可以了解项目中所有系统的主要信息,包含系统名称和设备等。右击系统或图元名称,可以进行选择、显示、删除、查看属性等操作。如果项目中设备的连接件没有指定给某一逻辑系统,将被放到"未指定"系统中,见图6-70。软件每次刷新都会自动监测未指定系统的连接件。如果未指定系统的连接件过多,就会影响运行速度。所以最好将设备的连接件指定给某一系统。

在系统浏览器标题中,可以对系统浏览器进行视图和列设置,见图6-71。

视图:单击标题栏中"系统",定义浏览器的显示类别。默认设置是"系统",即显示项目中水、暖、电的逻辑系统。如果选择"分区"将显示项目定义的分区列表,当浏览器选择"系统"时,单击标题栏中的"全部规程"可以定义显示的规程。默认设置显示"全部规程",即显示水、暖、电三个专业的系统。

自动调整所有列 ⊡:根据显示内容自动调整所有列宽。

图 6-70　系统浏览器

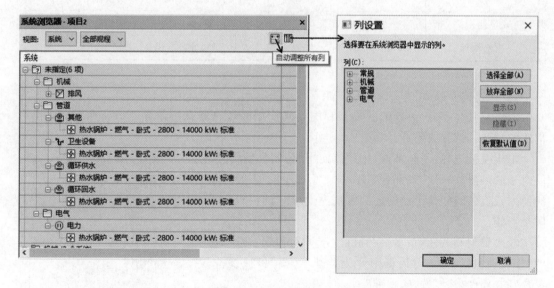

图 6-71　系统浏览器设置

列设置：单击"列设置"，打开"列设置"对话框，可以添加不同规程下显示的信息条目。

6.3.4　系统布管

系统逻辑连接完成后，就可以进行物理连接。物理连接指的是完成设备之间的风管/管道连接。逻辑连接和物理连接良好的系统才能被 Revit MEP 2016 识别为一个正确有效的系统，进而使用软件的分析计算和统计功能来校核系统流量和压力等设计参数。

完成物理连接有两种方法，一种是使用 Revit MEP 2016 提供的"生成布局"功能自动完成风管/管道布局连接，另一种是手绘制风管/管道。"生成布局"适用于项目初期或简单的风管/管道布局,可以偷工简单的布局路径,示意风管/管道大致的走向,粗略计算风管/管道的长度、尺寸和管路损失。当项目比较复杂、设备等数量很多或者当用户需要按照实际施工的图集制图,精确计算风管/管道的长度、尺寸和管路损失时,使用"生成布局"可能无法满足设计要求,通常需要手动绘制风管/管道。

6.4 采暖系统

6.4.1 项目准备

1.构件族

(1)采暖构件族。

Revit MEP 2016 自带与采暖设计相关的构件族,默认安装的情况下,族构件都存放在以下路径:C:/ProgramData/Autodesk/RVT2016/Libraries/China/机械构件/通风侧构件/热量分配设备,见表6-3。

表6-3 采暖构件族相关文件

子文件夹名称	子文件夹名	所存放的构件族
常规构件	热交换器	热交换设备,如管壳式热交换器等
通风侧构件	热量分配设备	散热设备,如循环翅片管散热器等
出水构件	锅炉	各类锅炉,如冷凝锅炉、燃气锅炉等

(2)新建构件族。

Revit MEP 2016 中自带散热器和国内常使用的散热器有些差异。下面介绍创建国内常用的"散热器"族的要点。

①族模板选择:一般来说,创建族使用"公制环境.rft"模板,但对于散热器族来说,大部分是贴墙放置的,为了方便在项目中的使用,建议选择"基于面的公制常规模型.rft"的模板文件新建散热器族。

②族类别和族参数:单击功能区"族类别和族参数",在弹出的"族类别和族参数"对话框中,"族类别"选择"机械设备","族参数"的"部件类型"选择"标准"。

2.管道配置

(1)管道设置。

本节将介绍如何设置"机械设置"中"管道设置"的"尺寸"和"流体"属性。

单击功能区"管理"→"MEP 设置"→"机械设置",见图6-72,打开"机械设置"对话框。

以添加无缝钢管尺寸为例,单击 ⬚,然后单击 ⬚,见图6-73,新建材质"无缝钢管"作为新材质名称。在"材质基于"中选择"碳钢",确定后生成"无缝钢管"管道。

图6-72 机械设置

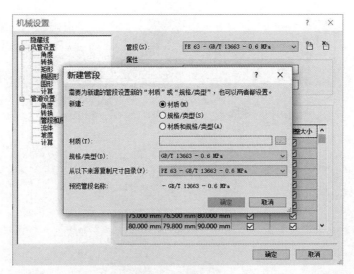

图 6-73　新建管段

根据无缝钢管的物理特性,将"连接"方式设为"焊接",修改相应"粗糙度"和"明细表/类型",调整"公称直径、内径、外径"等尺寸参数,见图 6-74。

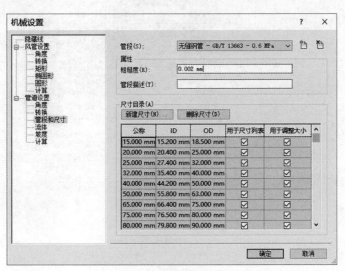

图 6-74　无缝钢管具体设置

流体:如果热媒为低压蒸汽,用户需新建流体"低压蒸汽",单击打开"新建流体"对话框,键入"低压蒸汽"作为新建流体名称,在"新建流体基于"选项中选择"水",确定后生成新流体"低压蒸汽"。如果采暖系统的热媒为热水,直接使用软件中自带的流体"水"即可,见图 6-75。

根据低压蒸汽物理特性分别编辑温度、动态粘度和密度的数值,见图 6-76。

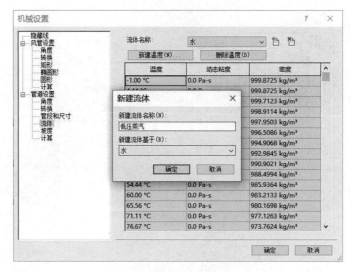

图 6-75 流体设置

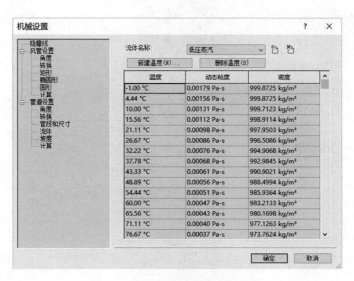

图 6-76 编辑温度和密度的数值

🖋 小提示

编辑流体的温度、动态粘度和密度时,不能直接单击现有的"温度"、"动态粘度"及"密度"进行编辑,必须通过"新建温度"添加"温度"、"动态粘度"和"密度"。例如,新建"低压蒸汽"相关的属性参数值,必须使用"删除温度"删除原有的"温度",再通过"新建温度",在"新建温度"对话框中输入需要的"温度"、"动态粘度"和"密度"的数值。在删除列表仅剩一行温度时,将无法使用删除操作。如果强行删除,会弹出一个"需要温度"的警告对话框。用户必须先新建一个温度后才能删除另外一个。

(2)管件配置。

管件类型属性:选择功能区中的"管道"→"类型属性",在管道"类型属性"对话框中,单击"复制",根据现有的管道类型新建一种采暖管道的类型"无缝钢管",将"材质"及"连接类型"修改为上面"(1)管道设置"中新建的"无缝钢管",把无缝管道钢管件族加载到项目中,将"管件"下的相应族替换成无缝钢管管件族,见图 6-77。

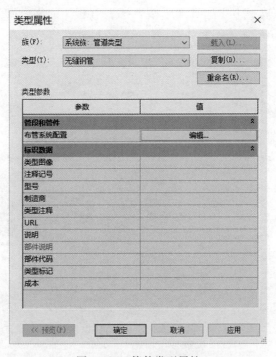

图 6-77 管件类型属性

　　干管、支管设置:在"机械设置"对话框,将"管道设置"下"转换"中"干管"及"支管"对应"其他"系统分类下的"管道类型"设置为"无缝钢管",见图 6-78。

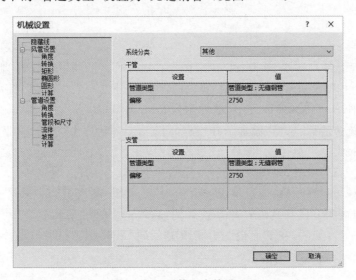

图 6-78 干管和支管设置

3.视图编辑

(1)模型类别。

在当前采暖视图中,单击功能区中的"视图"→"可见性/图形",打开"可见性/图形替换"对话框,在"模型类别"选择卡中勾选与采暖系统管道相关的族类别,如"管件""管路附件"等。取消勾选与采暖系统无关的族类别,如"风管""风管管件""线管"等,见图6-79。

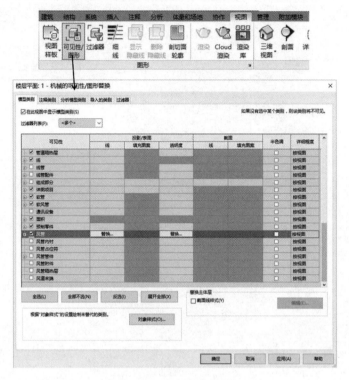

图6-79 可见性/图形

(2)过滤器。

①新建采暖系统过滤器:单击"可见性/图形替换"→"过滤器"→"编辑/新建",打开"过滤器"对话框,新建"采暖-蒸汽供"及"采暖-蒸汽回"两个过滤器,在"过滤器"对话框"类别"选项中选择相关的类别,例如机械设备、管件、管路附件等,并编辑相应的"过滤器规则",见图6-80。

②采暖系统过滤器:选择"添加",在"添加过滤器"对话框中,选中"采暖-蒸汽供"和"采暖-蒸汽回",添加到"可见性/图形替换"过滤器中,并对所添加过滤器的"填充图案"和"线"的样式及颜色进行自定义,见图6-81。

③采暖系统可见性编辑:通过勾选或取消勾选"采暖-蒸汽供"或"采暖-蒸汽回"的可见性,可以在当前视图中显示或隐藏此系统。例如,勾选"采暖-蒸汽供"的可见性,取消勾选"采暖-蒸汽回"的可见性,在平面视图中将仅显示同"采暖-蒸汽供"系统相关的管道、管件等,便于管道绘制,见图6-82。

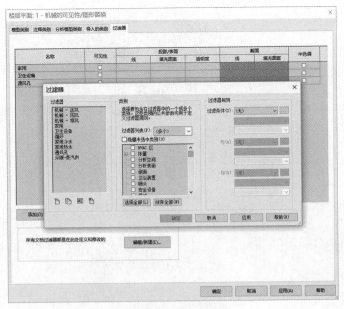

图 6 - 80 过滤器设置

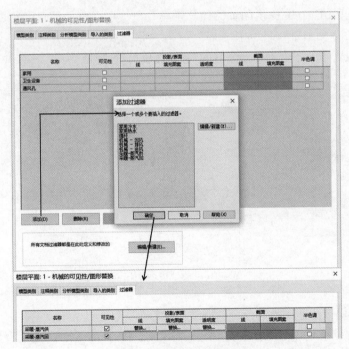

图 6 - 81 添加过滤器

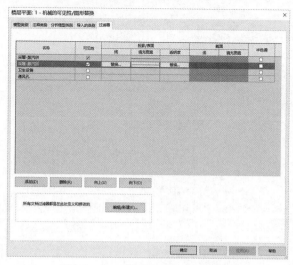

图 6-82　采暖管道可见性设置

6.4.2　设备布置

1.设备选择

利用 Revit MEP 2016 提供的负荷计算工具算出二层办公楼采暖的热负荷,见图 6-83。负荷计算的方法详见本章"6.1 负荷计算"。

根据负荷报告中的各个不同办公室的"峰值热负荷"选择散热器构件族并加载到项目中。

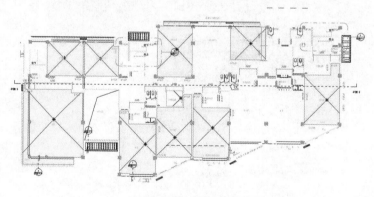

图 6-83　设备选择

2.设备布置

将散热器构件族,布置到各房间。单击"散热器"族,在"实例属性"对话框中直接修改调整散热器的离墙距离。

放置"散热器"前,对其"立面"参数进行编辑,直接定义散热器离地距离。

🖋 小提示

"离墙距离"参数为实例参数而非类型参数,因此在不同房间内,可以修改单个散热器的离墙距离。

第7章 电气设计

教学导入

建筑工程设计中,电气设计需要根据建筑规模、功能定位及使用要求确定电气系统。电气系统主要涵盖配电系统、防雷、接地、照明和弱电系统等。本章将着重介绍如何用 Revit MEP 2016 进行配电系统设计、照明设计、弱电设计以及电缆桥架和线管的布置。

学习要点

- 配电系统
- 照明设计
- 弱电系统
- 电缆桥架与线管

7.1 配电系统

用 Revit MEP 实现配电设计,主要包括电气平面的布置、线路和导线的创建和设计相关的分析计算以及线路标注。具体步骤如下:

①项目准备:包括电气设置、视图设置、电气族的准备,见 7.1.1。

②设备布置:在视图中布置插座及用电设备,收集暖通、给排水等动力条件,见 7.1.2。

③系统创建:在项目文件中创建"电力"线路,即实现设备的逻辑连接,见 7.1.3。

④导线布置:在生成的线路基础上,进行导线的连接和布置,见 7.1.4。

和其他章节一样,本节结合具体项目案例的设计,系统介绍 Revit MEP 2016 配电设计的功能。其中,关于照明的配电将在本章"7.2 照明设计"中介绍。

7.1.1 项目准备

按照之前介绍的创建 Revit MEP 项目文件的方法,首先基于"机械样板"项目样板创建电气项目文件,并将建筑模型链接进来。然后,设置项目信息,复制添加标高,创建楼层平面,组织项目浏览器。

针对电气设计,还要对项目文件进行如下准备:

1.电气设置

单击功能区中"管理"→"MEP 设置"→"电气设置",打开"电气设置"的对话框。

(1)常规。

在"电气设置"对话框中设置线路的常规参数。

①电气连接件分隔符:指定用于分隔装置的"电气数据"参数额定值的符号。软件默认符号为"-",用户可自行定义。

②电气数据样式:为电气构件"属性"选项板中的"电气数据"参数指定样式。单击该值之后,可以从下拉式列表中选择"连接件说明电压/级数-负荷"、"连接件说明电压/相位-负

荷"、"电压/级数-负荷"或者"电压/相位-负荷"。

③线路说明:指定导线实例属性中的"线路说明"参数的格式。

④按相位命名线路:相位标签只有在使用"属性"选项板为配电盘指定按相位命名线路时才使用。A、B和C是默认值。

⑤大写负荷名称:指定线路实例属性中的"负荷名称"参数的格式。

(2)配线。

"电气设置"中"配线"是针对导线的表达、尺寸、计算等的一系列设置,项目准备时可根据具体项目情况进行预设。

单击左侧面板中的"配线",在右侧面板中对导线进行以下设置:

环境温度:指定配线所在环境的温度,为导线计算提供条件。

线交叉间隙:指定用于显示相互交叉的未连接导线的间隙的宽度。

火线记号/地线记号/中性线记号:分别为火线、地线和中性线选择显示的记号样式。需要将导线记号族载入到项目文件中,否则这三个设置的下拉选项为空。

🌾 小提示

配线设置时应注意以下情况:

①Revit MEP 2016 自带族库提供了导线记号样式的族。

②用户可以通过自己创建或修改导线记号族来自定义"导线记号"。创建时族类别要选成"导线记号"。

在"电气设置"对话框的左侧面板展开"配线",设置"导线尺寸"和"配线类型"。

(3)电压定义和配电系统。

在"电气设置"对话框中设置"电压定义"和"配电系统"。

①"电压定义":定义项目中配电系统所要用到的电压。每级电压可指定±20%的电压范围,便于适应不同制造商装置的额定电压。例如,120V配电系统上使用的配电,其额定电压可以为110V到130V。

②单击"添加",可添加并设置新的电压定义,单击"删除"可删除所选电压定义。以下列出了"电压定义"表中各列的含义。

名称:用于标识电压定义。

值:电压定义的额定电压。

最小:用于电压定义的最小额定电压。

最大:用于电压定义的最大额定电压。

③"配电系统":定义项目中可用的配电系统。

名称:用于标识配电系统。

相位:从下拉式列表中选择"三相"或"单相"。

配置:单击该值后,可以从下拉式列表中选择"星形"或"三角形"(仅限于三相系统)。

导线:用于指定导线的数量(对于三相,为3或4;对于单相,为2或3)。

L-L电压:单击该值之后,从下拉列表选择一个电压定义,以表示在任意两相之间的电压。此参数的规格取决于"相位"和"导线"选择。例如,L-L电压不适用于单相二线系统。

L-G电压:单击该值之后,从下拉列表中选择一个电压定义,以表示在"相"和"地"之间的电压。

(4)负荷计算。

用户可以自定义电气负荷类型,并为不同的负荷类型指定需求系数。针对需求系数,可以通过创建不同的需求系数类型,指定相应的需求系数"计算方法"来计算需求系数。

在左侧面板中单击"负荷计算"出现如图7-1所示对话框,在右侧面板中单击"负荷分类"和"需求系数"可以打开"负荷分类"和"需求系数"对话框。

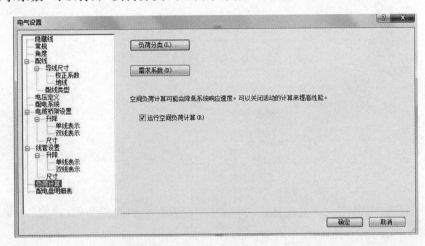

图7-1 负荷计算

单击"负荷分类"图标,打开"负荷分类"对话框,设置项目中要用到的负荷分类类型,指定"需求系数"和"选择用于空间的负荷分类"。

单击"需求系数"图标,打开"需求系数"对话框,设置"需求系数类型",此处可以设置用于不同需求系数类型的计算方法。

2.视图设置

(1)电气平面。

在项目样板"机械样板"中创建好相关电气平面,然后按照电气设计的需要作相应设置。

对于没有电气平面的项目文件,可以通过复制建筑视图,并根据需要创建各个楼层和天花板的电力平面、照明平面、弱电平面等,然后将相应的视图样板应用于每个平面。

🖋 小提示

在"应用视图样板"对话框中,单击"视图属性"中"V/G替换模型",打开"可见性/图形替换"对话框,设置构件族、系统在当前视图的显示、隐藏和"对象样式"。如要在视图中隐藏非本专业的构件族类别,只要在左侧"可见性"一栏取消选项即可,见图7-2。

(2)出图线宽和线样式。

首先,单击功能区中"管理"→"其他设置"→"线宽",在相应的线宽序号中,按照实际出图比例设置对应的实际线宽。

然后,单击功能区中"管理"→"对象样式",见图7-3(或单击功能区中"视图"→"可见

图7-2 可见性/图形替换

性/图形"→"对象样式")。在"对象样式"对话框中设置各类别图元相对应的线宽序号,以及图元显示的"线型图案",见图7-4。

图7-3 对象样式

图7-4 线型图案

3.载入电气族

在进行配电设计之前,在项目文件中需要载入相应的电气族,如进线配电盘、插座等。同时,用户也可以根据需要自己创建电气族。要强调的是,电气族的一个关键要素是电气连接件,只有具备电气连接件,载入 Revit MEP 2016 项目中的族才可以创建电气系统,并且通过电气连接件使族自带的信息参与到系统设计和计算中。

7.1.2 设备布置

如果布置一般电气设备,如插座、配电箱等,可以直接将设备添加到视图中。如果为暖通专业或给排水专业的一些动力设备,如空调、水泵等配电时,则推荐使用链接暖通专业或给排水专业项目文件的方法来收集这些动力条件。下面就这两种情况作详细介绍。

1.布置电气设备

以布置三楼电气平面(盥洗室、衣帽储藏和卫生间)为例。打开"楼层平面"→"3 楼配电平面"。在项目文件中,为三层布置插座并配电,见图 7-5。图中区域都定义好了空间,如"盥洗室""卫生间"都是"空间标记"。Revit MEP 2016 使用空间记录该构件所在区域的相关信息,电气设计同样要定义空间,从而方便电气负荷计算和照明设计,详见本章"7.2 照明设计"。

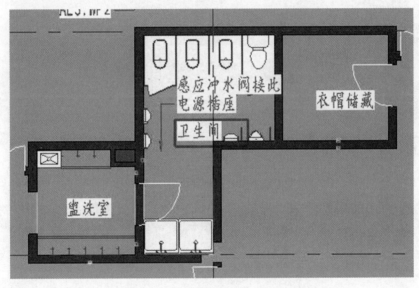

图 7-5 布置插座并配电

(1)调用电气族的两种方法。

①从左侧项目浏览器中,单击"族"展开,选择相应类别的族,如电气装置、电气设备等。然后拖动所选族的某个"类型"到项目视图中。

②单击功能区中"系统"选项卡,在"电气"面板中有"电气设备"、"设备"和"照明设备",见图 7-6,单击其中相应按钮,在"属性"停靠栏的类型选择器中选择所要插入的族及类型。

(2)放置族、设备、配电箱的方法。

放置基于面的族时(比如基于工作平面、墙、天花板等),要选择放置的方式。以放置"基于工作平面"的配电箱为例,配电箱要放置到墙体:首先选择配电箱,在"属性"对话框中的

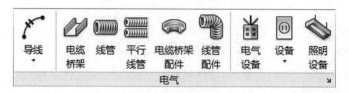

图7-6　照明设备

"限制条件"中,指定"立面"值,然后单击"放置在垂直面上",见图7-7,将光标定位到所要放置的内墙上,这时才能预览到该配电箱上,单击放置配电箱。

图7-7　放置在垂直面上

　　为方便配电系统创建,可以为配电箱命名。选中配电箱,在"属性"中修改"配电盘名称",如图7-8所示。

图7-8　配电箱名称

🌿 小提示

　　(1)未命名的配电盘的标记在项目中显示为"?"。

　　(2)配电盘的命名,除了在"属性"中定义"配电盘名称"外,还可以双击"?"标记,直接输入配电盘名字。

　　(3)此处配电盘选择的注释文件是"电气设备类型记号标记",可以在族环境下,通过"编辑标签"命令更改显示标签信息。

(4)在标记类型属性和属性对话框中,可以对标记样式进行一些设置,如"引线箭头"、
"显示"和"方向"。

2.收集动力条件

为其他专业动力设备配电时,需要先从暖通和给排水的项目文件中收集动力条件。将
暖通或给排水的项目文件链接到电气项目文件中,使用"链接"功能中的"复制/监视"功能,
把相应的动力设备"复制"过来。

7.1.3 系统创建

1.创建配电系统

设备放置完毕后,开始创建系统。

(1)定义配电盘的配电系统。

接着本章"7.1.2设备布置"的工作进程,
为三楼电气平面插座配电的操作,选中项目视
图中的配电盘,在选项栏中出现如图7-9所
示的下拉菜单,用于定义配电系统。这里选择
"220/380星形"配电系统。

图7-9 配电系统

🖋 小提示

如果单击配电盘时,选项卡中"配电系统"项没出现可选择的配电系统,说明电气设置中
的"配电系统"没有出现与该配电盘的电压和级数相匹配的项。这时要检查配电盘的连接件
设置中的电压和级数,或是在电气设置中添加与之匹配的"配电系统"。

(2)创建回路。

这个项目中,把三个房间的插座设备作为一个回路进行线路连接。首先,选中区域中的
全部插座(共6个),见图7-10。然后,单击功能区中"电力",创建线路。

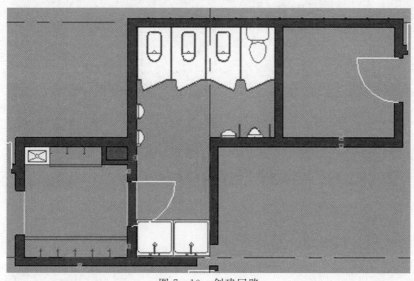

图7-10 创建回路

小技巧

    当图面比较复杂时,可以通过"过滤器"方便准确地选择要操作的图元:框选需要绘制的区域,单击"过滤器",打开"过滤器"对话框,见图7-11,单击"放弃全部",然后只勾选"电气装置",这样就选中了该区域中的所有插座。

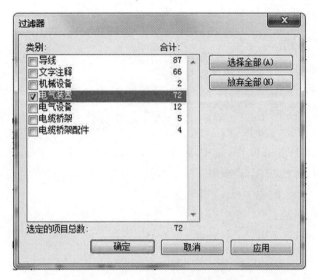

图7-11 过滤器-电气装置设置

    单击功能区中"电力"后,激活了"电路"选项卡,见图7-12,单击"选择配电盘",见图7-13。选择配电盘有两种方法:

图7-12 电力-电路

图7-13 选择配电盘

    ①直接选中绘图区域中的配电盘。

小提示

电路中所选的配电盘必须事先指定配电系统,否则在系统创建时,无法指定该配电盘。
②用相同的方法创建其他回路,实现其他房间区域的系统连接。

2.动力配电

将动力设备从链接文件复制到当前项目文件中,就可以创建线路了,步骤和前面介绍的
一样,这里就不赘述。

Revit MEP 中可以在不破坏线路情况下直接替换对应的设备及类型。比如,设计师、配
电盘等装置设备的选型不需要先确定下来,创建线路时,可以显示选一个初始的配电盘,然
后软件会自动计算出实际电流、负荷等,并通过线路属性查看,以验证配电箱是否合适。如
果不合适,选中该设备,从停靠的"属性"的类型选择其中直接替换。当线路负荷发生调整
时,系统计算会实时更新,根据更新结果考虑替换设备。

小技巧

连接多电源。电气配电中,有的负荷配备了备用电源。Revit MEP 2016 专门提供多电
源连接的功能,可以通过变通方法将回路负荷分别传递给常规供电和备用供电。

7.1.4 导线布置

当线路逻辑连接完成后,可以为线路布置导线。本节将着重介绍如何为线路尤其是多
回路线布置导线。

为了说明方便,仍然以三楼电气平面给插座配电为例。

1.自动生成导线

按照前面的操作,完成回路系统创建后,为回路自动生成导线,见图 7-14。

在每次回路创建时,可通过点击"系统"选项卡→"电气"面板→"弧形导线/样条曲线导

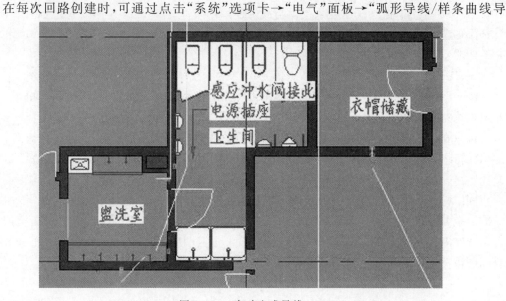

图 7-14 自动生成导线

229

线/带倒角导线"生成导线。

　　弧形导线：通常用于表示在墙、天花板或楼板内隐藏的配线。

　　带倒角导线：通常用于表示外露的配线。

2.手动调整导线

当自动生成的导线不能完全满足设计要求时，需要手动调整导线。尤其当多条回路连接到同一配电盘时，可以将多条回路组合为一条多线路回路。分别给多条回路配线时，多条回路分别有导线和配电盘连接，根据设计情况，可将多条回路组合为一条多线路回路。

🏵 小提示

　　以上介绍的是导线布置的一般步骤。当然，用户可以从一开始就动手配线。为提高效率，推荐先自动连接导线，然后手动调整导线。

7.2　照明设计

　　电气照明在人们的生活和工作上是不可缺少的，良好的照明度对提高工作效率、保证安全生产和保护人们的视力等方面都有重要的作用。

　　照明设计，特别是现代高层建筑的电气照明设计，与装饰工程有着密切的关系。对于办公建筑的照明，不仅要考虑办公桌上水平照度的效率，还必须考虑提供整个室内环境舒适的照明；对于学校教室的照明，需为教学提供必要的视觉条件，以取得好的教学效果。因此，照明设计是一项综合性的技术工作，其总的原则是在满足照明要求的基础上，正确选择节约电能的光源和灯具，与建筑、装饰配套的前提下便于安装、使用可靠、经济合理并预留照明条件。

7.2.1　项目准备

　　目前 Revit MEP 2016 软件自带的电压系统为"120/280V"、"277/480V"三相四线星型以及"120/240V"单相三线配电系统。与我国使用的"220/380V"三相四线星型系统不同，需另行添加电压系统。具体电气设置与配电系统类似，详见本章"7.1.1 项目准备"，以下着重介绍照明系统专属电气设置。

1.电气设置

Revit MEP 2016 软件提供的中国 MEP 模板是专为国内用户量身定做的，其电压、配电系统等均符合国内要求。

　　可以在电气设置对话框中通过"添加"命令分别增加电压、配电系统、负荷计算等，此处使用"传递项目参数"命令利用软件自带的中国 MEP 模板如机械样板方便快捷地设定电气设置。

　　同时打开项目文件和机械样板，在项目文件环境下，单击功能区中"管理"→"传递项目标准"，在"选择要复制的项目"对话框中选择需要复制的项目，见图 7‑15，如"电压类型""电气设置""电气负荷分类""电气需求系数定义""配电盘明细表样板分支配电板""配电盘明细表样版数据配电板""配电盘明细表样板开关板""配电系统"等，然后单击"确定"。

2.配线类型

　　在项目文件环境中，单击功能区中"管理"选项卡→"MEP 设置"→"电气设置"，在电气

图 7 - 15　选择要复制的项目

设置对话框中选择"配线类型",单击"添加",添加所需的配线类型,见图 7 - 16。

	名称	材质	额定温度(℃)	绝缘层	最大尺寸	中性负荷乘数	所需中性负荷	中性负荷大小	线管类型
1	THWN	铜	60	THW	200	1.00	☑	火线尺寸	非磁性
2	XHHW	铜	60	XHH	200	1.00	☑	火线尺寸	非磁性
3	BV	铜	60		200	1.00	☑	火线尺寸	非磁性
4	YJV	铜	60		200	1.00	☑	火线尺寸	非磁性
5	默认	铜	60	TW	200	1.00	☑	火线尺寸	Non-Mag

图 7 - 16　电气设置

3. 负荷计算

在 Revit MEP 2016 软件中,负荷计算分别为"负荷分类"和"需求系数"两部分,通过设置特定的负荷分类类型和相应的需求系数类型,确定各个系统照明和用电设备等负荷的容量、计算电流,选择合适的配电箱。

(1)负荷分类。

在项目环境下,软件提供了两种进入"负荷分类"和"需求系数"对话框的方式。

①单击功能区中"管理"→"MEP 设置"→"电气设置",在"电气设置"对话框中选择"负

荷计算",选择"负荷分类"或"需求系数"进入,见图 7-17。

②单击功能区中"管理",在"MEP 设置"下拉菜单下选择"负荷分类"或"需求系数"进入。

在"负荷分类"对话框中可以通过新建、复制、重命名及删除命令编辑负荷分类的类型,见图 7-17。同时,可以为每个负荷分类类型选择需求系数或者直接进入需求系数对话框进行自定义设置。在"选择用于空间的负荷分类"中可以定义"照明"、"电力"或者"无"。如果"选择用于空间的负荷分类"为"照明"或"电力",该负荷分类将计入空间"电气空间"的"照明"或"电力"实际负荷值;如果选择"无",则该负荷分类将不计入空间负荷。

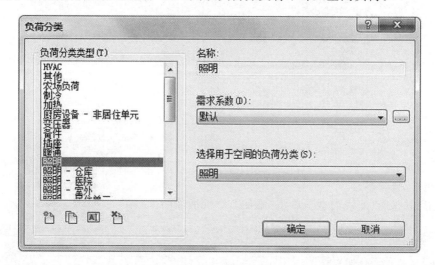

图 7-17　负荷分类

目前,软件内置有多种负荷分类类型,每种负荷类型对应不同的需求系数及空间负荷类型,负荷分类信息设置均符合美国 NEC(National Electrical Code)标准。主要的负荷分类有:"电器气具-居住单元""制冷""电干衣机""电灶""加热""厨房设备非居住单元""照明""电动机""插座""变压器"等。

(2)需求系数。

需求系数值的准确性对负荷计算有重要的意义,Reit MEP 2016 为内置负荷提供相应的需求系数推荐值,可以通过新建、复制、重命名及删除命令编辑需求系数类型。

软件提供三种不同的计算需求系数的方法:

①固定值:对于任何新建的需求系数类型,其默认的计算方法均采用固定值方式。可在需求系数框中直接输入数值,软件中默认值为 100。

②按数量:不同的数量范围其需求系数值不同。"按数量"计算方法有两种不同的计算选项,"按一个百分比计算总负荷"和"每个范围递增"。可通过 ✚ 命令拆分数量范围,通过 ▭ 命令删除选定的数量范围,并可在表格中直接输入数值和需求系数值。

③按负荷:不同的负荷范围其需求系数值不同。与"按数量"计算方法类似,"按负荷"计算方法同样有两种不同的计算选项,"按一个百分比计算总负荷"和"每个范围递增"。可通过 ✚ 命令拆分负荷范围,通过 ▭ 命令删除选定的负荷范围,并可在表格中直接输入负荷和需求系数值。

与负荷分类一一对应,软件内置的需求系数类型主要有"电气器具-居住单元""制冷""电干衣机""电灶""加热""厨房设备非居住单元""照明""电动机""插座""变压器"等。

以"电气器具-居住单元"为例,其需求系数以"按数量""按一个百分比计算总负荷"为计算方法,当连接在同一配电盘上的此类设备数量超过三个时,第四个及以后的负荷按照其实际负荷的 75% 计算。

"电气器具-居住单元"类型的负荷主要适用于"电气装置"、"机械设备"和"卫浴装置"下的族文件,比如热水器、水泵、洗碗机等。

对于照明设计,添加负荷分类类型"室内照明"和"插座",并分别选择空间负荷为"照明"和"电力"。对于需求系数,则分别设置"室内照明"和"插座"与之匹配。

小提示

在设置负荷分类和需求系数时,可在内置负荷类型"照明居住单元"和"插座"基础上调整负荷范围和需求系数值。

7.2.2 电气族创建

照明设计使用到大量的灯具、开关等设备,当软件自带的族文件无法满足用户设计的需求时,用户可根据需要创建电气族,用户还可以在软件自带族的基础上进行修改,提高效率。

1.自带构件族简介

(1)照明设备。

在默认安装的情况下,在"照明"文件夹下还细分"内部"和"外部"两个子文件夹,所存放构件族见表 7-1。

表 7-1 照明设备构件族

子文件夹名称	所存放的构件族
内部	应用于室内照明,如台灯、壁灯等
外部	应用于室外照明,如街灯等

(2)开关插座。

随着绿色照明概念的逐渐深入,软件同时提供了一些应用于智能建筑控制方面的开关。

(3)照明配电箱。

Revit MEP 2016 软件配备了符合中国国标要求的全套用户终端箱,见表 7-2(引自 05D702-4《用户终端箱》,中国建筑标准设计研究院编写)。

表 7-2 配电箱构件族

族名	参考详图
动力箱-380V-壁挂式	PB10 系列动力箱结构示意图
动力箱-380V-嵌入式	PB10 系列动力箱结构示意图
双电源切换箱	PBT10 系列双电源切换箱结构示意图

续表 7 - 2

族名	参考详图
客房配电箱-220V-嵌入式	PB40 系列客房配电箱结构示意图
照明配电箱	LB10 系列照明配电箱结构示意图
电度表箱-带配电回路	MB20 系列电度表箱结构示意图
电度表箱	MB10 系列电度表箱结构示意图
电源箱-380V MCCB	PB60、PB70 系列动力箱结构示意图
配电柜-380V MCCB	PB50 高层住宅配电柜结构示意图
配电盘	DB-3A 型住户配电箱

2. 修改电气构件族

目前 Revit MEP 2016 自带的族文件,大部分是按照美国现行标准创建的,跟国内项目所需族文件相比,主要存在两方面差异:图例文字符号和参数。下面以开关为例,介绍如何修改 Revit MEP 2016 软件自带族文件,并介绍照明灯具的特殊设置。

(1)图例文字符号。

电气族通常在"粗略""中等"详细程度下显示图例文字符号,在"精细"程度下显示实体。软件现有族"照明开关"用不同类型的图例和文字符号表示。

首先,为满足国内项目要求,需要修改相应的二维图标,具体步骤如下:

①打开族"照明开关. rfa"。

②在项目浏览器中,右击注释符号下"照明开关注释",单击"编辑"命令进入图标族文件进行编辑,见图 7 - 18。

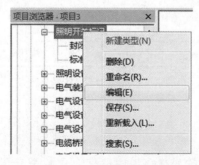

图 7 - 18　照明开关注释

也可以在视图绘图区中选择图例符号,单击"编辑族"命令进入注释文件,见图 7 - 19。

③在注释文件族编辑器中,在"常用"选项卡中使用"直线"命令并加载到族文件"照明开关. rfa"中。

④重命名照明开关注释文件和类型为"单极限时开关"。同理,分别创建照明开关其他的图标文件并加载到族文件中。

⑤创建不同族类型。在族类型对话框中,使用"新建"或"重命名"命令分别创建新的族类型。

图 7 - 19   编辑族

🖋 **小提示**

不同的开关虽然图标符号不同,但几何外形相同或类似,可合并为一个族文件,通过设置不同的可见性参数值实现合并。此方法同样适用于其他几何外形相同或类似,但图标符号不同的族。

其次,在楼层平面参照标高视图下,选中类型"开关一般符号"图标,在"属性"对话框中,设置可见性的关联族参数"可见性1"。依次设置其他类型图标可见性。

最后,根据设计原则,"粗略"和"中等"详细程度下显示二维图标,"精细"详细程度下显示实体,在"族图元可见性设置"对话框中设置详细程度,见图 7 - 20。

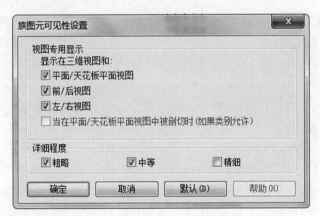

图 7 - 20   族图元可见性设置

(2)族参数。

①性能参数。修改相应的电压、级数以及视在负荷值来满足国内设计需要,常用电压与相应级数值参照表 7 - 3。

表 7 - 3   电压、级数对照

国家	电压	级数	国家	电压	级数
美国	120V	1	美国	480V	3
	208V	3	中国	220V	1
	240V	2		380V	3
	277V	1			

对于族"照明开关.rfa",在族类型中,相应地调整电压值为220V。

②尺寸参数。大型设备的外形尺寸、安装尺寸根据国家标准或者厂房资料进行调整,对于本次项目,所有配电箱、照明箱、住户电箱安装于墙上,距地面高均为1.5m,开关、触摸延时开关、插座、空调插座暗装于墙上,距地面高分别为1.3m、1.3m、0.3m、2.0m。

对于族"照明开关.rfa",在"族类型"对话框中调整默认高程值为1300mm。

③负荷类型。在族编辑器中,软件同样提供了三种打开负荷的分类和需求系数对话框的方式。

a.单击电力连接件,在连接件"属性"对话框中单击按钮▣打开。

b.在族类型对话框中单击▣按钮打开。注意,此方法的适用前提是已经在族中建好参数"负荷分类"。

c.在项目分类浏览器中,右击族类型,单击快捷菜单"类型属性";在"类型属性"对话框中"电气"组别下,单击"负荷分类"右侧的▣进入。注意,此方法的适用前提是已经在族中建好参数"负荷分类"。

对于"照明开关.rfa"族文件,在"族类型"对话框中新建参数"负荷分类",并选择相应的负荷类型。

这里选择"其他"为开关的负荷类型。对于照明灯具,选择"室内照明"为其负荷类型,对于插座则选择负荷类型"插座"。

完成上述操作,重命名族文件为"开关.rfa"并加载入项目文件中。

(3)照明灯具。

对于照明灯具,需进行特殊设置。一是选择合适的光源;二是根据产品样本设置参数值,尤其是光域部分,涉及亮度、色温等,会直接影响后面渲染效果;三是需要添加IES文件。

为照明灯具设置光源的具体步骤如下:首先在族类别和族参数对话框中,勾选"光源",选择视图中光源可见;然后在绘图区单击"光源",在功能栏中单击"光源定义"按钮,见图7-21;最后打开"光源定义"对话框进行相应设置,见图7-22。"根据形状发光"提供了四种发光方式,分别是点、线、矩形和圆形。"光线分布"提供了四种不同的分布方式,分别是球形、半球形、聚光灯以及光域网。

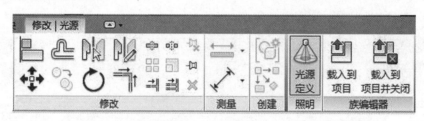

图7-21 光源定义

🖋 小提示

前三种光线分布方式只考虑光源几何形体方面的参数;而光域网分布方式,除了考虑光源几何尺寸外,还有亮度、损失系数等。

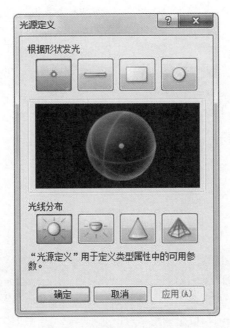

图 7 - 22　根据形状发光设置

在"光源定义对话框"中,定义光源的形状和光线分布方式,选择不同的发光形状和光线
分布方式,其光域参数也会有所不同。下面以"点"为发光方式介绍光域参数。

①倾斜角:表征光源与安装平面间位置的参数,一般取安装平面水平线与光源中心线之
间的夹角。

🔖 **小提示**

通常对于安装于天花板的照明设备,其倾角为-90°,而对于台灯类,则为 90°。

②光域网文件:此处指定 IES 文件,通常,光域网文件还提供其他光域参数信息,比如灯
具类型、功率、流明等,为设置族的其他参数提供依据。

③光损失系数:表征灯泡/镇流器使用寿命、灯具的外部环境,如灰尘等因素的参数。此
处提供简单和高级两种计算方法,不同的计算方法光总损失系数值不同,见图 7 - 23 和 7 -
24。默认设置为简单,"值"设为"1"。

④初始亮度:提供瓦特、光通量、发光强度及照度四种不同设置亮度的方式。

图 7 - 23　光损失系数-简单设置

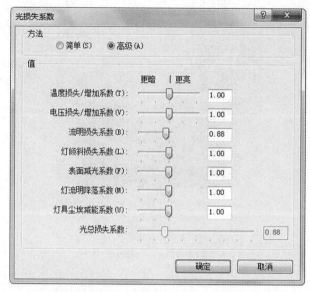

图7-24 光损失系数-高级设置

小提示

根据 IES 文件提供的信息,通常取瓦特为默认方式,效力的值为光通量值除以瓦特值。

⑤初始颜色:提供了灯光的颜色及色温设置,既可以选用软件自带的设置,也可以根据实际情况进行自定义。

⑥暗显光线色温偏移:默认设置为"无"。

⑦颜色过滤器:默认设置为"白色"。

⑧沿着线长度发光:只适用于"线"发光方式。

⑨沿着矩形宽度/长度发光:只适用于"矩形"发光方式。

⑩沿着圆直径发光:只适用于"球形"发光方式。

小提示

对于"沿着线长度发光""沿着矩形宽度/长度发光""沿着圆直径发光"的取值,其值应略小于灯具外壳尺寸,否则对渲染效果会有一定影响。

7.2.3 照明计算

照明设计由照明供电设计和灯具设计两部分组成。设计主要解决照度计算、导线截面的计算、各种灯具及材料选型,并绘制平面布置图、系统图等。本项目的照明设计可分为一般照明设计和应急照明设计,一般照明主要为室内照明和楼梯照明。

小提示

照度计算的目的是,按照规定的照度值及其他已知条件来计算灯泡的功率,确定其光源和灯具的数量。在国内,照度的计算方法主要有三种,即利用系数法、单位容量法和逐点计算法。任何一种方法都只能做到基本上合理,其设计误差控制在±10%～±20%为宜。

Revit MEP 2016 软件采用明细表分析的方式,在满足照度要求的基础上,同时完成灯具的选型和布置,具体步骤如下:

1.添加项目参数"所需照明级别"

在许多文献和国家制定的规范中,对不同建筑照明的照度都有所规定。

根据建筑内不同空间所需的照度值,将为不同类型的空间(办公室、公共卫生间、会议室等等)指定特定的照明级别,首先添加一个新项目参数"所需照明级别"。

单击功能区中"管理"→"项目参数",见图 7-25,弹出对话框,单击"添加",在"参数属性"对话框中设置,设置完成后单击"确定"按钮。

图 7-25 项目参数设置

2.创建空间照度要求明细表

单击功能区中"分析"→"明细表/数量",见图 7-26,在新建明细表对话框中,作相应设置,见图 7-27,单击"确定"。

图 7-26 分析-明细表

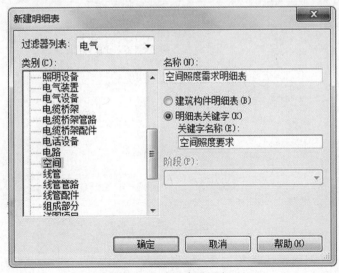

图 7-27 新建明细表

在明细表属性对话框的"字段"选择项卡中,从"可用字段"列表中选择"所需照明级别",见图7-28,然后单击"添加",将此字段添加到"明细表字段"列表中,单击"确定"。

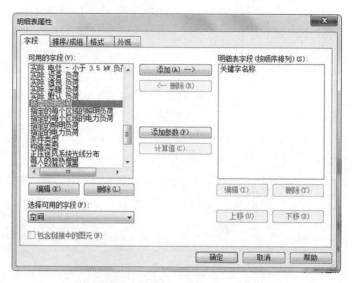

图7-28　明细表属性-字段设置

根据项目实际情况,为明细表添加行,并分别输入空间类型及所需照明级别,完成空间照度要求明细表。

3.创建空间照明分析明细表

在完成空间类型的设置后,为各个空间创建照明分析明细表。单击功能区中"分析"选项卡→"明细表/数量",在新建明细表对话框中,作相应设置,见图7-29,单击"确定"。

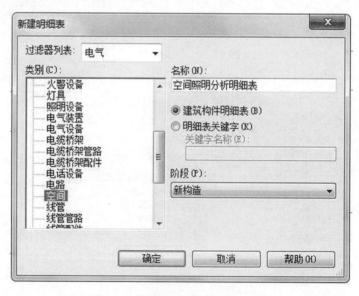

图7-29　创建空间照明分析明细表

在"明细表属性"对话框的字段选项卡中,将下列字段添加到明细表字段列表中,见图

7 - 30。明细表属性字段有名称、所需照明级别、平均估算照度、天花板反射、墙反射、楼板反射以及照明计算工作平面。

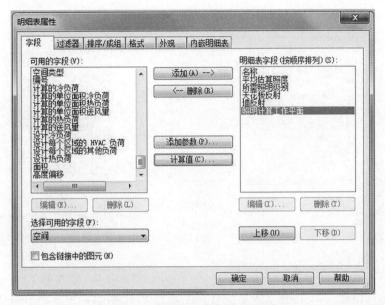

图 7 - 30　明细表属性-字段设置

在"明细表属性"对话框中,单击"计算值"。打开"计算值"对话框,然后单击打开 [...] 键,在弹出的"字段"对话框中选择需要添加到公式中的字段,设置完成后单击"确定"。设置"照度差值"为后面灯具数量的设置提供可靠依据。

在"明细表属性"对话框的"格式"选项卡上的"字段"中,选中"照度差值",单击"条件格式",见图 7 - 31。

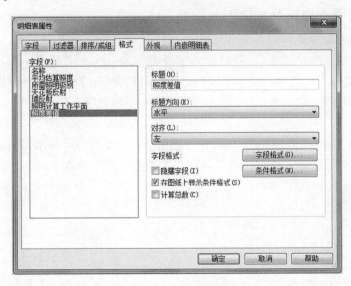

图 7 - 31　照度差值设置

打开"条件格式"对话框,"照度差值"选择"不介于",设定－55lx～55lx 为判定值(可以根据项目的实际情况来设置)。单击"背景颜色",选择颜色,单击"确定"两次,见图 7－32。

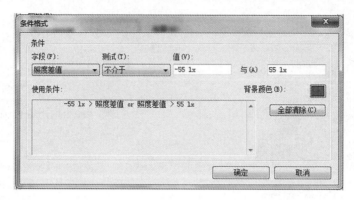

图 7－32　条件格式设置

注意:可以按照设计需要选择颜色,一般以醒目颜色为好;可以对字段进行字段格式以及空间排序方式的设置。

空间照明分析明细表见图 7－33。根据国内规范(引自《建筑照明设计规范》(GB 50034—2004)),调整"照明计算工作平面"762mm 为 750mm(美国规范的照明计算工作平面值为 762,30×25.4＝762mm)。

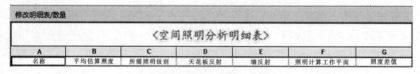

图 7－33　空间照明分析明细表

7.2.4　照明平面图及系统图的设计

灯具主要功能是合理分配光源的光通量,满足环境和作业的配光要求,并且不产生眩光和严重的光幕反射。选择灯具时,除环境光分布和限制炫目的要求外,还应考虑灯具的效率,选择高光效灯具。灯具的布置就是确定灯的空间位置,合理的布置能得到较高的照明质量和较高的艺术效果。接下来以三层某房间为例,具体说明照明平面及系统图的设计。

1.设备布置

配电箱选用 PB40 系列客房配电箱,开关选用单联和双联混合使用。灯具上主要以吸顶灯以及防水防尘灯为主。具体调用电气族和放置族的方式参见本章"7.1.2 设备布置"中的"1.布置电气设备",这里不再赘述。添置灯具,检查空间照明分析明细表,直至照度差值符合设计要求(－55lx～55lx)。

✿ 小提示

插入灯具时,一般在天花板层面进行操作,可使用"对齐"命令,利用天花板的栅格进行布置。

2. 电力系统创建

在配置好配电箱、灯具以及开关之后，创建电力系统。具体定义配电盘的配电系统及创建回路参见本章"7.1.3 系统创建"中的"1. 创建配电系统"，这里只做简单介绍。

①选中 PB40 配电箱，配置 380/220Wye 配电系统。

②选中所有开关和灯具，单击功能区中"电力"，见图 7 - 34。

图 7 - 34　电力

③选择配电盘，见图 7 - 35。

图 7 - 35　选择配电盘

④选择弧形导线，弧类型主要应用于穿管敷设于墙体、天花板和地板之内的电线，见图 7 - 36。

图 7 - 36　弧形导线

⑤完成电力线路的连接，见图 7 - 37。

 小提示

可使用"Tab"键检查线路，并拖拽电线使其符合设计线路走向。

3. 开关系统创建

开关系统创建步骤如下：

①选中开关所控制的灯具，单击开关系统按钮创建系统，选择开关，见图 7 - 38。

②单击功能区中"开关系统"选项卡中的"选择开关"，见图 7 - 39，选择相应的开关，再单击"编辑开关系统"，见图 7 - 40，再单击选择开关，添加开关所控制的灯具，同样按"Tab"键检查开关线路。

4. 配电盘和回路编号设置

单击配电盘，在"属性"对话框中，做如下设置，见图 7 - 41。对配电盘进行命名，可以方便追踪配电盘相关信息，如配电盘明细表、系统组成等。

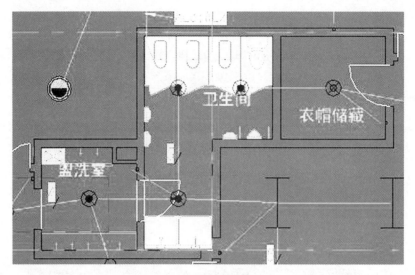

图 7-37　电力线路的连接

图 7-38　开关系统创建

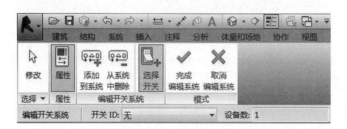

图 7-39　选择开关

图 7-40　编辑开关系统

5.配电盘明细表创建

（1）配电盘明细表简介。

①配电表组成。Revit MEP 提供配电盘明细表的功能，用户可以客制化自己的配电盘

图 7-41　配电盘和回路编号设置

明细表样板,并用于自己项目中。打开"管理"选项卡→"配电盘明细表样板"下拉按钮→"管理样板"按钮,软件自带的分支配电盘明细表样板见图 7-42,大致由四部分内容组成:页眉、线路表、负荷汇总和页脚。页眉部分描述配电盘的个体信息,如配电盘名称、安装位置、安装方式、电源供电系统等;在线路表中描述配电盘连接回路信息,如线路说明、插槽数、每路跳

分支配电盘: ⟨配电盘名

位置:	⟨位置⟩	伏特:	⟨配电系统⟩	A.I.C. 额定值:	⟨额定短路⟩		
供给源:	⟨供给源⟩	相位:	⟨相位数⟩	干线类型:	⟨干线类型⟩		
安装:	⟨安装⟩	导线:	⟨导线数⟩	干线额定值:	⟨干线⟩		
配电箱:	⟨外围⟩			MCB 额定值:	⟨MCB 额定值⟩		

注释:
⟨明细表页眉注释⟩

CKT	线路说明	跳闸	极	A	B	C
1	⟨负荷名称⟩	⟨额定⟩	⟨极数⟩	⟨Val⟩	⟨Val⟩	⟨Val⟩
2	⟨负荷名称⟩	⟨额定⟩	⟨极数⟩	⟨Val⟩	⟨Val⟩	⟨Val⟩
3	⟨负荷名称⟩	⟨额定⟩	⟨极数⟩	⟨Val⟩	⟨Val⟩	⟨Val⟩
4	⟨负荷名称⟩	⟨额定⟩	⟨极数⟩	⟨Val⟩	⟨Val⟩	⟨Val⟩
	总负荷:			⟨相位 A 视	⟨相位 B 视	⟨相位 C
	总安培数:			⟨相位 A	⟨相位 B	⟨相位 C

图例:

负荷分类	连接的负荷	需求系数	估计需用	配电盘总数	
⟨负荷分类⟩	⟨连接的负荷 (VA)⟩	⟨需求系数⟩	⟨估计需用 (VA)⟩		
⟨负荷分类⟩	⟨连接的负荷 (VA)⟩	⟨需求系数⟩	⟨估计需用 (VA)⟩	总连接负荷:	⟨总连接⟩
⟨负荷分类⟩	⟨连接的负荷 (VA)⟩	⟨需求系数⟩	⟨估计需用 (VA)⟩	总估计需用:	⟨总估计需用⟩
⟨负荷分类⟩	⟨连接的负荷 (VA)⟩	⟨需求系数⟩	⟨估计需用 (VA)⟩	总连接电流:	⟨总连接电流⟩
⟨负荷分类⟩	⟨连接的负荷 (VA)⟩	⟨需求系数⟩	⟨估计需用 (VA)⟩	总估计需用电流:	⟨总估计需用电流⟩
⟨负荷分类⟩	⟨连接的负荷 (VA)⟩	⟨需求系数⟩	⟨估计需用 (VA)⟩		

图 7-42　配电盘明细表简介

闸电流、A/B/C 三相负荷分布等;负荷汇总部分描述配电盘所连接的各种负荷分类,包括
"负荷总量"、"需求系数值"以及"需用电流"等。

在"修改配电盘明细表样板"选项卡中,配电盘明细表可以进行"样板"、"参数"、"列"、
"行"、"单元"以及"文字"部分的编辑。

a.样板:单击"设置样板选项"按钮,打开"设置样板选项"对话框,编辑配电盘明细表样
板的"常规设置"、"线路表"以及"负荷汇总"。"常规设置"包括明细表样板总宽度尺寸、显示
插槽数、组成部分选择以及外形边框的设置。Revit MEP 细化了"显示插槽数"的选项,用户
可根据需要设置为"基于单极断路器最大数目的变量"或者"固定为常量值",见图 7 - 43。

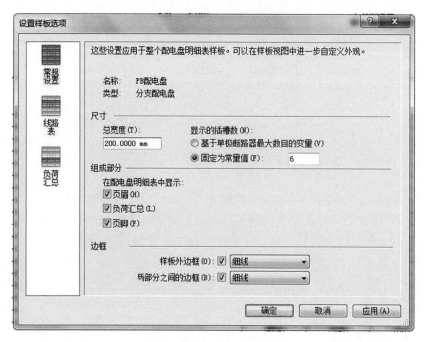

图 7 - 43　设置样板选项(1)

"线路表"设置应用于明细表样板线路表部分,可选择显示负荷的格式,不同的配电盘设
置,"选择显示负荷的格式"选项不同。对于"单柱"配电盘配置,选项为"仅每条线路的总负
荷"、"每条线路的单独相应负荷"以及"无负荷信息",软件中默认设置为"每条线路的单独相
应负荷";对于"双柱"配电盘配置,选项为"按相位分类的负荷"、"拆分列中按相位分类的负
荷"、"共用列中按相位分类的负荷"以及"镜像的相位列",软件中默认设置为"拆分列中按相
位分类的负荷"。针对单相的配电盘,在线路中可以选择"隐藏三相列"或者"显示三相列,但
禁用"。Revit MEP 增加了明细表相位列值设置功能,用户可根据实际设为"负荷"或者"电
流",见图 7 - 44。

"负荷汇总"设置配电盘明细表的负荷分类类型,提供两个选项:"仅连接到配电盘的负
荷"以及"一组固定的负荷分类"。当选择"一组固定的负荷分类"时,在"负荷分类"框中显
示,见图 7 - 45。

b.参数:单击明细表单元,高显参数面板。参数设置包括类别选择、添加/删除参数、设
置单元格式、计算值以及合并参数。软件提供的参数类别有"电气设备"、"项目信息"和"电

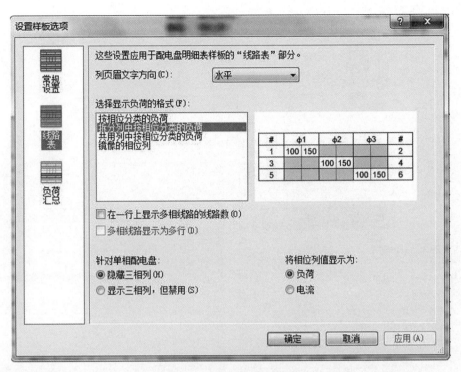

图 7-44　设置样板选项(2)

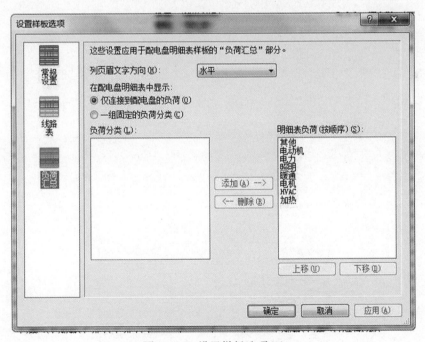

图 7-45　设置样板选项(3)

路"三类。每种参数类别下参数各个不同。

　　使用"设置单位格式"命令,见图 7-46,编辑电流和视在负荷的单位格式,图 7-47(a)和

（b）分别为电流和视在负荷单位格式编辑对话框。

图7-46　设置单位格式

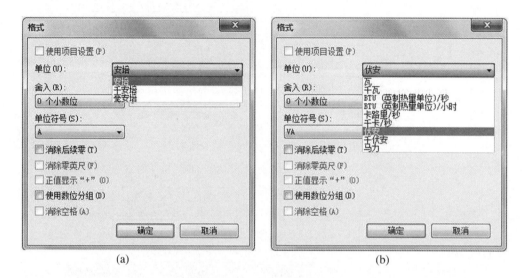

(a)　　　　　　　　　　　　(b)

图7-47　具体设置单位格式

使用"计算值"命令为明细表单元设置计算公式，见图7-48。单击图标，在计算值对话框中进行设置，见图7-49，单击图标 …，在公共字段对话框中选择所需参数，见图7-50。

图7-48　计算值

图7-49　计算值具体设置

使用"合并参数"命令合并两个或多个参数的值。单击"合并参数"按钮,见图7-51,在"合并参数"对话框中,通过添加/删除参数命令设置需要合并的多个参数。

图7-50　选择所需参数

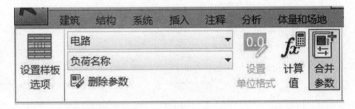

图7-51　合并参数

c.行和列:在"行和列"参数面板中通过"冻结行和列"、"插入列/行"、"删除列/行"和"调整列宽/行高"命令设置明细表的行列格式,见图7-52。

图7-52　设置明细表的行列格式

d.单元:单元面板设置包括"合并/取消合并"、"插入图形"、"编辑边界"和"编辑着色"命令,见图7-53。

e.文字:在文字参数面板中编辑单元的字体、水平和垂直对齐方式,见图7-54。

图7-53　编辑边界

图7-54　文字参数面板

②应用。配电盘明细表目前适用于类型为"电气设备",部件构件为"配电盘"、"开关面板"和"其他配电盘"的族。对于部件构件为"配电盘"的族,在族类型和族参数设置中,其"配电盘配置"共有三个选项,分别为:双柱,线路交叉;双柱,线路下置;单柱,见图7-55。

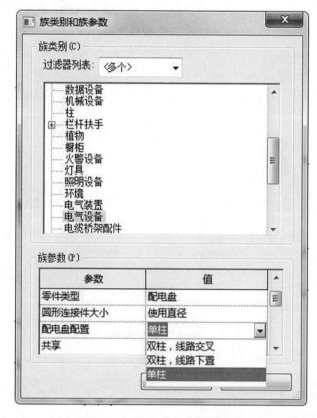

图 7-55　族类型和族参数设置

双柱,线路交叉:指配电盘回路从左至右计数,是软件的默认值。

双柱,线路下置:指配电盘回路从左边柱开始由上往下计数。

单柱:指在单一柱上由上往下计数。对于国内的配电盘,选择"单柱"为其参数设置。

③分类。在项目文件中,默认有三种配电盘明细表样板,分别为:分支配电盘、数据配电盘和开关板。不同的样板对应于不同的部件构件类型,一般来说,分支配电盘对应于"配电盘",数据配电盘对应于"其他配电盘",开关板对应于"开关板"。分支配电盘明细表显示配电盘的参数设置、安装空间位置以及所连接的负荷信息。数据配电盘可以连接除去电力设备外的其他任何设备,尤其是电话、火警和安防装置。数据配电盘明细表可以显示面板的参数信息以及所连接的数据接口。开关板明细表与分支配电盘类似。

(2)设置配电盘明细表样板。

Revit MEP 可以为项目配置配电盘明细表样板。首先为 PB 配电箱做初始设置。单击功能区中"管理"选项卡→"配电盘明细表样板"下拉按钮→"管理样板",见图 7-56,选择"单柱"为配电盘配置,在样板列表中选中"分支配电盘 1",单击对话框左下角"复制"按钮。在复制配电盘明细表样板对话框中输入"PB 配电盘"(当然可以根据项目实际自行定义),单击"确定",见图 7-57。

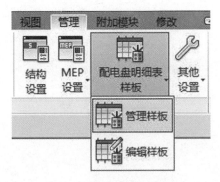

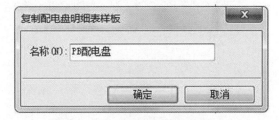

图 7-56　配电盘明细表样板　　　　　　　图 7-57　复制配电盘明细表样板

单击功能区中"管理"选项卡→"配电盘明细表样板"下拉按钮→"编辑样板",选择"单柱"为配电盘配置,在样板列表中选中"PB 配电盘",单击"打开"。

单击"设置样板"按钮,见图 7-58,在设置样板选项对话框中,在常规设置选项中,根据配电箱实际情况对"总宽度"和"显示的插槽数"进行调整。对于顶层某房间,选择 PB401 型配电箱,其插槽数为 6,设置总宽度为 200mm,单击"确定"按钮。

图 7-58　设置样板选项

根据实际项目,初步设置明细表单元的字体、单位格式。单击"完成样板"按钮。

(3)创建配电盘明细表。

有了配电盘明细表样板,接下来可以为 PB 配电箱创建配电盘明细表。选中 PB 配电箱,在"创建配电盘明细表"下拉菜单中单击"选择样板",见图 7-59,在修改样板对话框中选择 PB 配电箱并单击"确定"按钮。

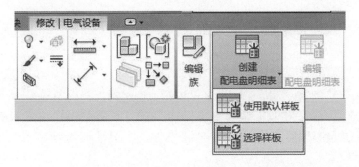

图 7-59　创建配电盘明细表-选择样板

（4）编辑配电盘明细表。

打开配电盘的明细表，在"修改配电盘明细表"选项卡中，编辑线路表如调整线路的位置、预留备用线路等，见图7-60。

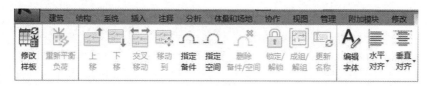

图7-60　编辑配电盘明细表

6.照明平面布置图

使用同样的步骤为项目的各个层布置照明系统，图7-61为三层照明平面布置图。

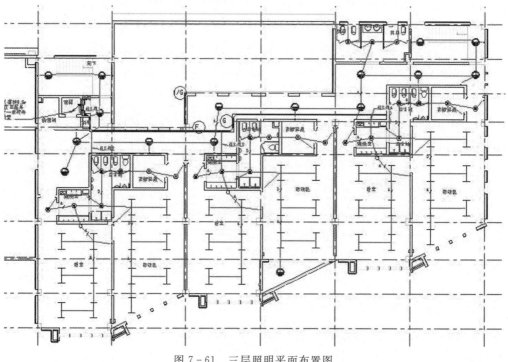

图7-61　三层照明平面布置图

在具体为每个空间布置灯具和开关时，可利用"复制""移动"等命令方便快捷地布置设备。

7.制作渲染效果图

Revit MEP提供的第三方渲染引擎可以很好地展示室内照明的效果。单击"渲染"按钮打开渲染对话框，在渲染对话框中根据实际需要进行设置。本次渲染设置，选择质量为"高"，输出设置为"屏幕"，照明方案为"室内：仅人造光"，其他设置为"默认"。

🖋 **小提示**

软件中提供了各种不同的照明方案、背景样式、人造灯光以及曝光设置，如"室外：仅日光"等,不同的方案可以得到不同的渲染效果。

渲染结束,单击"保存到项目中",如取名字为"3D"(当然也可以根据实际自行定义)。在项目浏览器渲染分支下就可以找到渲染效果图。当然也可以选择"导出"命令,另存渲染效果图,文件类型可以是位图文件、JPEG 文件、便携网络图像或者是 TIEF 文件。

7.3 弱电系统

弱电系统是一个集计算机网络、通信、声像处理、数据处理、自动控制于一体的智能化综合管理系统。通常由五大系统,即通讯自动化系统、楼宇自动化系统、办公自动化系统、消防自动化系统、保安自动化系统组成。五大系统下分计算机网络系统、综合布线系统、计算机管理系统、楼宇设备自控系统、保安监控及防盗报警系统、智能卡系统、通讯系统、卫星及公用电视系统、停车场管理系统、广播系统、会议系统、视屏点播系统、智能小区综合物业管理系统、电子巡更系统、大屏幕显示系统、智能灯光及音响控制系统、火灾自动报警系统及联动控制系统等子系统。

用 Revit MEP 设计弱电系统,设备、导线布置等方面与前面配电系统及照明系统设计类似,在本节中,将主要介绍弱电系统中所涉及的族文件,以火灾自动报警系统为例,简单介绍本项目弱电系统设计(其他弱电系统与火灾自动报警系统设计流程类似,此处不再赘述)。具体内容如下:

弱电族创建:介绍 Revit MEP 自带族文件,通过修改 Revit MEP 自带的族文件,创建符合项目需要的族文件,见 7.3.1。

火灾报警系统:选择探测器的类型、数量,并按照规范要求进行调整;添加火灾报警控制,进行系统连接,见 7.3.2。

7.3.1 弱电族

与照明设计类似,对于本项目用到的族文件,少部分自己创建,大部分利用 Revit MEP 自带的族文件进行修改。

1.自带构件族简介

在默认安装的情况下,弱电系统族文件存放在以下路径:"C:\ProgramData\Autodesk\RME2016\Libraries\China\电气构件\信息和通讯"。在"信息和通讯"文件夹下还分如下的子文件夹,见表 7 - 4。

表 7 - 4   弱电系统族文件

子文件夹名称	所存放的构件族
安全	安防系统所用族文件,如"读卡器"等
建筑控件	楼宇自控方面的族,如"自动调温器"等
护理呼叫	放置医院系统的族,如"护士室"等
火警	火灾报警方面的族,如"温度探测器"等
通讯	通讯数据传送及广播方面的族,如"扬声器""电话线插口"等

2.修改弱电构件族

Revit MEP 2016 族库中提供大量根据美国标准制作的弱电族,其图例符号有的和国内有差别。

7.3.2 火灾自动报警系统

本节主要介绍感温、感烟探测器、手动报警装置、消防广播等的选择原则、方法以及布局等。本项目的火灾探测器选择以感烟探测器(离子感烟/光电感烟)为主,通过与计算结合确定各个空间所需的探测器数量,同时进行消防广播、消防电话等的设计工作。下面以顶层为例,具体说明火灾自动报警系统图的设计。

1.设备布置

各个房间及走廊配置感烟探测器,在楼梯位置除安装探测器外还安装有手动报警装置及扬声器。探测器安装位置距离地面高度 1.5m 处。对于感烟探测器,一般安装于天花板,为方便起见,可使用对齐命令利用天花板的栅格进行布置,布置见图 7-62。

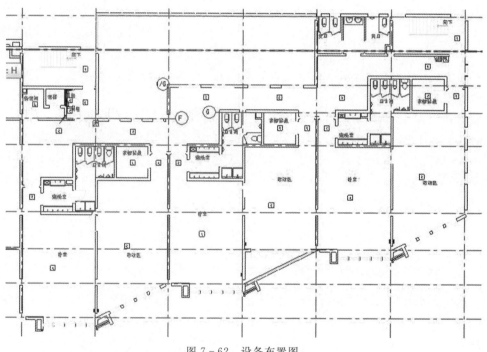

图 7-62 设备布置图

2.火警系统创建

配置好火灾报警控制器、感温探测器、手动报警装置及扬声器等之后,开始创建火警系统。火警系统的创建与配电系统类似,具体可参见本章"7.1.3 系统创建"中"1.创建配电系统"部分,这里只做简单介绍。

火警系统创建步骤如下:

①选中回路中所有探测器、报警装置等,见图 7-63,单击"创建火警"按钮,见图 7-64。可通过"过滤器"方便准确地选择要操作的探测器和报警装置。

②单击"选择配电盘",选择火灾报警控制器,见图 7-65。

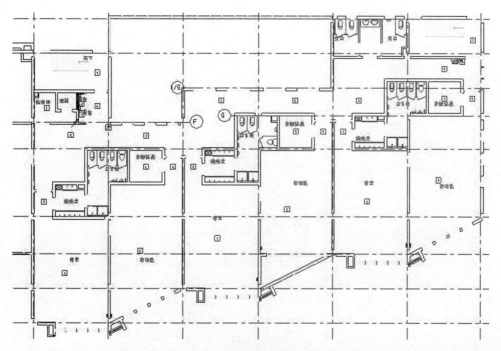

图 7-63　火警系统

图 7-64　火警设备

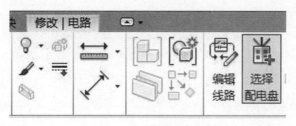

图 7-65　选择配电盘

③选择导线类型,见图 7-66。对于"弧形导线",通常表示在墙、天花板或楼层内隐藏的配线;对于"带倒角导线",通常用于表示外露的配线。这里选择"弧形导线"类型。

图 7-66　弧形导线

④完成火警线路的连接,见图7-67,可使用"Tab"键检查线路,并拖动电线使其符合设计线路走向。

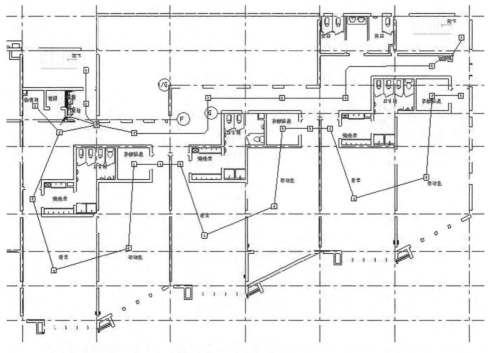

图7-67　火警线路连接

使用同样的步骤为项目的各个层布置火灾报警系统。

3.火警控制器和回路编号设置

为了便于信息追踪,应编辑火警控制器,可以为火灾控制器和回路编号。选中火警控制器,在"属性"对话框中做相应的设置。

4.创建配电盘明细表样板

(1)为火灾报警控制器做初始设置。

单击功能区中"管理"→"配电盘明细表样板"→"管理样板",见图7-68,在管理配电盘明细表样板对话框中选择"数据配电盘"为样板类型,在样板列表中选中"数据配电盘(默认)",单击"复制"按钮,在"复制配电盘明细表样板"对话框输入"火灾报警控制器",单击"确定",见图7-69。

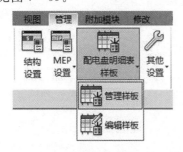

图7-68　配电盘明细表样板-管理样板

图7-69　火灾报警控制器

单击功能区中"管理"→"配电盘明细表样板"→"编辑样板",在编辑样板对话框中选择"数据配电盘"为样板类型,在样板列表中选中"火灾报警控制器",单击"打开"进行设置。

单击"设置样板选项"按钮,在设置样板选项对话框中"常规设置"选项下,根据火灾报警控制器实际情况对"总宽度"进行调整,设置总宽度为 200mm,单击"确定"。

在明细表中,根据实际情况重命名 CKT 为"回路编号",线路说明为"回路名称",单击"完成样板"。

(2)创建配电盘明细表。

为火灾报警控制器创建配电盘明细表。在一层控制间,选择火灾报警控制器,在"创建配电盘明细表"下拉菜单中单击"选择样板",选择火灾报警控制器,单击"确定",得到三层火警控制器的明细表。

7.4 电缆桥架与线管

电缆桥架和线管的敷设是电气布线的重要部分。Revit MEP 2016 具有电缆桥架和线管功能,进一步强化了管路系统三维建模,完善了电气设计功能,并且有利于全面进行 MEP 各专业和建筑、结构设计间的碰撞检查。本节将具体介绍 Revit MEP 2016 所提供的电缆桥架和线管功能。

另外,电缆桥架和线管与其他两种管路——风管及管道在功能框架上有一致性和延续性,所以,熟悉 Revit MEP 2016 风管和管道功能的用户能很快掌握电缆桥架和线管的功能。

当然,电缆桥架和线管针对各自建模特点,也具有一些特有的功能。下面将就电缆桥架和线管分别阐述。

7.4.1 电缆桥架

Revit MEP 2016 的电缆桥架功能可以绘制生动的电缆桥架模型。目前电缆桥架形式有梯形和槽型两种,见图 7-70。

1. 电缆桥架类型

Revit MEP 2016 提供了两种不同的电缆桥架形式:"带配件的电缆桥架"和"无配件的电缆桥架"。"无配件的电缆桥架"适用于设计中不明显区分配件的情况。"带配件的电缆桥架"和"无配件的电缆桥架"是作为两种不同的系统族来实现的,并在这两个系统族下面添加不同的类型。Revit MEP 2016 提供的"机械样板"项目样板文件中分别给"带配件的电缆桥架"和"无配件的电缆桥架"配置了默认类型,见图 7-71。

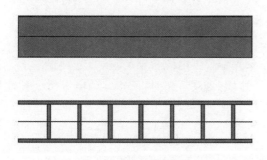

图 7-70 梯形和槽型电缆桥架

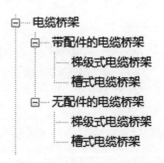

图 7-71 机械样板-电缆桥架

"带配件的电缆桥架"的默认类型有梯级式电缆桥架、槽式电缆桥架；"无配件的电缆桥架"的默认类型也有梯级式电缆桥架、槽式电缆桥架。其中，"梯级式电缆桥架"的形状为"梯形"，"槽式电缆桥架"的截面形状为"槽型"。

🌾 小提示

系统族无法自行创建，但可以创建、修改和删除系统族的族类型。

和风管、管道一样，项目之前要设置好电缆桥架类型。可以用以下三种方法查看并编辑电缆桥架类型：

(1)单击功能区中"系统"选项卡→"电气"面板→"电缆桥架"按钮，在"属性"对话框中单击"编辑属性"按钮。

(2)单击功能区中"系统"选项卡→"电气"面板→"电缆桥架"按钮，在"修改|放置电缆桥架"的"属性"面板中单击"类型属性"，见图 7 - 72。

图 7 - 72　电缆桥架属性

(3)在项目浏览器中，展开"族"中"电缆桥架"，展开"电缆桥架"，并展开族的类型，双击要编辑的类型就可以打开"类型属性"对话框，见图 7 - 73。

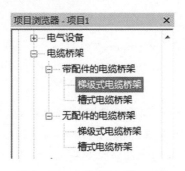

图 7 - 73　电缆桥架-类型属性

在电缆桥架的"类型属性"对话框中，"管件"组别下需要定义管件配置参数："水平弯头/垂直内弯头/垂直外弯头/T 型三通/四通/过渡件/活接头"。

通过为这些参数指定电缆桥架配件族，可以配置在管路绘制过程中自动生成的管件(或称配件)。软件自带的项目样板"机械样板"中预先配置了电缆桥架类型，并分别指定了各种类型下的"管件"默认使用的电缆桥架配件族。这样，绘制桥架时，所指定的电缆桥架配件可以自动放置到绘图区和桥架连接。

🌾 **小提示**

（1）如果要新建形状为梯形的电缆桥架类型，必须从原有的形状为梯形的电缆桥架类型复制过来；同样，如果要新建形状为槽型的电缆桥架，需要通过复制原有形状为槽型的电缆桥架类型。

（2）如果要在其他已生成的项目文件中使用项目样板文件中相同的"电缆桥架类型"设置，可以用"管理"中"传递项目参数"将项目样板文件中配置好的"电缆桥架类型"复制过去。

2.电缆桥架配件族

Revit MEP 2016 自带的族库中，提供了专为中国用户创建的电缆桥架配件族。

下面以水平弯通为例，配件族有"托盘式电缆桥架水平弯通.rfa"（如图 7-74 所示）、"梯级式电缆桥架水平弯通.rfa"（如图 7-75 所示）和"槽式电缆桥架水平弯通.rfa"（如图 7-76 所示）。

图 7-74 托盘式电缆桥架
水平弯通

图 7-75 梯级式电缆桥架
水平弯通

图 7-76 槽式电缆桥架
水平弯通

🌾 **小提示**

由于电缆桥架模型的特点，创建和使用电缆桥架的配件族须注意以下两点：

（1）"槽式"和"梯式"。

在族编辑器中，电缆桥架配件族的"部分类型"分"槽式"和"梯式"两种形状，如"槽式 T 型三通""梯式 T 型三通"。

（2）垂直方向和水平方向。

电缆桥架的形状较复杂，垂直方向的配件和水平方向有所不同，针对电缆桥架中水平弯头和垂直弯头须设置不同的管件参数，便于绘制电缆桥架时自动连接水平方向和垂直方向的弯头。

3.电缆桥架的设置

布置电缆桥架前，先按照设计要求对桥架进行设置，为设计和出图作准备。

在"电气设置"对话框中定义"电缆桥架设置"。单击功能区中"管理"选项卡→"MEP 设置"下拉列表→"电气设置"（也可单击功能区中"系统"→"电气"→"电气设置"），在"电气设置"对话框的左侧面板中，展开"电缆桥架设置"。

（1）定义设置参数。

首先，在"电缆桥架设置"的右侧面板定义以下参数：

①为单线管件使用注释比例：该设置用来控制电缆桥架配件在平面视图中的单线显示。

如果勾选该选项,将在下一行的"电缆桥架配件注释尺寸"参数所指定的尺寸绘制桥架和桥架附件。

注意,修改该设置时只影响后面绘制的构件,并不会改变修改前已在项目中放置的构件的打印尺寸。

②电缆桥架配件注释尺寸:指定在单线视图中绘制的电缆桥架配件出图尺寸。无论图纸比例为多少,该尺寸始终保持不变。

③电缆桥架尺寸分隔符:该参数指定用于显示电缆桥架尺寸的符号。例如,如果使用"×",则宽为300mm、深度为100mm的桥架将显示为"300mm×100mm"。

④电缆桥架尺寸后缀:指定附加到根据"实例属性"参数显示的电缆桥架尺寸后面的符号。

⑤电缆桥架连接件分隔符:指定在使用两个不同尺寸的连接件时用来分隔信息的符号。

(2)设置"升降"和"尺寸"。

展开"电缆桥架设置"并设置"升降"和"尺寸"。

①"升降"。

"升降"选项用来控制电缆桥架标高变化时的显示。

单击"升降",在右侧面板中,可指定电缆桥架升/降注释尺寸的值,该参数用于指定在单线视图中绘制的升/降注释的出图尺寸。无论图纸比例为多少,该注释尺寸始终保持不变。默认设置为3mm。

在左侧面板中,展开"升降",单击"单线表示",可以在右侧面板中定义在单线图纸中显示的升符号、降符号,见图7-77。单击相应"值"列并单击按钮,打开"选择符号"对话框选择相应符号。使用同样的方法设置"双线表示",定义在双线图纸中显示的升符号、降符号,见图7-78。

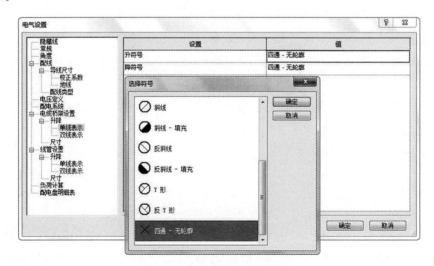

图7-77 电气设置-单线表示

②尺寸。

单击"尺寸",右侧面板会显示可在项目中使用的电缆桥架尺寸表,在表中可以查看、修

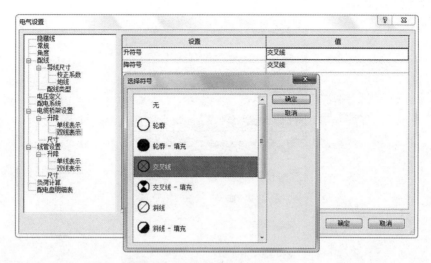

图 7-78 电气设置-双线表示

改、新建和删除当前项目文件中的电缆桥架尺寸。尺寸表中，在某个特定尺寸右侧勾选"用于尺寸列表"，表示在整个 Revit MEP 的电缆桥架尺寸列表中显示所选尺寸；如果不勾选，该尺寸将不会出现在这些尺寸下拉列表中。

此外，"电气设置"还有一个公用选项"隐藏线"，用于设置图元之间交叉、发生遮挡关系时的显示。它和"机械设置"的"隐藏线"是同一设置。

4.绘制电缆桥架

在平面视图、立面视图、剖面视图和三维视图中均可绘制水平、垂直和倾斜的电缆桥架。

(1)基本操作。

进入电缆桥架绘制模式有以下几种方式：

①单击功能区中"系统"选项卡→"电气"面板→"电缆桥架"，见图 7-79。

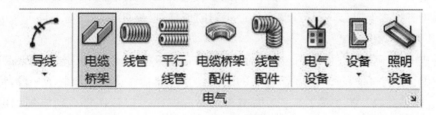

图 7-79 电缆桥架选项卡

②选中绘图区已布置构件族的电缆桥架连接件，右击鼠标，单击快捷菜单中的"绘制电缆桥架"。

③直接键入 CT。

按照以下步骤绘制电缆桥架：

①选择电缆桥架类型。在电缆桥架"属性"对话框中选择所需要绘制的电缆桥架类型，见图 7-80。

②选择电缆桥架尺寸。单击"修改|放置电缆桥架"选项栏上"宽度""高度"右侧下拉按

图7-80 电缆桥架类型

钮,选择电缆桥架尺寸,见图7-81。也可以直接输入欲绘制的尺寸,如果在下拉列表中没有该尺寸,系统将从列表中自动选择和输入尺寸最接近的尺寸。

图7-81 电缆桥架尺寸

③指定电缆桥架偏移。默认"偏移量"是指电缆桥架中心线相对于当前平面标高的距离。重新定义电缆桥架"对正"方式后,"偏移量"指定的距离含义将发生变化。在"偏移量"选项中单击下拉按钮,可以选择项目中已经用到的偏移量,也可以直接输入自定义的偏移量数值,默认单位为毫米。

④指定电缆桥架起点和终点。将鼠标移至绘图区域,单击即可指定电缆桥架起点,移动至终点位置再次单击,完成一段电缆桥架的绘制。可以继续移动鼠标绘制下一段,绘制过程中,根据绘制路线,在"类型属性"对话框中预设好的电缆桥架管件将自动添加到电缆桥架中。绘制完成后,按"Esc"键或者右击鼠标选择"取消"退出电缆桥架绘制命令。见图7-82。

图7-82 电缆桥架绘制

🖋 小技巧

绘制垂直电缆桥架时,可在立面视图或剖面视图中直接绘制,也可以在平面视图绘制:在选项栏上改变将要绘制的下一段水平桥架的"偏移量",就能自动连接出一段垂直桥架。

(2)电缆桥架对正。

在平面视图和三维视图中绘制电缆桥架时,可以通过"修改电缆桥架"选项卡中的"对正"命令指定电缆桥架的对齐方式。见图7-83。单击"对正",打开"对正编辑器"选项卡,见图7-84。

图 7-83　修改电缆桥架

图 7-84　对正编辑器

🖋 小提示

"修改电缆桥架"选项卡中的"对正"与在"属性"对话框的"限制条件"中设置"对正"效果相同。

①水平对正:用来指定当前视图下相邻两段管道之间的水平对齐方式。"水平对正"方式有"中心"、"左"和"右"。

"水平对正"后的效果还与绘制方向有关,如果自左向右绘制,选择不同"水平对正"方式的绘制效果不同。

②水平偏移:用于指定起始点位置与实际绘制位置之间的偏移距离。该功能多用于指定电缆桥架和前面提及的其他参考图元之间的水平偏移距离。比如,设置"水平偏移"值为500mm后,捕捉墙体中心线绘制宽度为100mm的直段,这样实际绘制位置是按照"水平偏移"值偏移墙体中心线的位置。同时,该距离还与"水平对齐"方式及绘制方向有关。

③垂直对正:用来指定当前视图下相邻段之间垂直对齐方式。"垂直对正"方式有:"中""底""顶"。

"垂直对正"的设置会影响"偏移量",设置不同的"垂直对正"方式,绘制完成后的电缆桥架偏移量(即管中心标高)会发生变化。

另外,电缆桥架绘制完成后,可以使用"对正"命令修改对齐方式。选中需要修改的电缆桥架,单击功能区中"对正",进入"对正编辑器",选择需要的对齐方式和对齐方向,单击"完成",见图7-85。

图7-85　对正编辑器设置

(3)自动连接。

在"修改|放置电缆桥架"选项卡中有"自动连接"这一选项,见图7-86。默认情况下,这一选项是激活的。

图7-86　自动连接

激活与否将决定绘制电缆桥架时是否自动连接到相应电缆桥架上,并生成电缆桥架配件。当激活"自动连接"时,在两直段相交位置自动生成四通,见图7-87;如果不激活,则不生成电缆桥架配件,见图7-88。

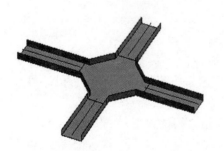

图7-87　自动连接-四通

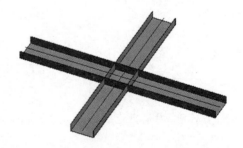

图7-88　非自动连接效果

🖋 小提示

"自动连接"功能使绘图方便智能。但要注意的是,当绘制不同高程的两路电缆桥架时,可暂时去除"自动连接",以避免误连接。

(4)继承高程、继承大小。

利用这两个功能,绘制桥架时可以自动继承捕捉到的图元的高程、大小。

(5)电缆桥架配件的放置和编辑。

电缆桥架连接中要使用电缆桥架配件。下面将介绍绘制电缆桥架时配件族的使用。

①放置配件。在平面视图、立面视图、剖面视图和三维视图都可以放置电缆桥架配件。放置电缆桥架配件有两种方法:自动添加和手动添加。

a.自动添加:在绘制电缆桥架过程中自动加载的配件需在"电缆桥架类型"中的"管件"参数中指定。

b.手动添加:是在"修改|放置电缆桥架配件"模式下进行的,有以下方式:

方式1:单击功能区中"系统"→"电气"→"电缆桥架配件",见图7-89。

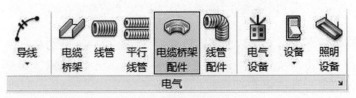

图7-89 电缆桥架配件

方式2:在项目浏览器中,展开"族"→"电缆桥架配件",将"电缆桥架配件"下的族直接拖到绘图区域。

方式3:直接键入TF。

②编辑电缆桥架配件。在绘图区域中单击某一电缆桥架配件后,周围会显示一组控制柄,可用于修改尺寸、调整方向和进行升级或降级。

a.在配件的所有连接件都没有连接时,可单击尺寸标注改变宽度和高度,见图7-90。

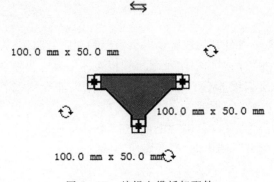

图7-90 编辑电缆桥架配件

b.单击 ⟺ 符号可以实现配件水平或垂直翻转180°。

c.单击 ↻ 符号可以旋转配件。注意:当配件连接了电缆桥架后,该符号不再出现。

d.如果配件的旁边出现加号,表示可以升级该配件。例如弯头可以升级为T型三通;T型三通可以升级为四通。

通过未使用连接件旁边的减号可以将该配件降级。例如带有未使用连接件的四通可以降级为T型三通;带有未使用连接件的T型三通可以降级为弯头。如果配件上有多个未使用的连接件,则不会显示加减号。

（6）带配件和无配件的电缆桥架。

绘制"带配件的电缆桥架"和"无配件的电缆桥架"在功能上是不同的。

图7-91(a)、(b)、(c)、(d)分别为用"带配件的电缆桥架"和用"无配件的电缆桥架"绘制出的电缆桥架,通过对比可以明显看出两者的区别。

图7-91　带配件的电缆桥架和无配件的电缆桥架对比

a.绘制"带配件的电缆桥架"时,桥架直段和配件间由分隔线分为各自的几段。

b.绘制"无配件的电缆桥架"时,转弯处和直段之间并没有分隔,桥架交叉时,桥架自动被打断,桥架分支时也是直接相连而不插入任何配件。

5.电缆桥架显示

在视图中,电缆桥架模型不同的"详细程度"显示不同,可通过点击"视图控制栏"的"详细程度"按钮,切换"粗略""中等""精细"三种粗细程度。电缆桥架的三种视图显示分别是:

（1）精细:默认显示电缆桥架实际模型。

（2）中等:默认显示电缆桥架最外面的方形轮廓(2D时为双线,3D时为长方体)。

（3）粗略:默认只显示电缆桥架的单线。

创建电缆桥架配件相关族的时候,应注意配合电缆桥架显示特性,确保整个电缆桥架管路显示协调一致。

7.4.2　线管

1.线管的类型

和电缆桥架一样,Revit MEP的线管也提供了两种线管管路形式:无配件的线管和带配件的线管。Revit MEP提供的"机械样板"项目样板文件中为这两种系统族分别默认配置了两种线管类型:"刚性非金属线管(RNC Sch 40)"和"刚性非金属线管(RNC Sch 80)"。同时,用户可以自行添加定义线管类型。

添加或编辑线管的类型,可以单击功能区中"系统"选项卡→"线管",在右侧出现的"属性"对话框中单击"编辑类型",则出现"类型属性"对话框。

其中:

（1）标准:通过选择标准决定线管所采用的尺寸列表,与"电气设置"→"线管设置"→"尺寸"中的"标准"参数相对应。

（2）管件:管件配置参数用于指定与线管类型配套的管件:"弯头/T型三通/接头/四通/过渡件/活接头"。通过这些参数可以配置在线管绘制过程中自动生成的线管配件。

2.线管设置

绘制线管之前,根据项目对线管进行设置。

在"电气设置"对话框中定义"线管设置":单击功能区中"管理"→"MEP设置"→"电气设置"(也可单击功能区中"系统"→"电气"→"电气设置"),在"电气设置"对话框的左侧面板中,展开"线管设置",见图7-92。

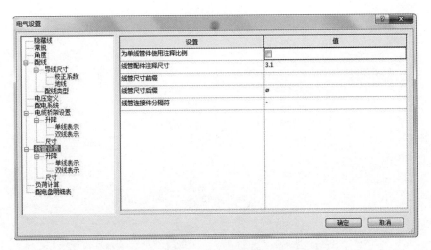

图 7-92　线管设置

线管的基本设置和电缆桥架类似,在此不再赘述。但线管的尺寸设置略有不同,下面将着重介绍。

单击"线管设置"→"尺寸",见图 7-93,在右侧面板中就可以设置线管尺寸。

图 7-93　线管设置-尺寸设置

首先针对不同"标准",可创建不同的尺寸列表,右侧面板的"标准"项,单击下拉按钮,可以选择要编辑的"标准";单击一侧的"新建""删除"即可创建或删除当前尺寸列表。

然后,在当前尺寸列表中,可以"新建尺寸"、"删除尺寸"和"修改尺寸"。其中尺寸定义中:ID 表示线管的内径;OD 表示线管的外径;最小弯曲半径是指弯曲线管时所允许的最小弯曲半径。软件中弯曲半径指的是圆心到线管中心的距离。

新建的尺寸"规格"和现有列表不允许重复。如果在绘图区域已绘制了某尺寸的线管,该尺寸将不能被删除,需要先删除项目中的线管,才能删除尺寸列表中的尺寸。

小提示

当绘制"无配件的线管"时,尺寸列表所指定的"最小弯曲半径"将作为线管的默认弯曲半径。

3.绘制线管

在平面视图、立面视图、剖面视图和三维视图中均可绘制水平、垂直和倾斜的线管。

(1)基本操作。

进入线管绘制模式有以下几种方式:

a.单击功能区中"系统"选项卡→"电气"面板→"线管",见图7-94。

图7-94 线管选项卡

b.选中绘图区中已布置构件族的线管连接件,右击鼠标,单击快捷菜单中的"绘制线管"。

c.直接键入CN。

绘制线管的具体步骤和电缆桥架、风管、管道均类似。

Revit MEP新增加了绘制平行线管的功能,见图7-95。平行线管的绘制是指根据已有的线管,绘制出与其水平或垂直方向平行的线管,并不能直接绘制若干平行线管。通过指定"水平数""水平偏移"等参数来控制平行线管的绘制,其中"水平数"和"垂直数"的设置,见图7-96。

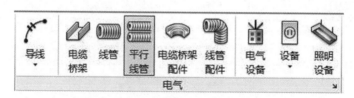

图7-95 平行线管

图7-96 水平数和垂直数设置

(2)带配件和无配件的线管。

线管也分为"带配件的线管"和"无配件的线管",绘制时要注意这两者的区别。两者的显示对比见图 7-97。

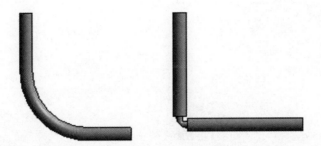

图 7-97 带配件的线管与无配件的线管对比

另外,用"带配件的线管"和"无配件的线管"的差别还体现在明细表统计中。

在项目中直接修改"弯曲半径"时,选中"无配件的线管"的弯头,会出现弯曲半径的临时标注,同时选项栏会出现"弯曲半径"这一项,这时,可以直接修改线管的"弯曲半径":修改临时标注中的值或在选项栏中填入"弯曲半径"的值。

第8章 模型综合应用

教学导入

水暖电模型搭建好以后,需要进行综合管线碰撞,找出并调整有碰撞的管线,然后与其他专业进行协同工作,导出明细表,进行渲染漫游,最后成果输出。

学习要点

- 碰撞检查,调整管线;多专业协同工作;明细表设置
- 掌握渲染漫游制作

8.1 碰撞检查

8.1.1 碰撞检查介绍

1.选择图元

如果要对项目中部分图元进行碰撞检查,应选择所需检查的图元。如果要检查整个项目中的图元,可以不选择任何图元,直接进入运行碰撞检查。

2.运行碰撞检查

选择所需进行碰撞检查的图元,单击"协作"选项卡→"坐标"→"碰撞检查"下拉列表→"运行碰撞检查",弹出"碰撞检查"对话框,如图8-1和图8-2所示。如果在视图中选择了几类图元,则该对话框将进行过滤,可根据图元类别进行选择;如果未选择任何图元,则对话框将显示当前项目中的所有类别。

图 8-1 运行碰撞检查

3.选择"类别来自"

在"碰撞检查"对话框中,分别从左侧的第一个"类别来自"和右侧的第二个"类别来自"下拉列表中选择一个值,这个值可以是"当前选择""当前项目",也可以是链接 Revit 模型,软件将检查类别1中图元和类别2中图元的碰撞,如图8-3所示。

在检查和"链接模型"之间的碰撞时应注意如下几点:

(1)能检查"当前选择"和"链接模型(包括其中的嵌套链接模型)"之间的碰撞。

(2)能检查"当前项目"和"链接模型(包括其中的嵌套链接模型)"之间的碰撞。

图 8-2　碰撞检查设置(1)

图 8-3　碰撞检查设置(2)

（3）不能检查项目中两个"链接模型"之间的碰撞。一个类别选择了链接模型后,另一个类别无法再选择其他链接模型。

4.选择图元类别

分别在类别1和类别2下勾选所需检查图元的类别,如图 8-4 所示,将检查"当前项目"中"机械设备"类别的图元和"当前项目"中"风管""风管末端"类别的图元之间的碰撞。

图 8-4　碰撞检查-机械设备

如图 8-5 所示,将检查"当前项目"中"风管""风道末端"类别的图元和链接模型"当前项目"中"结构框架"类别的图元之间的碰撞。

图 8-5 碰撞检查-结构框架

5.检查冲突报告

完成上述步骤后,单击"碰撞检查"对话框右下角的"确定"按钮。如果没有检查出碰撞,则会显示一个对话框,通知"未检测到冲突";如果检查出碰撞,则会显示"冲突报告"对话框,该对话框会列出两两之间相互发生冲突的所有图元。例如,运行管道与风管的碰撞检查,则对话框会先列出管道类别,然后列出与管道有冲突的风管,以及两者对应的图元 ID 号,如图 8-6 所示。

在"冲突报告"对话框中可进行如下操作:

图 8-6 冲突报告(1)

(1)显示:要查看其中一个有冲突的图元,在"冲突报告"对话框中单击该图元的名称下方的"显示"按钮,该图元将在当前视图中高亮显示,如图 8-7 所示。要解决冲突,在视图中直接修改该图元即可。

图 8-7　冲突报告(2)

(2)刷新:解决冲突后,在"冲突报告"对话框中单击"刷新"按钮,则会从冲突列表中删除发生冲突的图元。注意"刷新"仅重新检查当前报告中的冲突,它不会重新运行碰撞检查。

(3)导出:可以生成 HTML 版本的报告。在"冲突报告"对话框中单击"导出"按钮,在弹出的对话框输入名称,定位到保存报告的所需文件夹,然后再单击"保存"按钮。关闭"冲突报告"对话框,要再次查看生成的上一个报告,可以单击"协作"选项卡→"坐标"下拉列表→"显示上一个报告",如图 8-8 所示。该工具不会重新运行碰撞检查。

图 8-8　碰撞检查-显示上一个报告

8.1.2　案例介绍

将之前建立好的水暖电模型用链接的方式链接到建筑结构模型中,定位选择"原点到原点",如图 8-9 所示。

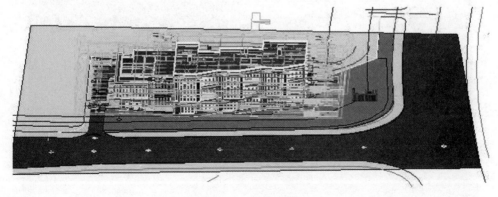

图 8-9　水暖电案例

273

运行碰撞检查,单击"协作"选项卡→"坐标"→"碰撞检查"下拉列表→"运行碰撞检查",弹出"碰撞检查"对话框,勾选所需检查的类别,如图8-10所示。

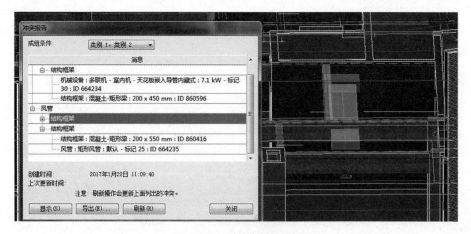

图8-10　碰撞检查设置(3)

单击"确定"按钮,运行碰撞检查,如图8-11所示,即可在"冲突报告"对话框中进行显示、导出及修改刷新等操作。

同目前在二维图纸上进行管线综合相比,使用Revit MEP进行管线综合,不仅具有直观的三维显示,而且能快速准确地找到并修改碰撞的图元,从而极大地提高绘制管线综合的效率和正确性,使项目的设计和施工质量得到保证。

图8-11　冲突报告显示

8.1.3 技巧应用要点分析

1.碰撞优化技巧

在管线综合优化之前,要有一个大概的管线空间布局。要知道大概的安装空间高度是多少、最终管线安装完成面高度是否符合天花设计高度。了解每个系统大概的空间高度。有了这些定位后开始调整管线,就会减少许多不必要的重要性工作。

(1)在 Revit 中进行碰撞检查。

①在刚开始的时候要有针对性地碰撞检查。首先针对大管线和建筑结构进行调整。一般情况下管线和建筑的碰撞可以先不考虑,首先考虑和结构的碰撞(个人习惯)。

②在 Revit 碰撞检查中所需碰撞检查的构件不可以进行直接过滤,但是可以在弹出的"碰撞检查"对话框中勾选所需构件进行过滤。如图 8-12 所示,首先进行结构和管道的碰撞。

③运行结构和管道的碰撞时,由于结构模型绑定到项目中,结构模型以组的碰撞在项目中存在,但是在 Revit 中运行碰撞检查,不能检测到模型和模型组的碰撞。这时首先要过滤出想要和结构碰撞的管线,选择过滤出来的管线,然后运行碰撞检查,如图 8-13 所示。

④然后根据碰撞报告逐步修改碰撞。修改的时候要有先后顺序,这样可以避免一些重复性工作。

图 8-12　碰撞检查-风道末端

图 8-13　碰撞检查-运行结构

(2)在 Revit 中修改碰撞点。

①首先修改管径较大的管道,先确定其具体位置。当然在修改的时候除管径较大的管道要考虑外,管径较大的风管、电缆桥架也要考虑。

②为方便选择、修改,一般情况下修改碰撞选择在三维视图中进行,如图 8-14 所示。

③设备管线与结构的碰撞基本解决后即可开始调整管线和管线之间的碰撞。

④有的时候会显示找不到合适的视图,这时只要在三维模型中随便地旋转一下视图即可。

图8-14 冲突报告-风管

⑤具体的管线优化操作应基本掌握,遇到问题后再进行针对性的总结。

优化管线常用的视图命令有:"隔离图元 HI""隐藏 HH""显示 HR""拆分图元 SL""修建 TR""对齐 AL""创建类型实例 CS""匹配类型属性 MA"等。

2.碰撞检查、设计优化原则

(1)大管优化。因小管道造价低易安装,且大截面、大直径的管道,如空调通风管道、排水管道等占据的空间较大,在平面图中先作布置。

(2)临时管线避让长久管线。

(3)有压让无压。无压管道,如生活污水排水管、粪便污水排水管、雨排水管、冷凝水排水管都是靠重力排水,因此,水平管段必须保持一定的坡度,这是无压排水的必要和充分条件,所以在与有压管道交叉时,有压管道应避让。

(4)金属管避让非金属管。因为金属管较容易弯曲、切割和连接。

(5)冷水避让电气。在冷水管道垂直下方不宜布置电气线路。

(6)电气避让热水。在热水管道垂直下方不宜布置电气线路。

(7)消防水管避让冷冻水管(同管径)。因为冷冻水管有保温,有利于工艺和造价。

(8)低压管避让高压管。因为高压管造价高。

(9)强弱电分设。由于弱电线路如电信、有线电视、计算机网路和其他建筑智能线路易受强电线路电磁场的干扰,因此强电线与弱电线不应敷设在同一个电缆槽内,而且要留一定距离。

(10)附近少的管道避让附近多的管道。这样有利于施工和检修,更换管件。各种管线在同一处布置时,还应尽可能做到呈直线、相互平行、不交错,还要考虑预留出施工安装、维修更换的操作距离,以及设置支、柱、吊架的空间等。

(11)一般情况下,电线桥架等管线在最上面,风管在中间,水管在最下方(根据设计师设计要求确定)。

(12)在满足设计要求、美观要求的前提下尽可能节约空间。

（13）其他优化管线的原则可参考各个专业的设计规范。

3.修改同一标高水管间的碰撞

当同一标高水管发生碰撞时（见图8-15），可以按照如下步骤进行修改：

（1）单击"修改"选项卡→"编辑"→"拆分"，或使用快捷键SL，在发生碰撞的管道两侧单击，如图8-16所示。

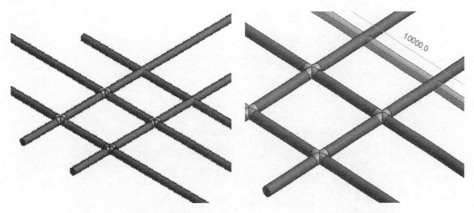

图8-15 水管发生碰撞 　　　　　　图8-16 调整标高（1）

（2）选择中间的管道，按Delete键删除该管道。

（3）单击"管道"工具，或使用快捷键PI，把鼠标光标移动到管道缺口处，出现捕捉时单击，输入修改后的标高，移动到另一个管道缺口处，单击即可完成管道碰撞的修改，如图8-17所示。

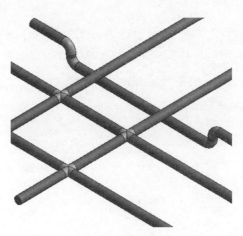

图8-17 调整标高（2）

8.2 明细表

明细表是Revit软件的重要组成部分。通过定制明细表，我们可以从所创建的Revit模型中获取项目应用中所需要的各类项目信息，应用表格的形式直观地表达。

8.2.1　创建实例和类型明细表

1.创建实例明细表

(1)单击"视图"选项卡下"创建"面板中的"明细表"下拉按钮,在弹出的下拉列表中选择"明细表/选择"命令,在弹出的"新建明细表"对话框中选择要统计的构件类别,例如风管。设置明细表名称,选择"建筑构件明细表"单选按钮,设置明细表应用阶段,单击"确定"按钮,如图8-18所示。

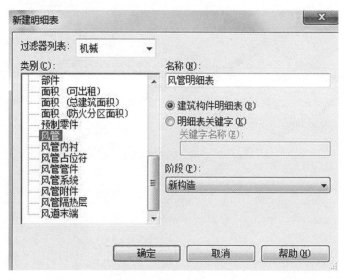

图8-18　新建明细表

(2)"字段"选项卡:从"可用字段"列表框中选择要统计的字段,单击"添加"按钮移动到"明细表字段"列表框中,利用"上移""下移"按钮调整字段顺序,如图8-19所示。

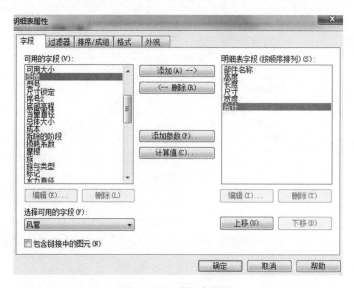

图8-19　明细表属性

(3)"过滤器"选项卡:设置过滤器可以统计其中部分构件,不设置则统计全部构件,如图8-20所示。

图8-20 过滤器设置

(4)"排序/成组"选项卡:设置排序方式,勾选"总计""逐项列举每个实例"复选框,如图8-21所示。

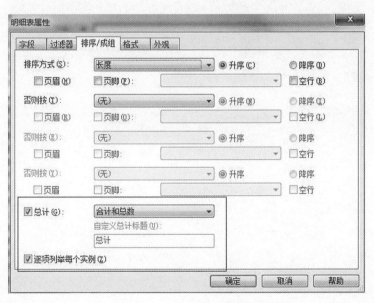

图8-21 排序/成组设置

(5)"格式"选项卡:设置字段在表格中标题名称(字段和标题名称可以不同,如"类型"可修改为窗编号)、方向、对齐方式,需要时可勾选"计算总数"复选框,如图8-22所示。

图 8-22 "格式"选项卡

（6）"外观"选项卡：设置表格线宽、标题和正文文字字体与大小，单击"确定"按钮，如图8-23所示。

图 8-23 "外观"选项卡

2.创建类型明细表

在实例明细表视图左侧"视图属性"面板中单击"排序/成组"对应的"编辑"按钮，在"排序/成组"选项卡中取消勾选"逐项列举每个实例"复选框。注意："排序方式"选择构件类型，确定后自动生成类型明细表。

3.创建关键字明细表

（1）在功能区"视图"选型卡"创建"面板中的"明细表"下拉列表中选择"明细表/数量"选项,选择要统计的构件类别,如管道,如图 8-24 所示。设置明细表名称,选择"明细表关键字"单选按钮,输入"关键字名称",单击"确定"按钮。

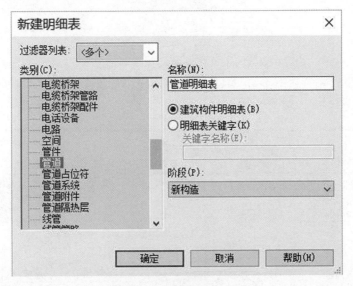

图 8-24　创建关键字明细表

（2）点击"确定"后,添加相应的明细表字段,如图 8-25 所示。

图 8-25　明细表字段

(3)在功能区,单击"行"面板中的"新建"按钮向明细表中添加新行,创建新关键字,并填写每个关键字的相应信息,如图8-26所示。

图8-26 创建新关键字

(4)将关键字应用到图元中:在图形视图中选择含有预定义关键字的图元。

(5)将关键字应用到明细表:按上述步骤新建明细表,选择字段时添加关键字名称字段,如"流量",设置表格属性,单击"确定"按钮,如图8-27所示。

<管道明细表 3>						
A	B	C	D	E	F	G
型号	速度	尺寸	族与类型	相对粗糙度	系统名称	部件代码
	0.0 m/s	150 mm	管道类型:标准	0.000065	循环供水 1	
	0.0 m/s	150 mm	管道类型:标准	0.000065	循环供水 2	
	0.0 m/s	150 mm	管道类型:标准	0.000065	循环供水 3	
	0.0 m/s	150 mm	管道类型:标准	0.000065	循环供水 3	
	0.0 m/s	150 mm	管道类型:标准	0.000065	循环供水 3	
	0.0 m/s	150 mm	管道类型:标准	0.000065	循环供水 3	
	0.0 m/s	150 mm	管道类型:标准	0.000065	循环供水 2	
	0.0 m/s	150 mm	管道类型:标准	0.000065	循环供水 1	
	0.0 m/s	150 mm	管道类型:标准	0.000065	循环供水 1	
	0.0 m/s	150 mm	管道类型:标准	0.000065	循环供水 1	
	0.0 m/s	150 mm	管道类型:标准	0.000065	循环供水 3	
	0.0 m/s	150 mm	管道类型:标准	0.000065	循环供水 3	

图8-27 管道明细表

8.2.2 生成统一格式部件代码和说明明细表

(1)按上节所述步骤新建构件明细表,如管道明细表。选择字段时添加"流量"和"直径"字段,设置表格属性,单击确定。

(2)单击表中某行的"部件代码",然后单击 [...] 矩形按钮,选择需要的部件代码,单击确定。

(3)在明细表中单击,将弹出一个对话框,单击"确定"按钮将修改应用到所选类型的全部图元中,生成统一格式部件和说明明细表。

8.2.3 创建共享参数明细表

使用共享参数可以将自定义参数添加到族构件中进行统计。

1.创建共享参数文件

(1)单击"管理"选项卡下"设置"面板中的"共享参数"按钮,弹出"编辑共享参数"对话框,如图8-28所示。单击"创建"按钮,在弹出的对话框中设置共享参数文件的保存路径和名称,单击"保存"按钮,如图8-29所示。

图 8-28 编辑共享参数

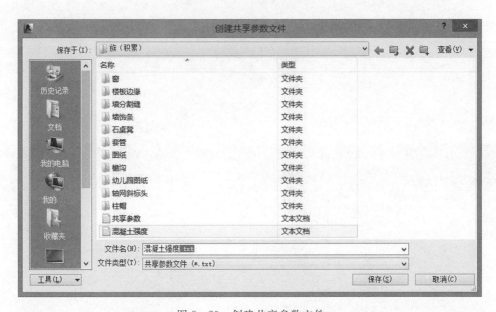

图 8-29 创建共享参数文件

(2)单击"组"选项区域的"新建"按钮,在弹出的对话框中输入组名,创建参数组;单击"参数"选项区域的"新建"按钮,在弹出的对话框中设置参数的名称、类型,给参数组添加参数,单击确定创建共享参数文件,如图 8-30 所示。

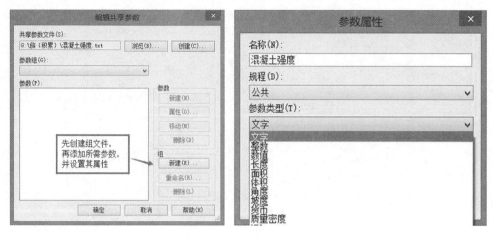

图8-30 参数属性

2.将共享参数添加到族中

新建族文件时,在"族类型"对话框中添加参数时,选择"共享参数"单选按钮,然后单击"选择"按钮即可为构件添加共享参数并设置其值,如图8-31和图8-32所示。

图8-31 族类型

图8-32 共享参数添加到族中

3.创建多类别明细表

(1)在"视图"选项卡下单击"创建"面板中的"明细表"下拉按钮,在弹出的下拉列表中选择"明细表/数量"选项,在弹出的"新建明细表"对话框的列表中选择"多类别",单击"确定"按钮。

（2）在"字段"选项卡中选择要统计的字段及共享参数字段，单击"添加"按钮移动到"明细表字段"列表中，也可单击"添加参数"按钮选择共享参数。

（3）设置过滤器、排序/成组、格式、外观等属性，确定创建多类别明细表。

4.在明细表中使用公式

在明细表中可以通过给现有字段应用计算公式来求得需要的值，例如，可以根据每一种墙类型的总面积创建项目中所有墙的总成本的墙明细表。

（1）按上节所述步骤新建构件类型明细表，如墙类型明细表，选择统计字段：合计、族与类型、成本、面积，设置其他表格属性。

（2）在"成本"一列的表格中输入不同类型墙的单价。在属性面板中单击"字段参数"后的"编辑"按钮，打开表格属性对话框的"字段"选项卡。

（3）单击"计算值"按钮，弹出"计算值"对话框，输入名称（如总成本）、计算公式（如"成本＊面积/（1000.0）"），选择字段类型（如面积），单击"确定"按钮。

（4）明细表中会添加一列"总成本"，其值自动计算，如图 8-33 所示。

图 8-33　明细表-计算值

8.2.4　导出明细表

（1）打开要导出的明细表，在应用程序菜单中选择"导出"→"报告"→"明细表"命令，在"导出"对话框中指定明细表的名称和路径，单击"保存"按钮将该文件保存为分隔符文本。

（2）在"导出明细表"对话框中设置明细表外观和输出选项，单击"确定"按钮，完成导出，如图 8-34 所示。

（3）启动 Microsoft Excel 或其他电子表格程序，打开导出的明细表，即可进行任意编辑修改。

图 8-34　导出明细表

8.3　成果输出

本节讲解成果输出过程以及打印的基本设置。

8.3.1　创建图纸与设置项目信息

1.创建图纸

(1)单击视图选项卡中图纸组合面板上的"图纸按钮",见图8-35。

(2)在新建图纸对话框中,从列表中选择一个标题栏,见图8-36。若列表中没有所需标题栏,可单击"载入"从"Library"中选择所需图纸。

图 8-35　创建图纸　　　　　　图 8-36　新建图纸对话框

(3)创建图纸视图后,在项目浏览器中自动增加了"A101—未命名"。

2. 设置项目信息

（1）单击"管理"选项卡下"设置"面板中的"项目信息"，见图 8 - 37。

图 8 - 37 项目信息

（2）在"项目属性"对话框中输入相关内容，输入完成后，单击"确认"按钮。

（3）在"属性"对话框中可以修改图纸名称、绘图员等。

8.3.2 图例视图制作

1. 创建图例视图

单击"视图"选项卡下"创建"面板中的"图例"下拉菜单中的"图例"，见图 8 - 38。弹出"新图例视图"对话框后，单击"确定"完成图例视图的创建，见图 8 - 39。

图 8 - 38 新图例视图

图 8 - 39 新图例视图比例设置

2. 选取图例构件

单击"注释"选项卡下"详图"面板中的"构件"下拉菜单，再单击"图例构件"，根据需要设置选项栏，设置完成后放置构件，见图 8 - 40。

287

图 8-40　选取图例构件

8.3.3　布置视图

(1)定义图纸编号和名称。

创建完图纸后,在项目浏览器中打开图纸选项对新建的图纸进行重命名。单击鼠标右键中的"重命名"选项,在弹出的"图纸标题"对话框中进行图纸的重命名,见图 8-41。

图 8-41　定义图纸编号和名称

(2)放置视图。

在项目浏览器中按住鼠标左键将所需视图平面拖到图纸视图中。

(3)添加图名。

(4)改变视图比例。

在图纸中选择相应的视图并单击"修改|视口"选项卡"视口"面板上的"激活视图"按钮,见图 8-42。然后点击绘图区域左下方的视图控制栏比例,在弹出的对话框中选择适当的比例。选择比例完成后,单击鼠标右键选择"取消激活视图"命令。

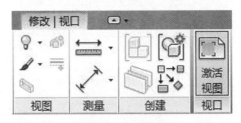

图 8-42　视图激活

8.3.4　打印

(1)创建图纸后,单击"应用程序菜单",选择"打印"右拉菜单中的"打印"按钮。弹出打印对话框,见图 8-43。

图 8-43　打印机选择

(2)在"名称"下拉菜单中选择可用的打印机名称。

(3)单击"名称"后的"属性"按钮,弹出"文档属性"对话框。选择方向为"横向"并单击"高级"按钮,弹出"高级选项"对话框。

(4)在纸张规格下拉列表中选择要用的纸张规格。选择完成后单击"确定",返回"文档属性"对话框,再单击"确定"返回"打印"对话框。

(5)确定打印范围,若要打印所选视图和图纸,则单击"选择",然后选择要打印的视图和图纸,单击"确定"。

(6)准备完成后单击"打印"对话框中的"确定",完成打印。

8.3.5　导出 DWG 和导出设置

(1)打开要导出的视图,在"应用程序菜单"中选择"导出"中的"CAD 格式",再选择"DWG"并单击,弹出如图 8-44 所示的"DWG 导出"对话框。

(2)单击"选择导出设置"弹出如图 8-45 所示对话框,在对话框中进行相关修改,修改完成后单击"确定"。

(3)选择导出的视图和图纸。若已经准备好要导出,则单击"下一步",否则单击"保存设置并关闭"。

(4)单击"下一步"后,选择相应的保存路径、CAD 格式文件的版本,输入相应的文件名称。

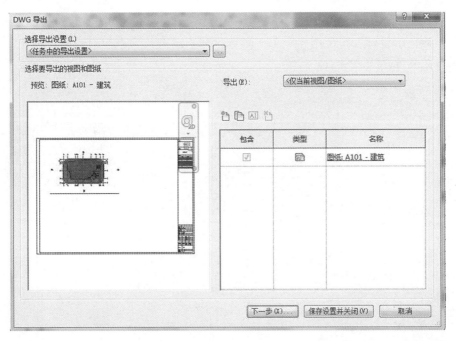

图 8-44   DWG 导出

图 8-45   导出设置

(5)单击"确定"完成 DWG 文件导出设置。

8.4   渲染漫游

在 Revit MEP 2016 中,利用现有的三维模型,还可以创建效果图和漫游动画,全方位展示建筑师的创意和设计成果。因此,在一个软件环境中既可完成从施工图设计到可视化设计的所有工作,又改善了以往几个软件中操作所带来的重复劳动、数据流失等弊端,提高了设计效率。

Revit MEP 2016集成了Mental Ray渲染器,可以生成建筑模型的照片级正式感图像,可以及时看到设计效果,从而可以向客户展示设计或将它与团队成员分享。Revit MEP 2016的渲染设置非常容易操作,只需设置真实的地点、日期、时间和灯光即可渲染三维及相机透视图。设置相机路径即可创建漫游动画、动态查看与展示项目设计。

本节重点讲解设计表现内容,包括材质设计、给构件赋予材质、创建室内外相机视图、室内外渲染场景设置及渲染,以及项目漫游的创建与编辑方法。

8.4.1 渲染

1.创建透视图

(1)打开一个平面视图、剖面视图或立面视图,并且平铺窗口。

(2)在"视图"选项卡下"创建"面板的"三维视图"下拉列表中选择"相机"选项。

(3)在平面视图绘图区域中单击放置相机并将光标拖拽到所需目标点。

(4)光标向上移动,超过建筑最上端,单击放置相机视点。选择三维视图的视口,视口各边超过建筑后释放鼠标,视口被放大。至此创建了一个正面相机透视图,如图8-46和图8-47所示。

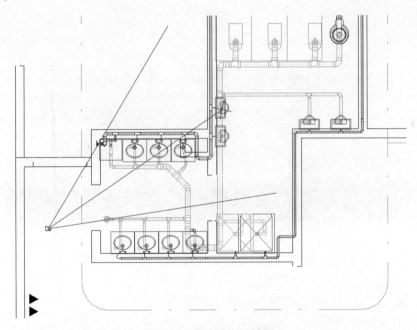

图8-46 正面相机透视图

(5)在立面视图中按住相机可以上下移动,相机的视口也会跟着上下摆动,可以创建鸟瞰透视图,如图8-48和图8-49所示。

(6)使用同样的方法在室内放置相机就可以创建室内三维透视图,如图8-50和图8-51所示。

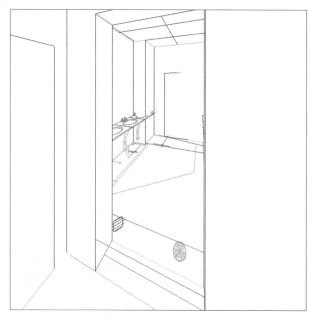

图 8-47 三维视图

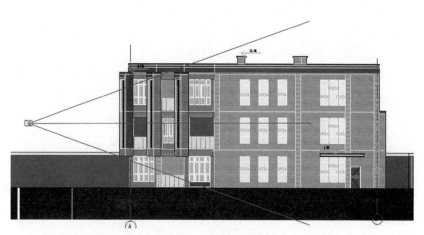

图 8-48 相机角度

图 8-49 立面视图效果

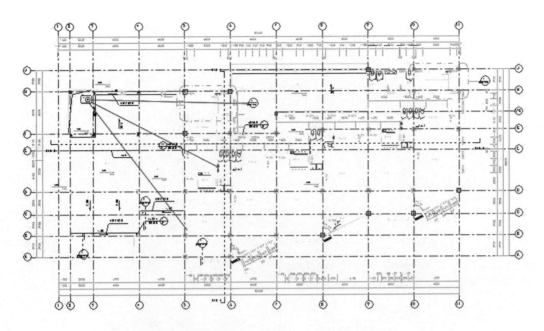

图 8-50　创建室内三维透视图

图 8-51　室内三维透视图效果

2. 颜色的设置

一个项目中包括空调风系统(包括送风系统、回风系统、新风系统、排风系统)、空调水系统、采暖系统、给水系统、排水系统、消防系统、配电系统、弱电系统等多个系统,为了区分不同的系统我们可以在 Revit MEP 中设置不同的颜色,使不同系统的管道在项目中显示不同的颜色。

不同的系统设置不同的颜色是为了在视觉上区分各个系统,因此在每个需要区分的系统中分别设置。在项目中直接输入快捷键"VV"或"VG",进入"可见性/图形替换"对话框,选择"过滤器"选项卡,如图 8-52 所示。

如果系统自导的过滤器中没有所需的系统,则可以自定义系统,具体步骤如下:

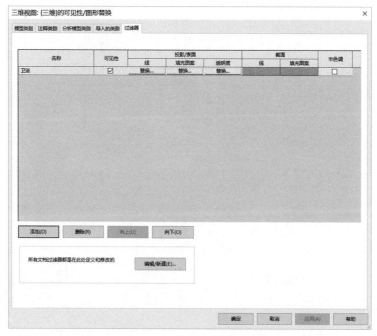

图 8-52 三维视图设置

(1)单击"可见性/图形替换"对话框中的"添加"按钮,打开"添加过滤器"对话框,选择需要添加的选项,见图 8-53。如果列表中没有自己所要添加的系统名称,就单击"编辑/新建"按钮,添加系统名称,见图 8-54。

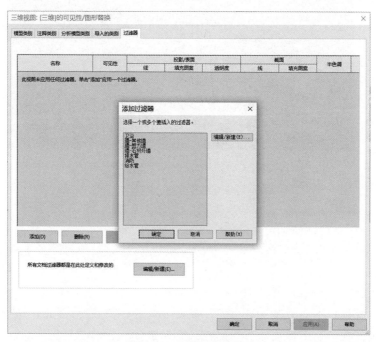

图 8-53 添加过滤器

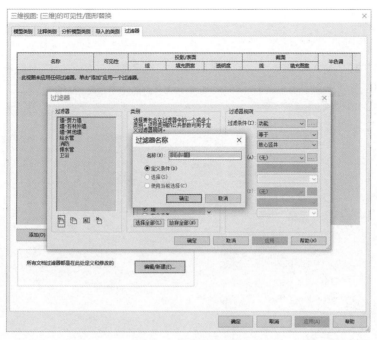

图 8 - 54　编辑过滤器

（2）设置过滤条件。在"类别"区域中勾选相应的类别，在"过滤条件"中选择合适的条件，见图 8 - 55，完成后单击"确定"按钮。

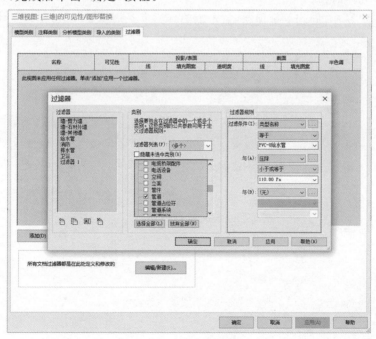

图 8 - 55　过滤器类别设置

（3）勾选的选项待设置完成后会被着色，单击"投影/表面"下的"填充图案"，见图 8 - 56，给各系统设置不同的颜色，设置完成后单击两次"确定"按钮。

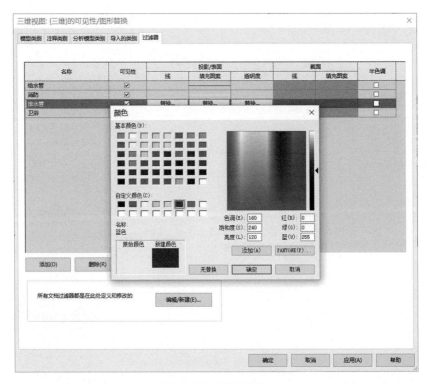

图 8-56　颜色设置

单击"确定"按钮,回到三维视图,显示如图 8-57 所示。

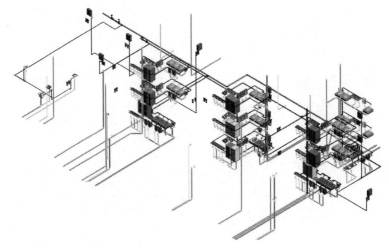

图 8-57　工程案例三维视图显示

3. 渲染设置

单击视图控制栏的"渲染"按钮,弹出"渲染"对话框,对话框中选项的功能如图 8-58 所示。

(1)在"渲染"对话框中"照明"选项区域的"方案"下拉列表框中选择"室外:仅日光"选项。

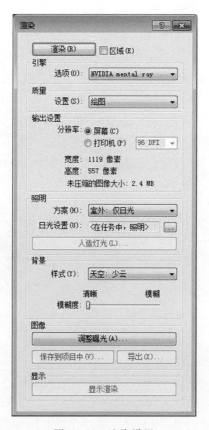

图 8-58　渲染设置

(2)打开"日光设置"对话框,见图 8-59。

图 8-59　日光设置

(3)在"日光设置"对话框左上角"日光研究"中选择"静止",单击"预设"中的"夏至",然后点击左下角的"复制"按钮,在弹出的"名称"对话框中输入"6:00",单击"确定"按钮。

(4)在"日光设置"对话框右边的设置栏下面选择地点、日期和时间,单击"地点"后面的按钮,弹出"位置、气候和场地"对话框,在"城市"下拉列表中选择"北京,中国",经度、纬度将自动调整为北京的信息,勾选"根据夏令时的变更自动调整时钟"复选框。单击"确定"按钮关闭对话框,回到"日光设置"对话框。

(5)单击"日期"后的下拉按钮,设置日期为"2009/6/23",单击时间的小时数值,输入"6",单击分数值输入"0",单击"确定"按钮返回"渲染"对话框。

(6)在"渲染"对话框中"质量"选项区域的"设置"下拉列表中选择"高"选项。

(7)设置完成后,单击"渲染"按钮,开始渲染,并弹出"渲染进度"对话框,显示渲染进度,见图8-60。

图8-60 渲染进度设置

(8)勾选"渲染进度"对话框中"当渲染完成时关闭对话框"复选框,渲染后此工具条自动关闭,渲染结果见图8-61。图8-62为其他渲染练习。

图8-61 工程案例渲染效果(1)

图8-62 工程案例渲染效果(2)

8.4.2 创建漫游

(1)在项目浏览器中进入1F平面视图。

(2)单击"视图"选项卡下"三维视图"面板中的"漫游"按钮。

(3)将光标移至绘图区域,在1F平面视图中幼儿园南面中间的位置单击,开始绘制路径,即漫游所要经过的路线。每单击一个点,即可创建一个关键帧,沿着幼儿园外围逐个单击放置关键帧,路径围绕幼儿园一周后,单击选项栏上的"完成"按钮或按"Esc"键完成漫游路径的绘制,见图8-63。

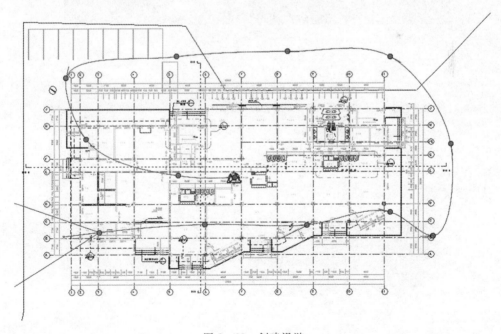

图8-63 创建漫游

（4）完成路径后，项目浏览器中出现"漫游"项，可以看到我们刚刚创建的漫游名称是"漫游1"，双击"漫游1"打开漫游视图。

（5）打开项目浏览器中的"楼层平面"项，双击"1F"，打开一层平面视图，在"视图"中选择"窗口"的"平铺"命令，此时绘图区域同时显示平面图和漫游视图。

（6）单击漫游视图和视图控制栏上的"模型图形样式"图标，将显示模式替换为"着色"，选择渲染视口边界，单击视口四边上的控制点，按住鼠标左键向外拖拽，放大视口，见图8-64。

图8-64　模型图形样式

（7）选择漫游视口边界，单击选项栏上的"编辑漫游"按钮，在1F视图上单击，激活1F平面视图，此时选项栏的工具可以用来设置漫游，见图8-65。单击帧数"300"，输入"1"，按"Enter"键确认，从第一帧开始编辑漫游。"控制"中选择"活动相机"时，1F平面视图中的相机为可编辑状态，此时可以拖拽相机视点改变为相机方向，直至观察三维视图该帧的视点合适。在"控制"下拉列表框中选择"路径"选项即可编辑每帧的位置，在1F视图中关键帧变为可拖拽位置的蓝色控制点。见图8-66。

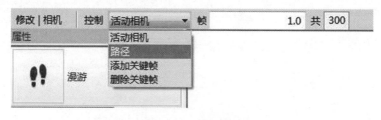

图8-65　编辑漫游

（8）第一个关键帧编辑完毕后单击选项栏的下一关键帧按钮，借此工具可以逐帧编辑漫

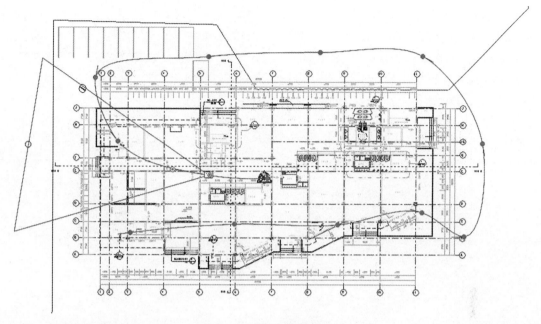

图 8-66　设置漫游路线

游,从而得到完美的漫游。

(9)如果关键帧过少,则可以在"控制"下拉列表框中选择"添加关键帧"选项,就可以在现有的两个帧之间直接添加新的关键帧;而"删除关键帧"则是删除度与关键帧的工具。

(10)编辑完成后单击选项栏上的"播放"按钮,播放刚刚完成的漫游。

(11)漫游创建完成后可选择应用程序菜单"导出"→"图像和动画"→"漫游"命令,弹出"长度/格式"对话框,见图 8-67。

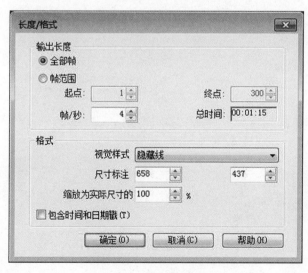

图 8-67　输出长度设置

　　(12)其中"帧/秒"选项用来设置导出后的漫游速度为每秒多少帧,默认为 15 帧,播放速度会比较快,建议设置速度为 3 或 4 帧,速度将比较合适。单击"确定"按钮后弹出"导出漫游"对话框,输入文件名,并选择路径,单击"保存"按钮,弹出"视频压缩"对话框。在该对话框中默认为"全帧(非压缩的)",产生的文件会非常大,建议在下拉列表中选择压缩模式"Microsoft Video1",此模式为大部分系统可以读取的模式,同时可以减小文件的大小,单击"确定"按钮将漫游文件导出为外部 AVI 文件。

综合实训篇

第 9 章　案例实训

9.1　项目概况

本工程商业综合体为多种功能混合型建筑,层高 4.5m,建筑面积为 2809m² ,框架结构。工程案例包含安装工程(电气、暖通、给排水和消防工程)等,CAD 图纸已经给出,一个楼层平面图,如图 9-1 所示。

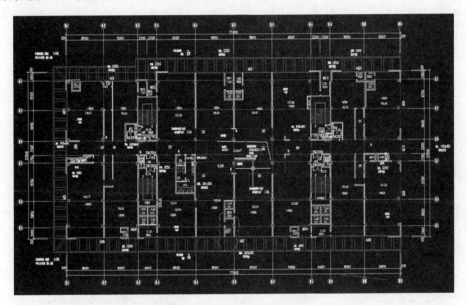

图 9-1　长沙紫光国际新城

工程特征和需要解决的问题:

(1)本项目涉及安装工程全专业应用,包括电气、暖通、给排水、消防工程等多个专业,需要建立多个专业的 3D 信息模型,然后进行模型的整合,实现信息共享,用于施工过程 BIM 技术应用和管理应用。

(2)各专业间错、漏、碰等现象无法避免,特别是综合地下室净空比较低,各专业管线错综复杂,包括通风与空调、电气、给排水、消防、喷淋、智能化、通信等专业,需要通过合理的排布和优化使净空达到设计要求。

(3)项目管理层面,通过 BIM 技术实现施工进度管理和成本控制。主要体现在 4D 进度模拟,对比实际进度,进行进度分析;提取 BIM 信息数据,提供材料工程料,用于施工过程下料控制,并整合 BIM 5D 数据,进行成本分析。

9.2 实训目标要求

BIM技术的一大优势就是在施工前将建筑在电脑里模拟建造一遍,在施工前提前发现问题并解决问题,同时在施工过程中基于BIM技术实现项目的精细化管理。伴随着BIM技术在全球范围内建筑业领域的广泛推广,业内陡增的BIM人才需求,迫使高校建筑类专业的BIM教育行动起来,以保证建筑工程专业BIM人才持续、稳定的供给。基于BIM的案例实训旨在推动高校BIM技术的普及应用并为企业输送优秀的BIM应用人才。

基于BIM的施工过程管理案例实训是培养学生综合运用本专业基础理论、基本知识、基本技能去分析解决实际问题,提升专业素质的一个重要环节;是本课程理论教学与实践教学的继续深化及检验。通过BIM案例实训,让学生系统地了解、熟悉和掌握基于BIM技术的建设工程项目管理中的内容、方法及具体措施,并掌握及了解在实际项目中的业务场景和业务知识点,使学生初步具有运用BIM项目管理软件进行项目管理的能力,为学生毕业后从事基于BIM的建设工程项目管理工作打下坚实的专业基础,图9-2为机电综合管线。

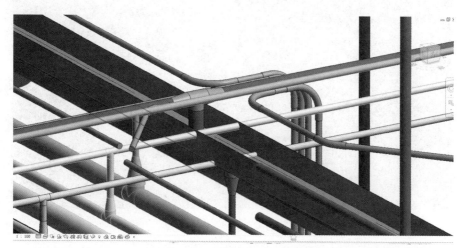

图9-2　机电综合管线

9.2.1　BIM实训的目的

主要培养学生以下能力:

(1)巩固所学专业知识,培养综合运用所学理论知识和专业技能解决工程实践问题的能力;

(2)培养学生施工阶段基于BIM的全过程项目管理能力;

(3)培养学生调查研究与信息收集、整理的能力;

(4)培养和提高学生的自学能力,运用计算机辅助解决项目管理相关问题的能力;

(5)培养学生独立思考和解决实际工程问题的能力,具有初步的科学研究和应用技能;

(6)培养和锻炼学生的沟通能力、团队协作的能力。

9.2.2 实训实施目标要求

(1)BIM 模型的创建,基于项目案例工程,根据图纸及相关文件资料要求,利用 Revit 软件建立 BIM 水、暖、电、消防工程模型,进行模型整合,渲染。图 9-3 为机电工程 Revit 模型。

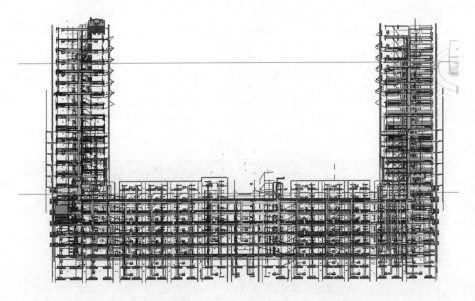

图 9-3　机电工程 Revit 模型

(2)机电管线综合,创建机电模型并整合,进行碰撞检查,给出 2 个碰撞点的解决方案。

(3)施工进度控制,建立 4D 模型,进行进度模拟,制作主体安装工程进度模拟动画,图 9-4 为漫游动画制作。

图 9-4　漫游动画制作

(4)施工成本控制,明细表出量,提供管道和设备等主材的下料单,并整合 BIM 5D 数据,进行成本分析。

9.3 提交成果要求

提交的文件如下：

(1)水、暖、电、消防工程 Revit 模型。

(2)多专业模型集成渲染图片(实体模型＋场地模型)(1~2 张)，如图 9-5 所示是空调工程、消防工程渲染图。

(3)施工场地漫游动画(1~2 分钟)。

(4)主体工程施工模拟动画(3 分钟左右)。

(5)碰撞检查报告和 2 个复杂节点解决方案及解决前后对比图片(1 份)。

(6)实训总结报告(3000 字以上)。

图 9-5 房间机电工程渲染图

9.4 实训准备

9.4.1 软硬件环境

(1)CPU：i5 以上、CPU 二代以上。

(2)内存：8G 以上。

(3)显卡：一般配置的主流显卡都可以满足一般的需求。

(4)双屏可以让你的使用过程更流畅。

9.4.2 软件应用类型说明

用于本案例技术应用层面的基础应用软件推荐采用以下软件，项目管理应用层面的软件每组成员可以自行选定。

(1)Auto CAD：用于看图，图纸处理软件。

（2）Autodesk Revit：参数化建模软件，能够导出多种数据格式。图 9 - 6 为采暖系统图。

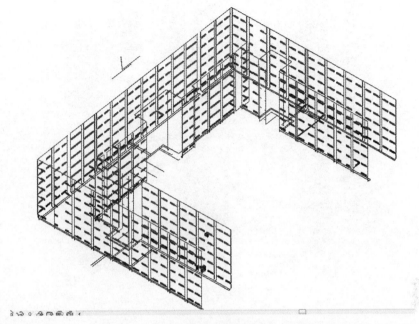

图 9 - 6　采暖系统图

（3）Microsoft Project：用于绘制工程项目的施工进度计划甘特图。

（4）Navisworks：兼容多种数据格式，对模型进行查阅、漫游、标注、碰撞检测、4D 进度模拟及动画制作。

（5）Fuzor：采用了 Kalloc Studios 崭新的即时预览技术，可实时呈现 Autodesk Revit 中的主要设计及建筑资讯，让他们在设计时能同步预览建筑物的材质、物料、灯光以及建筑物于不同天气及时间下的变化，以达到最佳及最符合标准的建筑设计。Fuzor 的操作非常简易及人性化，无论是专业的建筑师，还是承包商，都能轻易透过 Fuzor 的预览明白整个建筑设计，从而大大减少沟通障碍，令整个设计流程更有效率。另一个是 Fuzor 高效能的特性，建筑师无须再加工或汇出他们的 Revit 档案，他们可直接并快速载入任何庞大而复杂的 Revit档案。

（6）BIM 5D 软件：整合 BIM 5D 数据信息，为工程项目的算量、计价与管理构建了便捷平台。

9.4.3　项目团队组建建议

本案例实训要求团队组队协作完成，团队成员由 3～5 人组成。在实施过程中，由指导老师分解模块任务内容，团队组长沟通协调，启动实训任务前编制小组成员分工计划，明确小组成员工作任务分工，完成各自的任务内容。要求每位小组成员按时保质保量地完成自己的任务分工，并且要求团队小组每一位成员对全组所有任务都能够熟悉，都能够回答教师在中期检查和答辩时的质疑。图 9 - 7 是卫生间大样图。

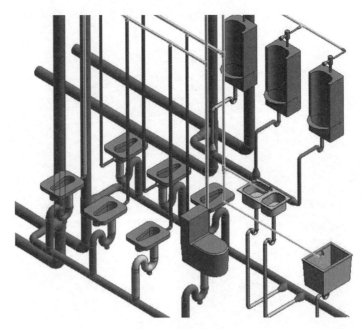

图 9 - 7　卫生间大样图

9.4.4　项目团队任务分工与合作原则

1.项目团队任务分工

项目团队成员可基于项目特点进行任务分解,按照要求完成各模块任务内容。

2.项目团队合作原则

项目团队成员之间可根据如下原则进行任务分配与合作:

(1)每个团队推举出一名项目组队长,负责整个项目的分工合作、任务实施、进度控制及成果汇总;

(2)团队每个成员可根据指导老师的分工,领取各自负责的工作内容;

(3)每个阶段的工作内容均需要团队成员间相互配合完成;

(4)分工与合作建议:项目团队基于同一个工程案例进行 BIM 施工过程管理相关文件编制,分阶段实施完成相关的工作,最后由队长带领团队成员整理汇总。

9.5　实训方法和要求

9.5.1　安装工程 3D 模型的创建

通过 Revit 软件的"链接"功能整合结构和建筑各层模型,并通过 Revit 软件中"相机"和"渲染"功能渲染两张模型的图片。

9.5.2　机电管线综合

(1)在本案例给定的项目样板的基础上建立暖通、给排水、电气专业模型。

(2)通过 Revit 软件的"链接"功能整合各个机电专业的模型,大致分析各专业模型之间的空间关系。

（3）在 Revit 软件中将各专业模型导出为"NWC"格式，导入到 Navisworks 软件中，通过碰撞检查功能"clash detctive"选择碰撞模型，自动查找管线碰撞，导出碰撞报告。

（4）选取碰撞问题中的 2 处比较复杂的位置进行分析，提出相应解决方案，最终以解决前后的图片进行对比说明。图 9-8 为综合管线碰撞节点图。

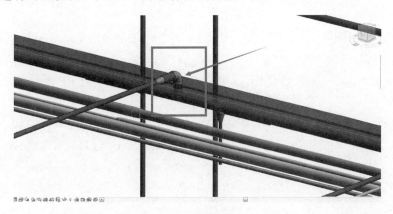

图 9-8　综合管线碰撞节点图

9.5.3　施工进度控制

（1）采用 Microsoft Project 软件，绘制工程项目案例的施工进度计划，按照流水施工方式进行组织。

（2）通过 BIM 4D 技术在 Navisworks 中进行施工场地动态模拟，4D 技术即将进度相关的时间信息和3D 模型链接产生 4D 的施工动态模拟。实现施工场地模拟的过程就是将 Project 施工计划书与 Revit 三维模型导入 Navisworks 施工动态模拟软件加以时间（时间节点）、空间（运动轨迹）及构件属性信息（材料费、人工费等）相结合的过程。

（3）在 Navisworks 软件中设置好动画的时间和像素，添加相关的标注，导出视频。

参考文献

[1] 万卓环球通讯顾问有限公司.欧特克推出 2015 版建筑与民用基础设施行业套件[J]. 土木建筑工程信息技术,2014(03):44-45.

[2] 广联达同欧特克达成战略合作 开启深化 BIM 技术应用之旅[J]. 施工技术,2014(19):120.

[3] 赵岷.欧特克:为建筑而生的数字化技术[J]. 中国建设信息,2009(06):10-11.

[4] 倪永.欧特克美家达人系统渲染控制子系统的设计与实现[D].哈尔滨:哈尔滨工业大学,2013.

[5] 中国建筑科学研究院 BIM 系列软件培训班[J]. 土木建筑工程信息技术,2011(01):117.

[6] 黄亚斌,徐钦.柏慕中国 BIM 应用体系及实施案例[J].建筑技艺,2011(Z1):164-168.

[7] 李建成.BIM 概述[J].时代建筑,2013(02):10-15.

[8] 李建成.建筑信息模型与建设工程项目管理[J].项目管理技术,2006(01):58-60.

[9] 黄亚斌.BIM 技术在设计中的应用实现[J].土木建筑工程信息技术,2010(04):71-78.

[10] Autodesk 公司.Autodesk Revit 2015 机电设计应用宝典[M].上海:同济大学出版社,2015.

[11] Autodesk 公司.Autodesk Revit MEP 2012[M].上海:同济大学出版社,2012.

[12] 金永超,张宇凡,等.BIM 与建模[M].成都:西南交通大学出版社,2016.

[13] 叶雄进,金永超,等.BIM 建模应用技术[M].北京:中国建筑工业出版社,2016.

附录　BIM 相关软件获取网址

序号	名称	网　　址
1	AutoCAD	http://www. Autodesk. com. cn/products/AutoCAD/free-trial
2	SketchUp	http://www. sketchup. com/zh-CN/download
3	3ds Max	http://www. Autodesk. com. cn/products/3ds-max/free-trial
4	Revit	http://www. Autodesk. com. cn/products/Revit-family/free-trial
5	ArchiCAD	https://myarchiCAD. com/
6	AutoCAD Architecture	http://www. Autodesk. com. cn/products/AutoCAD-architecture/free-trial
7	Rhino	http://www. Rhino3d. com/download
8	CATIA	http://www. 3ds. com/zh/products-services/catia/
9	Tekla Structures	https://www. tekla. com/products
10	Bentley	www. bentley. com
11	PKPM	http://47. 92. 92. 199/pkpm/index. php? m＝content&c＝index&a＝lists&catid＝35
12	天正软件	http://www. tangent. com. cn/download/shiyong/
13	斯维尔	http://www. thsware. com/
14	广联达 BIM	http://bim. glodon. com/
15	浩辰 CAD	http://www. gstarCAD. com/downloadall/index. html
16	鸿业科技	http://www. hongye. com. cn/
17	博超软件	http://www. bochao. com. cn/index. asp
18	广厦软件	http://www. gsCAD. com. cn/Downloads. aspx? type＝0
19	探索者	http://www. tsz. com. cn/view/webjsp/sygm/zhichifuwu. jsp
20	鲁班软件	http://www. lubansoft. com/
21	译筑 EBIM 软件	http://www. ezbim. net/
22	晨曦 BIM	http://www. chenxisoft. com/CXBIM/Product/ProductCentre? menuIndex＝2
23	品茗软件	www. pmddw. com